W0216021

Erfolgreiche Webtexte

Sabrina Forst

Erfolgreiche Webtexte

Verkaufsstarke Inhalte für Webseiten, Online-Shops und Content Marketing

mitp

Bibliografische Information der Deutschen Nationalbibliothek
Die Deutsche Nationalbibliothek verzeichnet diese Publikation in der Deutschen Nationalbibliografie; detaillierte bibliografische Daten sind im Internet über <http://dnb.d-nb.de> abrufbar.

Bei der Herstellung des Werkes haben wir uns zukunftsbewusst für umweltverträgliche und wiederverwertbare Materialien entschieden.
Der Inhalt ist auf elementar chlorfreiem Papier gedruckt.

ISBN 978-3-95845-264-0
2. Auflage 2016

www.mitp.de
E-Mail: mitp-verlag@sigloch.de
Telefon: +49 7953 / 7189 - 079
Telefax: +49 7953 / 7189 - 082

Lektorat: Sabine Schulz
Sprachkorrektorat: Anja Stiller
Coverbild: © Zlfoto @ fotolia.com, DavidArts @ fotolia.com
Satz: III-satz, Husby, www.drei-satz.de
Druck: Medienhaus Plump GmbH, Rheinbreitbach

Inhaltsverzeichnis

Einleitung

Dieses Buch richtet sich an Selbstständige, Unternehmen, Vereine und Organisationen, die ihre Webshops und Webseiten mit zielgruppenorientiertem Content füllen wollen, der Interessenten auf die Seite holt und sie zu Kunden macht. Auch Redakteure und Marketingverantwortliche, die ihre Kenntnisse auf den digitalen Bereich ausweiten wollen, finden praktische Tipps zum Erstellen verkaufsfördernder Inhalte. Der Fokus liegt dabei auf den Texten. Folgen Sie den Kapiteln, erschaffen Sie Schritt für Schritt einen inhaltlich gelungenen Internetauftritt. Selbstverständlich funktioniert das Handbuch auch als Nachschlagewerk zur Optimierung einzelner Content-Bereiche.

Sie finden auf den folgenden Seiten verständliche Anleitungen zum inhaltlichen Aufbau und Ausbau Ihrer Internetpräsenz. Analysen, Studien, Statistiken oder Forschungsergebnisse suchen Sie jedoch vergeblich. Was bringt es einem Unternehmer, wenn er weiß, an welchem Wochentag zu welcher Uhrzeit welches Geschlecht statistisch gesehen auf einen Blogeintrag reagiert, wenn er nicht den Hauch einer Ahnung hat, was er überhaupt in einem Blog schreiben soll? Was nutzt eine Eye-Tracking-Studie, die Aufschluss darüber gibt, auf welche Punkte der Website der Besucher zuerst schaut, wenn auf der Startseite der Internetpräsenz nur ein hilfloses »Herzlich willkommen« prangt?

In meiner täglichen Arbeit debattieren mittelständische und kleine Unternehmen, Einzelhändler, Vereine und Institutionen **nicht** darüber, wie sie WhatsApp als Marketingkanal nutzen können, oder welches Google-Update zu welchen Ranking-Verschiebungen führt. Sie reden nicht von Social-Media-Strategien, Seeding und Influencer Marketing.

Sie überlegen vielmehr, ob sie sich vielleicht doch endlich im Internet – eventuell sogar bei Facebook – präsentieren sollen. Andere haben

Webseiten mit dem Charme einer vergangenen Ära, die weder gepflegt noch aktualisiert werden. Es fehlt schon an der Grundausstattung.

Die Realität hinkt den Möglichkeiten weit hinterher – zumindest bei den kleinen Anbietern auf dem Markt. Keine Spur von originellen Konzepten und verkaufsstarken Inhalten. Stattdessen wird die Firmenbroschüre portionsweise auf die Unterseiten der Internetpräsenz verteilt. Oft höre ich in diesem Zusammenhang die Aussage: »Bis jetzt haben wir sowieso noch nie einen Kunden übers Internet gewonnen.« Warum wohl nicht?

Doch wo soll ein lernwilliger Einsteiger nachschauen, wenn er überall nur Marketing-Kauderwelsch und Tech-Talk um die Ohren gehauen bekommt?

Am besten hier in diesem Handbuch!

In diesem Buch lernen Sie, WIE Sie ansprechende und verkaufsfördernde Inhalte erstellen und Ihre Webseiten pflegen können. Und das erwartet Sie in den vier großen Teilen dieses Buchs:

Teil I: Inhaltliche Grundausstattung der Webseite

Konzept und Zielgruppe

Bevor Sie auch nur ein Wort schreiben können, müssen Sie erst einmal wissen, wer auf Ihrer Internetpräsenz mit wem und worüber redet. Hierzu ist ein wenig Vorarbeit nötig. Starten Sie Ihre Arbeit im Netz unbedingt mit einem schlüssigen Konzept.

In Kapitel 1 und 2 lernen Sie:

- wie Sie Ihre Kernkompetenzen darstellen
- wie Sie Ihre Alleinstellungsmerkmale ermitteln
- wie Sie ein Konzept für Ihre Webseite/Ihren Shop erstellen
- wie Sie eine Bedarfsgruppe bzw. eine Zielgruppe ermitteln
- wie Sie »Personas« anfertigen
- wie Sie Kommunikationsziele festlegen

Basistexte für Shops und Webseiten

Auf vielen geschäftlichen Webseiten bekommen Besucher nicht direkt gesagt, ob sie mit ihrem Anliegen auf der richtigen Seite gelandet sind. Sie müssen sich durch die Firmengeschichte lesen, sich durch unverständliche Fachausdrücke und langweilige Kompetenzbeweise kämpfen. In Online-Shops findet man abgedroschene Herstellerangaben statt verkaufsfördernde Produktbeschreibungen. Wichtige Bereiche, die Vertrauen aufbauen und Fragen beantworten, fehlen ganz. Machen Sie es besser!

In Kapitel 3 lernen Sie:

- warum eine intuitive Benutzerführung so wichtig ist
- was auf die Startseite gehört
- wie Kontakt-, Team- und »Firmengeschichte«-Seiten aussehen
- wie Sie einen Pressebereich einrichten
- wie Sie gute Kategorie- und Produkttexte schreiben
- wie Sie Usability, Navigation und Formulare optimieren
- wie Sie Texte für mobile Endgeräte optimieren

Schreibwerkstatt und Feinschliff

Schreiben kann jeder, oder? Wir lernen das schließlich schon in der Schule. Es ist jedoch ein Unterschied, ob man in einem privaten Umfeld schreibt, oder ob der Anspruch der Professionalität wie ein Damoklesschwert über einem hängt. Wie fängt man an, wie baut man den Text auf? Wie gibt man ihm Struktur und Dynamik?

In Kapitel 4 und 5 lernen Sie:

- wie Sie die IHRE Wörter finden
- wie Sie ein einheitliches Sprachbild schaffen
- wie Webtexte inhaltlich und optisch aufgebaut sind
- wie Sie in 5 Schritten zum Ergebnis kommen
- wie Sie anschauliche Texte schreiben
- wie Sie glaubwürdige Texte schreiben

- wie Sie verständliche Texte schreiben
- wie Sie Überschriften finden
- wie Sie Teaser schreiben

Suchmaschinenoptimierung

Das große Wort »Suchmaschinenoptimierung« (SEO) hängt noch immer über den Webseiten und sorgt einerseits für großen Respekt vor der Materie und andererseits für rege Diskussionen, wie man es am besten macht. Schließlich ändern sich ständig die Kriterien für eine gute Platzierung bei Google. Eigentlich ist alles, was Sie in diesem Buch lesen, SEO. Was die Leser mögen, mag Google auch. Dennoch gibt es einige Punkte, auf die Sie bei der Content-Erstellung explizit achten sollten.

In Kapitel 6 lernen Sie:

- welche Kriterien Google für die Bewertung ansetzt
- wie Sie Keywords festlegen
- wo Sie Keywords einbauen sollten
- wie Sie Content-Silos bauen
- warum man Rich Snippets nutzen sollte
- wie Sie Ihre Seiten ins Netz einbinden.

Teil II: Guter Content für die Webseite

Content Marketing und Blog

Die Basistexte stehen, und nun müssen Sie möglichst viele Leute auf Ihr Angebot im Netz aufmerksam machen. Das schaffen Sie dadurch, dass Sie immer wieder interessante Neuigkeiten anbieten. Hier gibt es vom Blogeintrag über Whitepaper bis hin zu Videos zahlreiche Formate, die Sie nutzen können, um Besucher zu begeistern, Kunden zu gewinnen und zu binden.

In den Kapiteln 7, 8 und 9 lernen Sie:

- wie Sie passende Themen finden
- welche Merkmale verschiedene Content-Formate haben

- welche Inhalte in Ihren Blog gehören
- wie Sie einen Content-Plan schreiben

Storytelling

Schon immer haben sich Menschen Geschichten erzählt, um Wissen weiterzugeben, Erfahrungen zu teilen oder Aussagen zu transportieren. Die Macht der Geschichten kann man nutzen, um Werbebotschaften zu vermitteln.

In Kapitel 10 lernen Sie:

- welche Erzählstrukturen und -perspektiven es gibt
- wie Sie authentische Protagonisten erschaffen
- wie eine Heldenreise aussieht

Teil III: Social Media und Marketing

Social Media

Die sozialen Netzwerke bieten eine riesige Reichweite, nahezu ohne Streuverluste, denn die »Fans« folgen den Veröffentlichungen freiwillig und wollen sie demnach auch lesen. Doch ganz so einfach ist es nicht.

In Kapitel 11 lernen Sie:

- wie Sie den Netzjargon entschlüsseln
- wie Sie Hashtags nutzen
- was die Merkmale bekannter Social-Media-Plattformen sind.

Texte für Werbung und PR

Trotz aller neuen Entwicklungen ist auch das klassische Marketing noch sehr wichtig für den Erfolg im Internet. Online-Werbeformate und der Linkaufbau sind hier die wichtigsten Instrumente für höhere Besucher- und Umsatzzahlen.

In Kapitel 12 lernen Sie:

- wie die Öffentlichkeitsarbeit im Netz aussieht
- wie Sie mit Influencern kooperieren

- wie die Pressearbeit im Netz aussieht
- wie Sie Pressemitteilungen schreiben
- wie Sie Werbeanzeigen betexten
- was Native Advertising ist
- wie gute Landingpages aussehen

Teil IV: Outsourcing

Manchmal muss man die Texterstellung einfach auslagern. Doch welcher Anbieter ist gut und wem vertraut man die Erstellung der »einzigartigen« Inhalte an? Es gibt da zahlreiche Möglichkeiten, die alle ihre Vor- und Nachteile haben.

In Kapitel 13 lernen Sie:

- welche Content-Plattformen es im Netz gibt
- worauf Sie bei Textern und Textbüros achten sollten
- wie ein Briefing aussieht
- worauf Sie achten müssen

Ich wünsche Ihnen viel Spaß bei der Überarbeitung Ihrer Internetpräsenz und viel Glück mit Ihren Webprojekten.

Sabrina Forst

Teil I

Inhaltliche Grundausstattung der Webseite

In diesem Teil:

Kapitel 1

Das Konzept

»Sagt man das heute noch so?« Sie glauben gar nicht, wie oft ich diese Frage von meiner Kollegin höre, die gerade im zarten Alter von Mitte 20 ist. Dabei geht es nicht einmal um Kundentexte, sondern um schlichte Kommunikation, um Smalltalk. Ich frage, ob sie die neue Platte von XYZ schon gehört hat und sie bricht in schallendes Gelächter aus. »Platte? Sagt man das heute noch so?« Ich erzähle, dass ich am Wochenende gefaulenzt habe, sie grinst übers ganze Gesicht. »Faulenzen? Sagt man das heute noch so?« Andersrum das Gleiche: Wie soll ich ein Grinsen unterdrücken, wenn jemand von »swagen«, »Chill mal deine Basis« oder »Läuft bei dir« redet? Und wie doof klingt das, wenn ICH in meinem Umfeld die neue Sprache benutze und SIE in ihrem Umfeld die alte? Mittlerweile ist die Wortklauberei bei uns ein Running Gag. Natürlich lebt meine Kollegin in einer anderen Sprachwelt. Sie ist schließlich 20 Jahre jünger als ich. Was bedeutet das nun für die Texte auf Ihrer Webseite oder in Ihrem Online-Shop? Ganz einfach:

Im Internet begegnen sich Anbieter und Kunden. Es kommt zu einem Dialog. Der läuft natürlich anders ab als bei direkten Begegnungen, aber auch hier gibt es zwei Gesprächspartner, die tunlichst die gleiche Sprache sprechen sollten, sonst lacht sich einer kaputt. In Ihrem Fall der Kunde, der sich bei Ihnen wie »in einem falschen Film« fühlt. Oder um es weniger flapsig zu formulieren: Um die Sprache Ihrer Zielgruppe zu sprechen, müssen Sie erst einmal wissen, mit wem Sie reden, wie Sie reden und was Sie sagen wollen.

Bevor Sie sich damit vertraut machen, mit wem Sie sich unterhalten, sollten Sie sich zunächst fragen, wer Sie sind. Keine Sorge, ich will Ihnen keinen Meditationskurs zur Selbstfindung aufschwatzen. Es geht ums Geschäft. Was ist Ihr Image als Anbieter von Produkten und

Dienstleistungen? Sehen Sie sich als junges, abenteuerlustiges Unternehmen mit lockerer Kundenansprache oder doch eher als konservatives Haus mit professioneller Distanz zum Gegenüber? Sind Sie ein traditioneller Familienbetrieb oder sind Sie stolz auf Ihre Filialen in ganz Deutschland? Sind Sie eine Manufaktur oder ist es für Ihre Kunden wichtig, dass Sie dank modernster Technik auch große Aufträge schnell umsetzen können? Was sind Ihre Kernkompetenzen und wie sehen Ihre Alleinstellungsmerkmale aus? Aus all diesen Punkten ergeben sich später Inhalte, Tonalität und Kundenansprache auf Ihrer Internetpräsenz.

Abb. 1.1: Die Webseite von Dallmayr. Sie sehen Menschen mittleren Alters auf den Bildern, und es werden Begriffe verwendet, die ein eher älteres, konservatives Publikum ansprechen: Klassisch, Klassiker, Kaffeekunst, Genießen, Genuss, Winzerelite, Osterprospekt, Osterspezialitäten, Spitzenqualität. Die Farben sind dezent. Die Besucher werden gesiezt. `www.dallmayr.de`

Abb. 1.2: Knallige Farben, ein origineller Typ und jede Menge englische Begriffe: Hype, News, Area, Code. Dazu ein Spruch, der alles andere als konservativ wirkt. Hier wird eine junge, moderne Zielgruppe angesprochen. `www.fritt.de`

Und was ist Ihr Image? Wie wollen Sie wirken? Wen wollen Sie ansprechen? Kurzum: Sie müssen ein wenig Vorarbeit leisten, bevor es ans Texten geht!

Aufgabe

Möglicherweise haben Sie Ihre Kernkompetenzen und Geschäftsbereiche schon lange definiert. Schreiben Sie sie auf und machen Sie mit den »Alleinstellungsmerkmalen« in diesem Kapitel weiter.

1.1 Kernkompetenzen ermitteln

Das klingt so einfach: Schreiben Sie Ihre Kernkompetenzen auf ein Blatt. Wie denn? Und vor allem: Was denn? Die meisten Leute, die man nach ihren Kernkompetenzen fragt, zählen einfach alles auf, was sie schon einmal gemacht haben. Meist kommt ein stattliches Angebot an Eigenschaften, Dienstleistungen oder Produktbereichen zusammen. Das können ja nicht alles Kernkompetenzen sein. Wie ermittelt man die also? Wer nicht gerade eine Mannschaft fürs strategische Management zur Verfügung hat, der kann sich kurzfristig mit einem Bild behelfen. Zeichnen Sie einen Baum!

Die Wurzel – Fähigkeiten

Die Wurzel des Baums beschriften Sie mit beruflichem Wissen, Fähigkeiten und Erfahrungen, die in Ihrem Unternehmen vorhanden sind. Nehmen Sie sich und Ihre Mitarbeiter unter die Lupe. Schreiben Sie die Punkte auf, die besonders herausstechen. Mitarbeiter A hat hervorragende Kontakte zu Holzwerkstätten. Mitarbeiter B hat Erfahrungen im Bereich Pädagogik und Kindergesundheit. Mitarbeiter C ist begnadet kreativ und handwerklich geschickt.

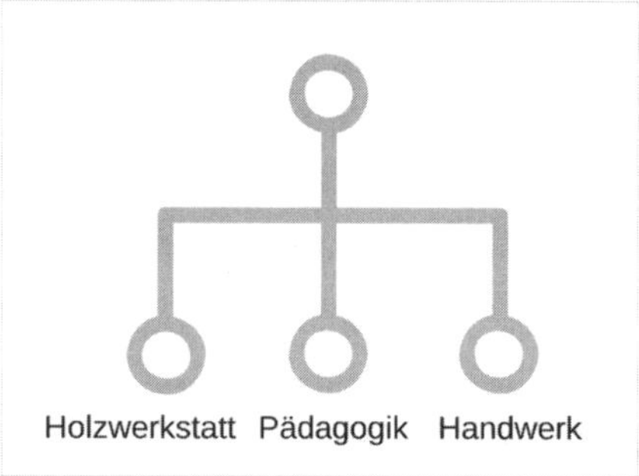

Stamm und Äste – Geschäftsidee und Bereiche

Aus der Wurzel wächst der Stamm. Formulieren Sie hier konkret Ihre Geschäftsidee, mit der Sie sich auf dem Markt präsentieren möchten. Das kann ein Dienstleistungs- oder ein Produktbereich sein. In unserem Fall beschriften wir den Stamm mit:

Spielzeug

Die dicken Äste, die aus dem Stamm wachsen, sind die Kernkompetenzen oder Geschäftsbereiche, die sich aus der Wurzel des Baums – also den Fähigkeiten – nähren. Mitarbeiter A hat Kontakte zu Holzwerkstätten? Beschriften Sie einen Ast mit »Holzspielzeug«. Mitarbeiter B kommt aus dem pädagogischen Bereich? Nutzen Sie sein Wissen und beschriften Sie einen anderen Ast mit »Pädagogisch wertvolles Spielzeug«. Mitarbeiter C ist kreativ und handwerklich geschickt? Ein dritter Ast könnte mit »Originelle Spielzeug-Designs« beschriftet werden.

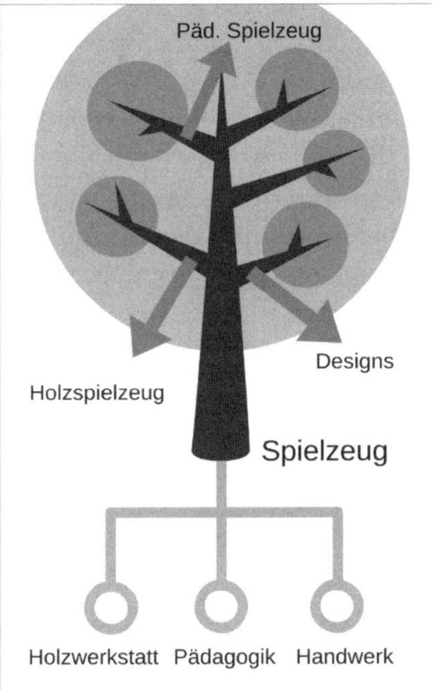

Hinweis

Unser Baum ist zugegebenermaßen ein recht einfacher Baum, aber auch Sie werden Ihre Kernkompetenzen und Geschäftsbereiche finden, wenn Sie strukturiert vorgehen.

Zweige und Blätter – Produktgruppen und Produkte

Jeder Baum hat Zweige und Blätter, deshalb soll auch unserer nicht kahl bleiben. Die Zweige sind Produktgruppen aus dem Geschäftsbereich. Wenn wir auf die »Originellen Spielzeug-Designs« schauen, können das zum Beispiel »Verrückte Holzenten« oder » Bunte Schaukel-Einhörner« sein. Die Blätter sind dann konkrete Produkte wie etwa »Ente Duffy mit grünen Sommersprossen«.

Aufgabe

Schreiben Sie Ihre Geschäftsbereiche (Äste) auf. Sie werden Ihrer Seite oder Ihrem Online-Shop später Struktur verleihen. Sie können zum Beispiel als Punkte in der Hauptnavigation dienen, während die Produktgruppen (Zweige) die Kategorien/Unterseiten werden, unter denen man die konkreten Produkte (Blätter) findet.

Sie müssen übrigens auf Ihrer Webseite nicht zwangsläufig ALLE Produkt- und Geschäftsbereiche anpreisen. Sie können sich auch auf die wichtigsten konzentrieren und gegebenenfalls mehrere Themen-Shops ins Leben rufen.

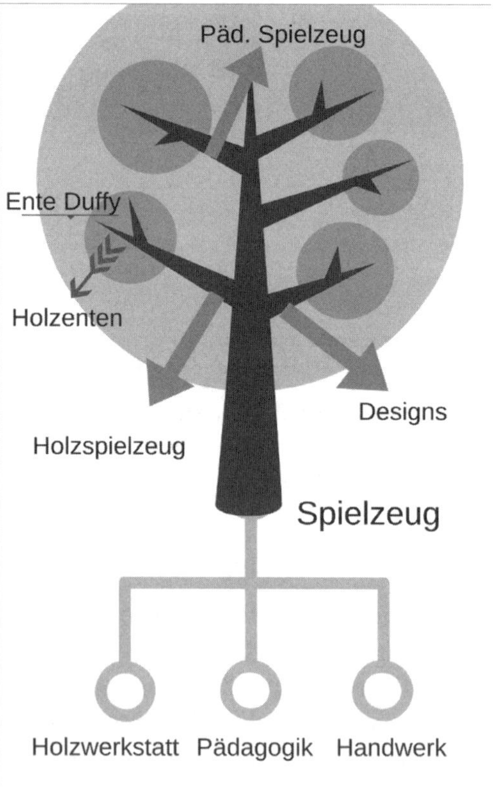

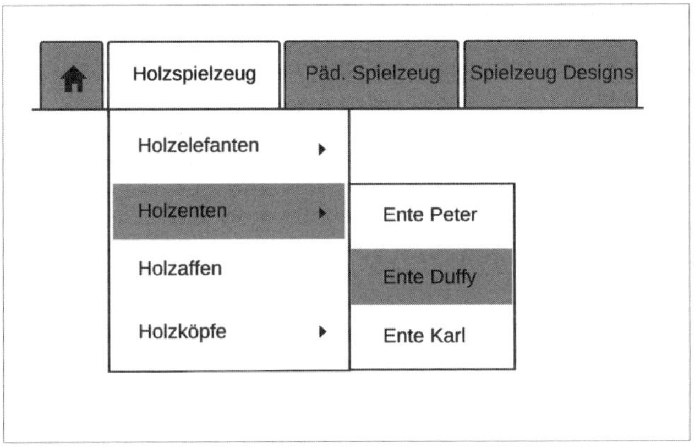

Abb. 1.3: Übertragen Sie die Geschäftsbereiche, Produktgruppen und Produkte in die Seitenstruktur. So ergibt sich eine erste Navigation, die Sie später noch anpassen und sinnvoll beschriften können.

1.2 Alleinstellungsmerkmale ermitteln

Webseiten und Online-Shops bieten den Kunden viele Vorteile. Die Besucher können innerhalb kürzester Zeit Produkte, Dienstleistungen und Preise vergleichen. Web-Shops haben rund um die Uhr geöffnet. Uhrzeit und Entfernungen spielen keine Rolle. Das wissen Sie schon alles? Klar, aber eins vergessen viele Anbieter:

JEDER Online-Shop und JEDE Webseite im Netz bietet exakt diese Vorteile. Um sich von der Konkurrenz abzuheben, die Produkte und Dienstleistungen zu verkaufen und die Kunden zu halten, muss man sich was einfallen lassen.

Finden Sie Ihre Alleinstellungsmerkmale! Dabei dürfen Sie nach Herzenslust unbescheiden sein. Womit können Sie angeben? Was haben Sie, das andere nicht haben? Orientieren Sie sich bei der Beantwortung dieser Fragen an den Interessen der Kunden und nicht an dem, was Sie als Unternehmer toll finden.

Wenn Sie im Vergleich zu Ihrer direkten Konkurrenz 200 Mitarbeiter mehr haben, interessiert das den Kunden erstmal gar nicht, es sei denn, er hat dadurch irgendwelche Vorteile.

Ein echtes Alleinstellungsmerkmal:

- ist für den Kunden von Bedeutung
- wird vom Kunden deutlich wahrgenommen
- ist ein dauerhaftes Merkmal/Angebot und keine Aktion

Es gibt einige klassische Motive, nach denen Sie sich bei den Kundenwünschen richten können.

Motiv »Geld«

Wer spart nicht gerne? Sowohl Endverbraucher als auch Geschäftskunden werden sofort hellhörig, wenn es besonders günstige Angebote und/oder dauerhaft niedrige Preise gibt. Bei Privatleuten kommt der Spaß am Gewinnen, an kostenlosen Produkten oder Freikarten hinzu.

Können Sie bestimmte Produkte oder Dienstleistungen besonders günstig anbieten? Gibt es bei Ihnen etwas kostenlos oder attraktive Gewinne?

Abb. 1.4: Bei Rosemood kann man nicht nur Geburtstagskarten, Einladungskarten und Hochzeitskarten kaufen, man bekommt auch kostenlose Musterkarten. `www.rosemood.de`

Motiv »Zeitersparnis«

»Zeit ist Geld« gilt auch im Internet. Wer besonders schnell anfertigt und liefert, gewinnt das Rennen. Im B2B-Bereich siegt derjenige, der auch kurzfristig Aufträge umsetzen kann. Im privaten Bereich profitieren Sie von der Ungeduld der Kunden, weil niemand gerne auf den Postboten, den Handwerker oder die Freischaltung des Telefonanschlusses wartet.

Können Sie besonders schnell produzieren und/oder liefern? Spart man sich bei Ihnen Schritte im Ablauf oder können Sie Ihren Kunden auf andere Art mit einer Zeitersparnis dienen?

Abb. 1.5: Im Bürgerhaus Lützschena kann man besonders schnell und einfach das Essen für die Kita-Kinder abbestellen. Ein hervorragendes Alleinstellungsmerkmal, das mit auf den Zettel gehören würde. `http://xn--brgerhaus-q9a.de/mit-dem-service-quick-abbestellen-geht-es-jetzt-noch-schneller/`

Motiv »Bequemlichkeit«

Keine Zeit, keine Lust, keine Nerven – Wenn sich Arbeit in jeglicher Form vermeiden lässt, dann greift der Kunde zu. Der Alltag ist schließlich schon stressig genug. Es kommt jedem entgegen, wenn sich etwas »von selbst« erklärt, wenn etwas »kinderleicht zu bedienen ist« oder wenn man ein »Rundum-sorglos-Paket« für sein Geld erhält.

Machen Sie es dem Kunden besonders einfach? Bieten Sie einen Service an, den er sonst nirgendwo erhält? Kann er sich bei Ihnen zurücklehnen, und alles funktioniert von alleine, ohne dass er sich in die Materie einarbeiten muss?

Abb. 1.6: Tannek bietet ein Rundum-sorglos-Paket für Kontaktlinsen-Träger. `www.optik-tannek.de/index.php/angebote/rundum-sorglos-paket`

Motiv »Gutes Gewissen«

Nachhaltigkeit und Umweltschutz sind nicht nur Trends, sondern für viele Kunden ein ernsthaftes Anliegen und nicht selten ein wichtiger Punkt bei der Kaufentscheidung. Das »gute Gewissen« spielt jedoch nicht nur hier eine Rolle. Lebensmittel sollten gesund und frei von Allergenen sein, Kleidung sollte keine Giftstoffe enthalten und fair und umweltverträglich produziert worden sein, für Möbelstücke sollten keine Tropenwälder abgeholzt werden, Kosmetika sollten ohne Tierleid auskommen. Wenn dann noch der Kauf selber durch Garantien und erstklassigen Service »abgesichert« ist, dann ist das Gewissen vollends beruhigt.

Wie sieht es bei Ihren Angeboten aus? Geben Sie Garantien auf Ihre Dienstleistungen und Artikel? Können Sie mit Materialien, Rahmenbedingungen und Herstellungsprozessen punkten, die das Gewissen Ihrer Kunden beruhigen?

Abb. 1.7: Schleifenbauer bewirbt seine umweltfreundliche Versandmethode GreenCart. `schleifenbauer.eu`

Hinweis

Es gibt sicher einige Motive mehr, mit denen man seine Alleinstellungsmerkmale aufspüren kann. Der Leitspruch hierbei lautet: Dem Kunden bringt es einen Vorteil, und die direkte Konkurrenz kann es nicht so gut wie ich!

Es ist also immens wichtig, dass Sie sich die direkte Konkurrenz auch anschauen und eventuell den Kundensupport und/oder die Kunden selber fragen, was ihnen besonders wichtig ist.

Planen Sie für jedes Alleinstellungsmerkmal eine eigene Unterseite ein.

Wichtig

Planen Sie einen Online-Shop? Gegen die Großen der Branche werden Sie im Bereich E-Commerce kaum eine Chance haben. Suchen Sie sich deshalb unbedingt eine Nische, auf die Sie Ihren Shop ausrichten. Haben Sie schwer erhältliche, exotische Produkte im Programm? Sind Sie einer von wenigen Lizenznehmern für den Vertrieb von Sondereditionen? Können Sie sich auf irgendeine Produktlinie oder einen besonderen Service spezialisieren? Können Sie Produkte auf eine besondere Art und Weise zusammenstellen, abfüllen oder personalisieren? Kann man mit dem Kauf in Ihrem Shop etwas unterstützen? Erobern Sie sich eine Nische!

Beispiel für einen besonderen Service

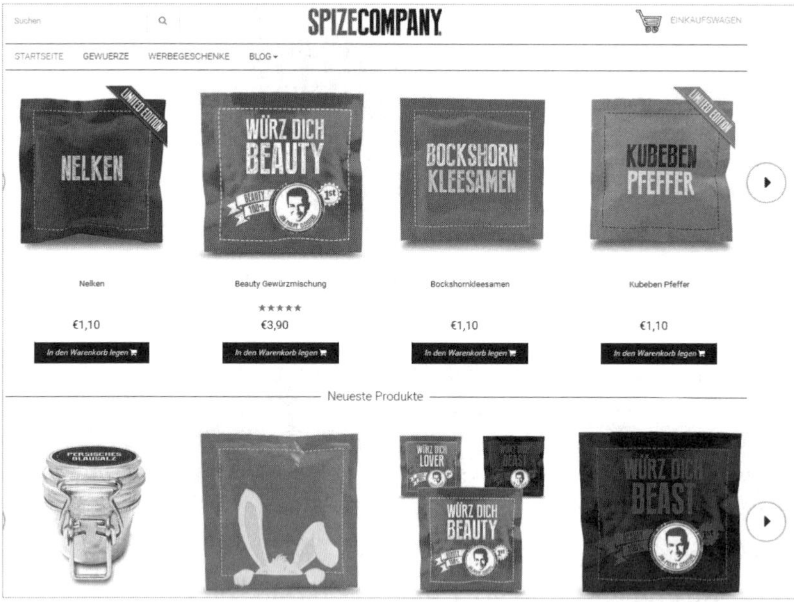

Abb. 1.8: Gewürze verkaufen viele. Die Spice Company bietet diese Gewürze aber in besonders kleinen Größen und Aromabeuteln an. So werden die Gewürze im Regal nicht schlecht, und man kann exotische Aromen probieren, ohne gleich eine große Packung kaufen zu müssen. Quelle: `www.spizecompany.com`

Beispiel für einen guten Zweck

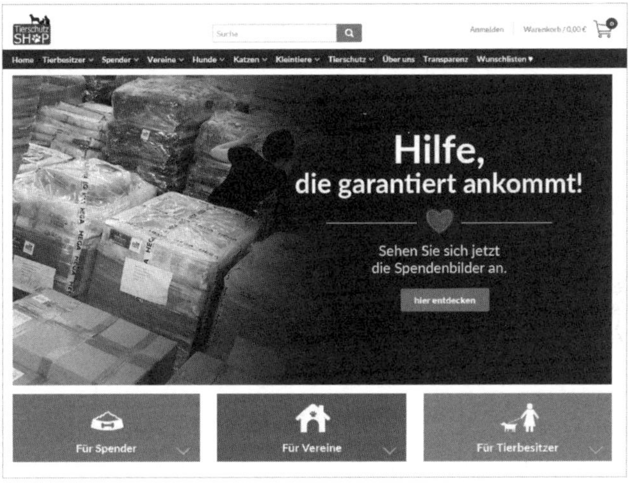

Abb. 1.9: Der Tierschutz-Shop startet regelmäßig Spendenaktionen für Tiere in Not. Wenn der Kunde Futter und/oder Zubehör bestellt, zahlt der Shop zusätzlich 10 % von jeder Bestellsumme an ein Tierheim nach Wahl. Außerdem sind alle Produkte garantiert tierversuchsfrei sowie pelz- und lederfrei. Quelle: www.`tierschutz-shop.de`

Beispiel für die Personalisierung von Produkten

Abb. 1.10: Im Karls Online-Shop kann man Produkte nicht nur einzeln kaufen, man kann sich auch individuelle Präsentkörbe zusammenstellen. Darüber hinaus sind auch andere Produkte personalisierbar: Kinderstühle, Keramik, uvm. Quelle: www.`karls-shop.de`

1.3 Konzepte für Online-Shops

Haben Sie eigentlich ein Shop-Konzept? Die Tatsache, dass Sie beispielsweise Kinderspielzeug verkaufen, ist kein Konzept. Das ist das Sortiment. Das Konzept richtet den Shop auf einen bestimmten Kundenkreis aus. In eine Boutique kommen andere Kunden als in einen Mode-Discounter. Beide Geschäfte verkaufen Kleidung, unter Umständen liegen sogar die gleichen weißen T-Shirts aus reiner Baumwolle im Regal. Dennoch handelt es sich um unterschiedliche Konzepte und unterschiedliche Kundenkreise. Ein Discounter macht Werbung mit Billigpreisen, eine Boutique mit Qualität. Im Billigladen erwartet niemand eine kompetente Beratung durch geschultes Fachpersonal, in einer Boutique sucht niemand nach dem 20er-Pack Sportsocken.

Sie können Werbemaßnahmen nur dann erfolgreich umsetzen, wenn Sie sich auf einen bestimmten Kundenkreis konzentrieren. Dieser Kundenkreis ergibt sich aus dem Shop-Konzept.

Vorab sei noch einmal ganz deutlich gesagt: Wenn Sie als kleiner oder mittelständischer Unternehmer einen Online-Shop anbieten wollen, dann brauchen Sie einen guten Grund dafür, dass die Leute bei IHNEN kaufen und nicht bei den großen Anbietern wie amazon. Die Platzhirsche sind in den meisten Fällen billiger, haben eine viel größere Auswahl, einen prima Kundenservice und liefern schneller. Finden Sie also unbedingt eine Nische oder einen besonderen Ansatz. Wenn Sie das nicht können oder wollen, dann gilt: Ein Online-Shop lohnt sich nicht für Sie. Kümmern Sie sich in diesem Fall besser um eine gute Webseite mit Blog, die Ihr Ladengeschäft bewirbt, und nutzen Sie die sozialen Netzwerke für Aktionen und Gewinnspiele.

Wir entwickeln in unserem Beispiel ein Konzept für den Spielzeug-Online-Shop. Zunächst wird das inhaltliche und auch grafische Konzept auf eine besondere Eigenschaft ausgerichtet. Beispiele:

Preiskonzept

Das Angebot richtet sich an Kunden, die besonders günstig einkaufen wollen. Shop-Design, Fotos und Texte werden auf den Schnäppchencharakter abgestimmt.

Fokus: gut und günstig!

Abb. 1.11: Überall Prozentzeichen und Wörter wie: Discount, Super-Niedrig-Preise, beste Preise, Sparwelten usw. Dieser Shop ist grafisch und textlich auf den Preis ausgelegt. Quelle: `www.office-discount.de`

Wortwelten fürs »Preiskonzept«:

Preisvorteil, gratis, Schnäppchen, reduziert, Rabatte, Preisnachlass, kostenloser Versand, Restposten, Frühlingspreise, Sommerschnäppchen, günstiger, Preisknüller, Prozente, Zahlpause, sparen, Sparpreise, kleine Preise, supergünstig, Tiefstpreis, Preisgarantie.

Produktkonzept

Das Angebot richtet sich an Kunden, die auf einen bestimmten Aspekt besonderen Wert legen: Nachhaltigkeit, Umweltschutz, Fairer Handel usw. Im Mittelpunkt stehen hier ausführliche Hintergrundinformationen über Materialien, Farben und Produktion.

Fokus: Werte, Moral, Ethik, Originalität, Exklusivität, Ausstattung.

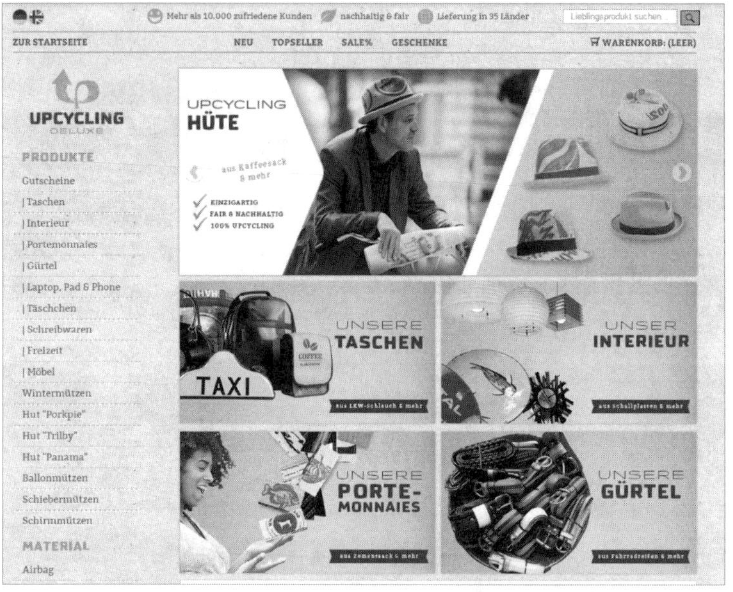

Abb. 1.12: Hüte aus Kartoffelsäcken, Taschen aus LKW-Schläuchen, Portemonnaies aus Zementsäcken, Gürtel aus Fahrradreifen. Dazu die Worte: nachhaltig, fair, einzigartig, Deluxe. Dieser Shop ist bildlich und textlich auf die Produktmerkmale ausgerichtet. Quelle: `www.upcycling-deluxe.com`

Wortwelten fürs »Produktmerkmal-Konzept«:

Geprüfte Qualität, keine Tierversuche, kontrolliert, garantiert, Öko-Siegel, hochwertig, Bio, besonders, einzigartig, wertvoll, zertifiziert, fair, Testergebnis, außergewöhnlich, renommiert, Inhaltsstoffe, sicher, Sicherheit, natürlich.

Hinweis

Bei den Wortwelten für das Produktmerkmal-Konzept kommt es selbstverständlich auf Ihr Angebot an. Bei manchen Produkten steht die Sicherheit im Vordergrund, bei anderen die Originalität, die Exklusivität oder die besondere Ausstattung. Schreiben Sie sich Wörter auf, die speziell zu den Merkmalen Ihrer Produkte passen.

Erlebniskonzept

In Ihrem Shop werden die Kunden Teil einer Shop-Community. Sie veranstalten interaktive Aktionen und bieten den Shop-Kunden in Foren und Blogs die Möglichkeit zum Erfahrungsaustausch. Das Angebot richtet sich an interneterfahrene Besucher, die den Austausch mit anderen suchen. Design und Texte sind auf den Dialog und die Interaktivität ausgerichtet.

Fokus: Interaktivität, Community, mitmachen, gewinnen, austauschen.

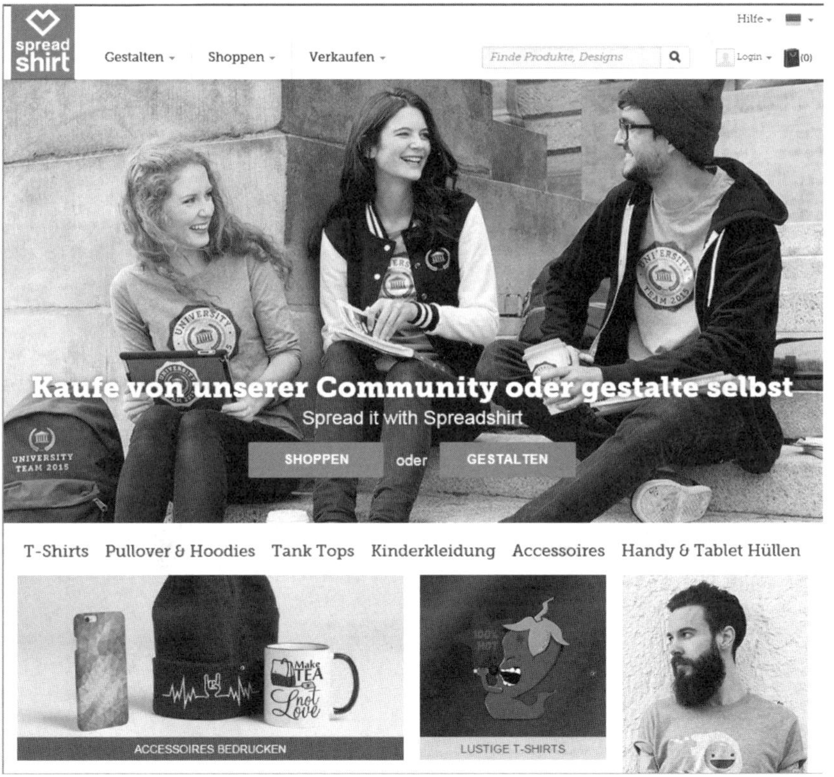

Abb. 1.13: Junge Leute sind miteinander im Gespräch. Es sind Wörter zu sehen wie: Community, gestalte selbst, shoppen, verkaufen. In diesem Shop geht es ums Mitmachen. Quelle: www.spreadshirt.de

Wortwelten fürs »Erlebniskonzept«:

Community, Chat, Meinung, Forum, Erfahrungen, Austausch, Kommentare, Bewertungen, mitmachen, diskutieren, Wettbewerb, mitgestalten, dabei sein, Aktion, interaktiv, persönliche Einstellung, Kontakte knüpfen, Erlebnis, Testen, Umfrage, gewinnen, Mitglied, Vorteile.

Servicekonzept

In Ihrem Shop werden Kunden ausführlich beraten. Sie liefern Hintergrundberichte, Ideen zur Verwendung der Produkte, veröffentlichen Tipps und Ratgeber und erklären, worauf die Kunden beim Kauf achten sollten. Design und Texte sind auf den Servicecharakter ausgerichtet.

Fokus: Empfehlungen, Hilfe, Tipps für geeignete Produkte.

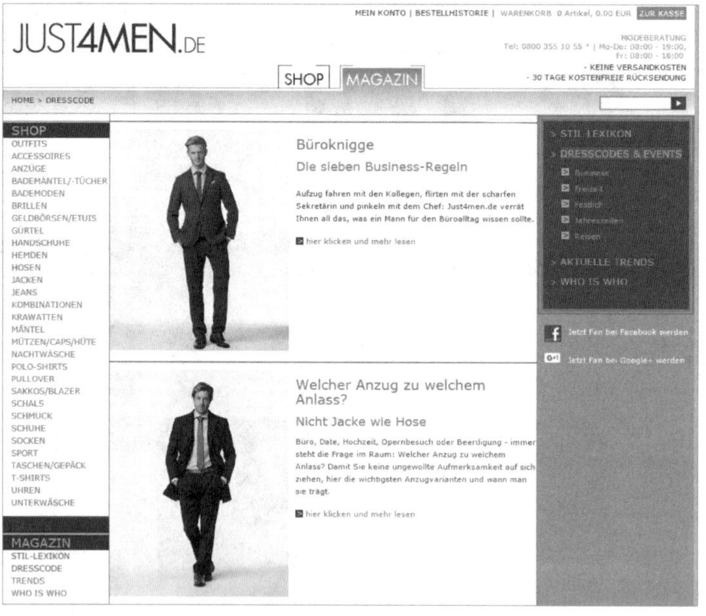

Abb. 1.14: Oben rechts direkt die Telefonnummer der Modeberatung. Stil-Lexikon, Dresscode-Ratgeber, aktuelle Trends-Ratgeber und ein Ratgeber-MAGAZIN in der Hauptnavigation. Hier kann man nicht nur kaufen, sondern wird umfassend informiert. Quelle: `www.just4men.de`

Wortwelten fürs »Servicekonzept«:

Beratung, Service, Ansprechpartner, Fragen, Antworten, Tabelle, Hinweis, Tipps, Hilfe, helfen, unterstützen, Empfehlung, Infos, Informationen, Wissen, Rat, Lösungen, Aufklärung, Berichte, Angaben, das richtige Produkt, die richtige Größe, geeignet, Kundendienst, Mitarbeiter, fachkundig, erfahren.

Hinweis

Natürlich sollte jeder Online-Shop auf eine positive Preiskommunikation achten, die Merkmale der Produkte herausstellen, Aktionen anbieten und beraten. Bei der Ausrichtung des Shops geht es um den Schwerpunkt.

Aufgabe

Schreiben Sie sich Wörter auf, die im Zusammenhang mit Ihrem Konzept wichtig sind. Hierzu können Sie auf ähnlichen Seiten im Internet stöbern oder ein Synonym-Wörterbuch zur Hilfe nehmen. Machen Sie sich eine Wortwelt-Liste für Ihr Angebot. Diese Liste können Sie nach und nach ergänzen und beim Texten als Anregung nutzen. An der Wortwelt sehen Sie außerdem, welche Themen in Ihrem Shop wichtig sind und somit ausführlich in Form von entsprechenden Texten behandelt werden sollten.

1.4 Konzepte für Dienstleister

Auch Dienstleistungsangebote kann man auf bestimmte Schwerpunkte ausrichten. Wir nehmen einen Fotografen und passen sein Angebot verschiedenen Eigenschaften an. Selbst wenn Fotografen auf unterschiedlichen Gebieten aktiv sind, sollten sie für die Präsentation im Internet einen Schwerpunkt herausstellen, auf den sich das grafische und inhaltliche Konzept konzentriert.

Beispiel: Erlebnis-Fotografie

Der Fotograf richtet sein Angebot auf außergewöhnliche Foto-Erlebnisse aus. Er bietet den Kunden an, in historische Kostüme zu schlüpfen und für einen Tag zum Gaukler, zum König oder zur Rokoko-Dame zu werden. Er bietet Frauen in Zusammenarbeit mit einem Bodypainter Aufnahmen des bemalten Babybauchs als Andenken an die Schwangerschaft an. Er macht in Kooperation mit einem Falkner Shootings, bei denen die Kunden im Fantasy-Kostüm Falken oder andere Raubvögel halten. Das Angebot richtet sich an phantasievolle Kunden, die das Besondere lieben, und an Leute, die ein originelles Geschenk suchen.

Fokus: Kreativität, Phantasie, Träume, Emotionen.

Abb. 1.15: Verspielte Schriften, fantasievolle Bilder und die Ansage, dass auch der Besucher in diesen Outfits eine gute Figur machen würde. Das Angebot ist aufs Abenteuer ausgerichtet. Quelle: `www.venja-art.de`

Beispiel: Event-Fotografie

Der Fotograf bietet professionelle Aufnahmen von Live-Events an, etwa von Hochzeiten, Konzerten, Theateraufführungen oder Sportveranstaltungen. Das Angebot richtet sich an Hochzeitspaare, Zeitungen, Zeitschriften, Bands, Veranstalter, Verlage, Sponsoren und alle anderen Beteiligten.

Fokus: Erfahrung, Professionalität, Zuverlässigkeit, Equipment.

Abb. 1.16: Die Seite ist klar und informativ gehalten. Es gibt beispielhafte Bilder aus den unterschiedlichen Eventbereichen. Die Fotos sind nicht gestellt. Eine Bildsprache, die perfekt zu den Schlagwörtern passt: Messe, Event und Kongress.
Quelle: `www.messefotograf.events`

Beispiel: Fotografie als Kunstwerk

Der Fotograf macht künstlerische Landschaftsaufnahmen oder Portraits in unterschiedlichen Techniken und bietet seine Fotos als exklusive Einzelstücke oder in Form von Kunstdrucken, Postkarten, Postern und Kunstbänden an. Zielgruppen sind Fotografie-Interessierte, Kunstsammler oder Privat- und Geschäftsleute, die auf der Suche nach einzigartigem, stilvollem Wandschmuck sind.

Fokus: Individualität, Stil, Wandgestaltung, Wohnen, Ambiente, Kunst.

Abb. 1.17: Ein beispielhaftes Bild und dazu Wörter wie: Design, Interieur, Vita, Photographie (in alter Rechtschreibung). Das Ganze spartanisch designt, so dass das Foto wirken kann. Hier geht es um Kunst. Quelle: `www.bent.de`

Sie sind kein Fotograf und wollen auch gar keinen Online-Shop ins Leben rufen? Sie sind eine Bibliothek, ein Schraubenhersteller, ein Heizungsmonteur oder eine Druckerei? Auch dann sind Sie bei der Ausrichtung Ihrer Webseite noch nicht entlassen. Finden Sie Ihren Schwerpunkt für die Seite! Dabei kann die Entwicklung eines Slogans helfen. Der bringt die Dinge – sprich: Ihr Angebot – auf den Punkt.

1.5 Der richtige Slogan

Um einen guten Slogan zu finden, nehmen Sie das Blatt mit Ihren Alleinstellungsmerkmalen zur Hand. Lassen Sie sich inspirieren!

Beispiel

Vorsprung durch Technik (Audi)
Keiner schmeckt mir so wie dieser (Exquisa)
The citi never sleeps (citibank)

Wenn Ihre Alleinstellungsmerkmale nicht zu einem unverwechselbaren Slogan führen, dann versuchen Sie es mit Werten, die Ihnen besonders wichtig sind: Pünktlichkeit, Zuverlässigkeit, Individualität, Nachhaltigkeit ...

Beispiel

Die Bank an Ihrer Seite (Commerzbank)
Da weiß man, was man hat (Persil)
Have it your way (Burger King)

Auch das führt Sie nicht ans Ziel? Wie sieht es mit Ihrem Image aus? Woran erkennt man Sie? Was macht Ihr Team aus? Was ist Ihr Leitspruch in der Firma? Welches Gefühl vermitteln Ihre Produkte oder Dienstleistungen?

Beispiel

Alles, was ein Mann braucht (Clausthaler)
Dahinter steckt immer ein kluger Kopf (FAZ)
Alles Müller oder was? (Müllermilch)

Mit Humor öffnet man Herzen. Vielleicht passt ein lustiger Spruch zu Ihrem Angebot oder zu Ihrer Firma.

Beispiel

Wir haben nur Ihre Augen im Kopf (Apollo Optik)
Die längste Praline der Welt (Duplo)
Wir können alles. Außer Hochdeutsch. (Baden-Württemberg)

Das mit der Inspiration mag nicht gelingen? Dann müssen Sie systematisch vorgehen. Nutzen Sie Slogan-Formeln, die ruckzuck zum Ergebnis führen. Dazu müssen Sie zunächst ein paar Wörter sammeln, die zu Ihrem Angebot passen. Es dürfen auch ruhig Assoziationen sein.

Angenommen, Sie sind Maler Muck, ein kleiner Familienbetrieb in dritter Generation.

Passende Substantive: Farben, Stuck, Tapete, Pinselstrich, Farbpalette, Tradition, Familienbetrieb, Handwerk, Profis, Meister, Anstriche, Decken, Wände, Fassade, Wohngefühl.

Passende Verben: anstreichen, tapezieren, gestalten, verputzen, renovieren, modernisieren, erneuern, wohnen.

Passende Adjektive: sorgfältig, zuverlässig, schnell, günstig, erfahren, ordentlich, farbenfroh.

Name + Adjektiv + Adjektiv

Maler Muck: schnell und sorgfältig

Maler Muck: farbenfroh und zuverlässig

Adjektiv + Adjektiv + Name

Schnell und günstig: Maler Muck!

Schnell und erfahren: Maler Muck!

Name + Adjektiv + Verb

Maler Muck – farbenfroh gestalten

Maler Muck – ordentlich renovieren

Name + Adjektiv + »Art« + Verb

Maler Muck – die günstige Art zu renovieren

Maler Muck – die schnelle Art zu tapezieren

Name + Adjektiv + Substantiv

Maler Muck: farbenfrohe Fassaden

Maler Muck: ordentliche Anstriche

Substantiv + Substantiv + Name

Meister der Farben. Maler Muck

Pinselstrich mit Tradition. Maler Muck

Denken Sie sich weitere Formeln aus und probieren Sie, was für Ihren Betrieb, Ihre Dienstleistungen und Ihre Produkte funktioniert.

> **Tipp**
>
> In den meisten Fällen lässt sich die Webseite ganz wunderbar auf den Slogan ausrichten. Schauen Sie sich den Slogan an und lassen Sie sich inspirieren. »Farbenfroh gestalten«? Klar, dass die Seite bunt ist und sich die Inhalte an unterschiedlichen Farb- und Maltechniken orientieren. »Schnell und erfahren«? Dann schreiben Sie über Ihre Erfahrung und vermitteln Sie in Wort und Bild, dass Sie schneller sind als die Konkurrenz. Bedenken Sie auch hier: Es geht um einen Schwerpunkt, der andere Inhalte nicht ausschließt.

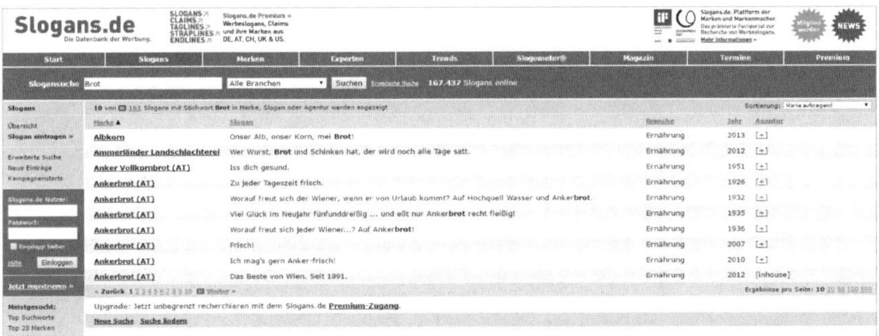

Abb. 1.18: Auf der Seite www.slogans.de können Sie sich Slogans zu bestimmten Stichpunkten anzeigen lassen. Eine gute Inspirationsquelle und gleichzeitig eine Recherchedatenbank, mit der Sie Dopplungen vermeiden können.

Sie kennen nun Ihre Kernkompetenzen/Geschäftsfelder, Ihre Alleinstellungsmerkmale, haben eventuell eine Nische für Ihr Angebot gefunden, den Shop auf ein Merkmal ausgerichtet und einen Slogan gefunden. Sie wissen also in etwa, was Sie dem Besucher sagen wollen. Aber mit wem reden Sie überhaupt?

Kapitel 2

Die Zielgruppe

Was sind das wohl für Menschen, die sich für Ihr Angebot interessieren? Mit welchen Erwartungen kommen sie in den Shop und was ist ihnen bei der Auswahl und beim Kauf der Produkte besonders wichtig? Sind es eher Männer oder Frauen? Sind die Kunden eher jung oder alt? Sind sie wohlhabend oder müssen sie auf jeden Euro achten? Mit Gewissheit können Sie diese Fragen natürlich nicht beantworten. Sie müssen sich zunächst auf Ihre allgemeine Menschenkenntnis verlassen. Erst mit der Zeit wird das Bild des Kundenkreises deutlicher, nämlich dann, wenn Sie Anfragen zu Produkten erhalten, Kundenmeinungen auswerten und Beschwerden und Verbesserungsvorschläge durcharbeiten. Ohne eine professionelle Zielgruppenanalyse durch eine Agentur können Sie im ersten Schritt nur Eigenschaften aufschreiben, die in Ihren Augen wahrscheinlich sind.

Wenn man Händler oder Dienstleister fragt, an welche Zielgruppe sich ihr Angebot richtet, antworten sie oft: »An alle!« Logisch, es soll ja nun keiner davon abgehalten werden, etwas zu kaufen oder einen Auftrag zu vergeben. Aber so läuft das leider nicht im Internet. »An alle« ist viel zu allgemein, um einen bleibenden Eindruck zu hinterlassen. Sie müssen DER Anlaufpunkt für XYZ werden! Sie müssen IHRE Kunden individuell ansprechen.

Sie können einem Teenager nur schwerlich »moderne Sportschuhe« verkaufen, während der Geschäftsmann im mittleren Alter sich mit Formulierungen wie »coole Sneakers« kaum zum Kauf überreden lässt. Auch inhaltlich gibt es Unterschiede: Dem Teenager wird die Qualität zunächst egal sein. Er will einen Schuh, der zu seinem Lebensgefühl passt. Am besten das neueste Modell einer angesagten Marke. Der Geschäftsmann wünscht sich zwar auch ein ansprechendes Design, legt aber Wert aufs Material und auf gute Verarbeitung.

Außerdem will er wissen, für welche Sportart sich der Schuh besonders eignet. Wenn Sie einen Produkttext schreiben, der die Fragen des Geschäftsmanns beantwortet, langweilen Sie den Teenager. Gehen Sie textlich auf den Teenager ein, bleibt der Geschäftsmann ohne Antwort.

Bei Dienstleistungen verhält es sich ähnlich. Der Großunternehmer mit Villa wünscht sich vom Malermeister attraktive Wischtechniken, originalgetreue Stuckarbeiten oder ein mediterranes Flair. Der frisch gebackene Familienvater mit mittlerem Einkommen und Mietwohnung braucht ein günstiges Angebot und möchte schnell fertig werden. Dementsprechend fällt die Beratung – also Ihr Text auf der Webseite – aus.

Wichtig

Sie müssen zunächst wissen, mit wem Sie reden, bevor Sie die Texte für Ihre Webseite schreiben. Dafür ermitteln Sie eine Hauptzielgruppe, auch wenn grundsätzlich jeder Kunde bei Ihnen herzlich willkommen ist.

2.1 Zielgruppe einschränken

Wie kommt man nun von der Zielgruppe »eigentlich alle« zu einer Zielgruppe, auf die man die Webseite ausrichten kann?

Wer bei null anfängt, muss sich erst einmal ratend vortasten. Einen ersten Hinweis auf den Kundenkreis gibt natürlich das Angebot selber. In einem Kosmetik-Shop werden garantiert mehr Frauen als Männer nach den Produkten schauen, während im Baumarkt überwiegend Männer einkaufen. Wer Konsolenspiele verkauft, wird ein junges Publikum haben. Ein Sanitätshaus spricht eher ältere Leute an.

Auch Dienstleister finden Anhaltspunkte zu ihrer Zielgruppe. Haarverlängerungen und Permanent-Make-up werden selten von Männern gewünscht. Bei Kfz-Reparaturen halten sich die Damen gerne zurück. Wer Bungee-Jumping anbietet, wird mit einer jüngeren Zielgruppe zu tun haben, während Wanderungen im Harz oder in der Eifel eher der älteren Generation gefallen. Salzstreuer für 59 € werden überwiegend von Besserverdienern gekauft, während das Tischset für 2,50 € auch für Geringverdiener interessant ist.

Um sich Ihrer Hauptzielgruppe zu nähern, können Sie außerdem in einem ersten Schritt die Bedarfsgruppen aufschreiben. Die Frage lautet: Wer kann meine Dienstleistungen/Produkte gebrauchen?

Die Antwort beginnt mit: »Alle Leute, die ...«

Oder bei B2B-Geschäften »Alle Unternehmen, die ...«

Beispiel

Wer kann Spielzeug aus unserem Shop gebrauchen?

Alle Leute, die:

- Kinder haben
- Enkelkinder haben
- Nichten und Neffen haben

Für den Preis-Shop:

- und nicht viel Geld zur Verfügung haben
- und nicht viel Geld ausgeben wollen

Für den Eigenschaften-Shop:

- und Wert auf originelle Produkte legen
- und auf Materialen und Design achten

Für den Beratungs-Shop:

- und nicht wissen, welches Spielzeug sich für wen eignet
- und sich für den pädagogischen Nutzen interessieren

Beim B2B-Geschäft erkunden Sie, für welche Unternehmen Ihre Angebote relevant sind (Größe, Mitarbeiterzahl, Branche, Tätigkeitsfelder, Entfernung, Sprachraum, Wirtschaftsraum, Alter der Firma, Umsatzzahlen, Anzahl der Filialen, Unternehmensform, Prioritäten, Situation der Firma usw.).

Aus der Bedarfsgruppe können Sie schon ein paar Dinge ablesen. In unserem Beispiel mit dem Spielzeug-Shop haben wir etwa die Gruppe »alle Leute, die Kinder haben und nicht viel Geld zur Verfügung haben«. Daraus könnte man ableiten:

Es handelt sich um Kunden zwischen 20 und 30 mit mittlerem bis geringem Einkommen, die eher Abstriche in der Qualität machen als im Preis. Höchstwahrscheinlich werden es mehr Frauen als Männer sein, die auf der Suche nach Spielzeug sind. »Geschenke zu kaufen« ist noch immer eher Frauensache, vor allem, wenn es um Kinder geht. Im Beratungs-Shop hingegen könnte die Anzahl der Männer höher sein, weil die meisten Väter, Opas und Onkel in Sachen »altersgerechtes Spielzeug« nicht so erfahren sind wie die weiblichen Pendants. Ich weiß, es gibt viele, viele Ausnahmen, aber wir reden hier von der breiten Masse.

Sie erhalten außerdem Hinweise auf die Zielgruppe, wenn Sie Ihre Kundendaten auswerten (Geschlecht, Alter, Familienstand, Kinder im Haushalt, Schulabschluss, Beruf, Einkommen usw.).

Weitere Hinweise: Werden eher teure Produkte gekauft oder günstige? Welche Produkte laufen besonders gut? Sollten Sie ein Ladengeschäft besitzen, schauen Sie sich einfach an, wer bei Ihnen kauft. Als Dienstleister werfen Sie einen Blick auf die erledigten Aufträge. Was ist gefragt, in welchem Bereich werden Sie von wem gebucht?

Nun haben Sie unter Umständen viele Bedarfsgruppen auf dem Zettel. Kreuzen Sie diejenige an, von der Sie sich den höchsten Umsatz versprechen. Das ist Ihre Hauptzielgruppe. Wählen Sie dann noch zwei oder maximal drei Nebenzielgruppen, die Sie ebenfalls bevorzugt bedienen wollen. Auch hier ist das Kriterium der zu erwartende Umsatz.

Bei Dienstleistungsangeboten, die nicht auf den Profit ausgerichtet sind, könnte die Anzahl der Kunden in den Bedarfsgruppen ein Kriterium sein. Wenn die Bibliothek also hauptsächlich von 30-50jährigen Frauen besucht wird, die Krimis lesen, dann sollten Sie das bei der Auswahl und Gestaltung der Inhalte berücksichtigen.

Hinweis

Wenn Ihr Produkt- oder Dienstleistungsangebot sehr komplex ist, teilen Sie es in Produktgruppen oder Geschäftsbereiche auf und gehen Sie separat vor. Eine Versicherung ermittelt also nicht die Zielgruppe für Versicherungen im Allgemeinen, sondern schaut sich den Kundenkreis für Autoversicherungen, Zahnversicherungen, Hausversicherungen etc. getrennt an. Ein großer Online-Shop für Spielzeug teilt die Produktbereiche zum Beispiel in Spielzeug für Säuglinge, Kleinkinder und Schulkinder ein. Hier wird dann die Startseite allgemein gehalten, und die Unterseiten werden auf die jeweilige Zielgruppe ausgerichtet.

2.2 Frauen oder Männer?

Vielleicht kommt es Ihnen seltsam vor, dass in Zeiten der Gleichberechtigung und der Genderdebatte bei der Zielgruppe noch Unterschiede zwischen Männern und Frauen gemacht werden. Das liegt daran, dass es tatsächlich Unterschiede im Kaufverhalten gibt. Ganz ohne Studien wird das bereits klar, wenn man sich die Überschriften diverser Artikel anschaut:

Abb. 2.1: Ein Artikel auf wissen.de macht die Geschlechtsunterschiede zum Thema. Quelle: `www.wissen.de/shoppen-fuer-ihn-die-hoelle-fuer-sie-entspannung`

Abb. 2.2: »Männer in der Shopping-Hölle« – ein Artikel der BILD-Zeitung vom 14.06.2015, Quelle: `www.bild.de/news/ausland/shopping/maenner-die-auf-tueten-starren-41334920.bild.html`

Generell kann man sagen:

> *Die Frau sucht das Erlebnis, der Mann sucht die Ware.*

Wenn ER eine blaue Jeans für höchstens 50 Euro kaufen möchte und eine passende findet, ist seine Mission erfüllt. SIE hingegen verschafft sich erst einmal einen Überblick über alle Angebote dieser Art, bezieht noch schnell Empfehlungen von Freundinnen mit ein, berücksichtigt, ob die Atmosphäre im Shop sie anspricht oder nicht, ob die Hose zu den Schuhen passt, die drei Geschäfte weiter im Schaufenster stehen und die man ja eventuell auch noch mitnehmen könnte usw.

IHR Kaufentscheidungsprozess ist geprägt vom Vergleichen und Prüfen, um das beste Ergebnis zu erzielen. SIE strebt das Gefühl an, die richtige Wahl getroffen zu haben. ER will ... eine blaue Jeans für höchstens 50 Euro – und das möglichst schnell und einfach, damit die Aufgabe erledigt ist.

Das ist stark vereinfacht ausgedrückt und trifft selbstverständlich nicht auf alle Männer und Frauen zu, und es ist auch nicht auf alle Waren gleichermaßen zu beziehen. Wenn man aber das berühmte »Fünkchen Wahrheit« herausfischt, dann geht der Mann beim Einkauf rationaler und gezielter vor, während die Frau stöbert, vergleicht und emotionale Aspekte einfließen lässt.

Für den Content im »Männer-Shop« bedeutet das: Fakten, bedarfsorientierte Inhalte, schnelle Wege. Im »Frauen-Shop« sind die Texte emotionaler, vergleichsorientiert, erlebnisreich und inspirierend.

Der Frauen-Shop braucht:

- Beratungsangebote
- emotionale Beschreibungen
- Kundenmeinungen und Testimonials
- Produktvorschläge zum Stöbern
- inspirierende Geschichten rund um die Produkte

Der Männer-Shop braucht:

- Fakten
- bedarfsorientierte Inhalte
- Expertenmeinungen
- schnelle Wege
- detaillierte Suchfunktionen
- übersichtliche Strukturen

Wie immer gilt: Es gibt nicht nur Schwarz oder Weiß, man kann die Texte auch so gestalten, dass sich Männer und Frauen angesprochen fühlen, wenn man bei der Produktbeschreibung zum Beispiel mit einem emotionalen Anleser beginnt und anschließend eine übersichtliche Faktentabelle einfügt. Dennoch sollten Sie sich beim Konzept immer auf die Hauptzielgruppe konzentrieren und ihre Bedürfnisse zuerst befriedigen.

2.3 Kundensteckbriefe/Personas

Es ist nicht ganz einfach, mit einem abstrakten Bild vom Kunden die richtige Ansprache zu treffen. Fertigen Sie sich deshalb Steckbriefe der typischen Kunden an! In der Werbewelt werden diese Steckbriefe »Personas« genannt. Beim Formulieren der Texte können Sie diese Personas auf den Schreibtisch legen und sie direkt ansprechen.

Beginnen Sie mit jeweils einer Persona für die Hauptzielgruppe und jeweils einer für die Nebenzielgruppen. Überlegen Sie sich zunächst, welchen Schwerpunkt die Steckbriefe neben den reinen Daten haben sollen. Für uns ist es unerheblich, ob die Besucherin unseres Shops zum Friseur geht oder sich selber die Haare färbt. Das wäre für einen Friseursalon relevant. Wir müssen herausfinden, welche Prioritäten die Besucher in Bezug auf Kinder setzen, und konzentrieren uns im Steckbrief deswegen auf den Alltag und den Umgang mit dem Nachwuchs.

Zunächst schreiben Sie also allgemeine Gedankengänge zum möglichen Kundenkreis auf. Wer kauft bei Ihnen ein und warum spricht ihn gerade dieses Webseitenkonzept an? Was verrät Ihnen der Einkauf auf Ihrer Seite über die Person?

Wichtig

Die folgenden Vermutungen und Schlussfolgerungen treffen natürlich nicht auf jeden Besucher der Webseite zu. Wir versuchen lediglich, einen typischen Kunden zu entwerfen, um später seine Wünsche und Anliegen zu ermitteln. Anhand der wachsenden Kundendaten, Rückmeldungen und Umfragen können Sie nach und nach diesen »erfundenen« Kunden der Realität anpassen.

Beispiel: Der günstige Spielzeug-Shop

Wer nach besonders günstigem Spielzeug schaut, kauft vermutlich für seine eigenen Kinder ein. Es sind überwiegend die Mütter, die mit dem Spielzeugkauf betraut werden. Wir können also davon ausgehen, dass es sich um Frauen mittleren Alters (20-30 Jahre) handelt. Das Spielzeug soll dem Konzept des Shops gemäß besonders günstig sein. Die

Gründe hierfür sind vielfältig. Der offensichtlichste Grund ist jedoch, dass kein allzu großes Haushaltsbudget zur Verfügung steht. Daraus könnte man schließen, dass die klassische Aufgabenteilung mit nur einem Einkommen vorliegt. In den meisten Fällen geht noch immer der Mann Vollzeit arbeiten, während die Frau sich um die Kinder und den Haushalt kümmert. Die Kundin muss Kinder und Haushalt managen und hat eventuell sogar noch einen Halbtagsjob. Sie wünscht sich robustes Spielzeug, mit dem sich die Kinder eine Zeit lang alleine oder miteinander beschäftigen können. Die Kundin wird außerdem nicht viel Zeit und Lust haben, sich Hintergrundinformationen durchzulesen. Sie braucht wenig Beratung und will schnell ans Ziel ihrer Suche kommen: Schnäppchen mit Qualität!

Wir entwerfen einen entsprechenden Steckbrief:

Abb. 2.3: Foto: © Adam Borowski – `fotolia.com`

Name: Svenja Müller

Alter: 23 Jahre

Schulabschluss: Realschule

Ausbildung: Zahnarzthelferin

Aktueller Beruf: Hausfrau

Familienstand: verheiratet mit Stefan (25, Dachdecker)

Kinder: Joshua (1 Jahr), Celine (3 Jahre)

Hobbys: Campingurlaub, Kochen, Lesen, Fernsehen

Lieblingsbuch: Twilight-Saga

Lieblingsmusik: PUR, Juli, Tokio Hotel

Lieblingsfilm: Harry Potter

Tagesablauf:

Svenja weckt um 7 Uhr die Kinder und bereitet das Frühstück zu. Sie bringt mit Joshua die kleine Celine zum städtischen Kindergarten. Den Vormittag verbringt Svenja mit der Hausarbeit und/oder geht im Discounter einkaufen. Zwischen Putzlappen, Waschmaschine und Geschirr kümmert sich Svenja immer wieder um Joshua, der in der Wohnung spielt oder Kindersendungen im Fernsehen schaut.

Gegen 12 Uhr holt sie Celine ab und isst mit den Kindern zu Mittag. Während die Kleinen ihren Mittagsschlaf halten, bringt Svenja die Küche in Ordnung und nutzt die Zeit für ein wenig Erholung. Gegen 13 Uhr 30 sind die Kinder wieder wach, und Svenja geht mit ihnen in den Garten oder spielt mit ihnen vor dem Haus. Hier klönt sie gerne mit den Nachbarn und trifft andere Eltern mit gleichaltrigen Kindern. Am späten Nachmittag wärmt Svenja das Essen für ihren Mann auf, der um 16 Uhr 30 von der Arbeit kommt. Die Kinder spielen derweil bis zum Abendbrot in der 3-Zimmer-Wohnung. Während Stefan sich noch ein wenig mit den Kindern beschäftigt, sie umzieht und ins Bett bringt, räumt Svenja die Küche und die Wohnung auf. Gegen 19 Uhr schlafen Joshua und Celine. Der Abend klingt vor dem Fernseher aus.

Bei Svenja und Stefan ist das Geld stets knapp. Sie gönnen sich trotzdem einmal im Jahr einen Campingurlaub und sparen dafür jeden Cent. Im Sommer grillen sie an den Wochenenden mit Freunden, gehen zu Veranstaltungen mit kostenlosem Kinderprogramm oder besuchen die Großeltern der Kinder. Joshua und Celine sind zu jeder Jahreszeit gerne und oft im Garten und spielen mit den Nachbarskindern.

Die Ansprache/Tonalität: Svenja Müller wird eine lockere, direkte Ansprache bevorzugen, die leicht verständlich und inhaltlich praxisorientiert ist. Eine gehobene Sprache mit vielen theoretischen Hintergrundinformationen ist für Svenja nicht alltäglich und wirkt so in ihren Augen aufgesetzt und übertrieben. Würden Sie Svenja im Ladengeschäft bedienen, würden Sie sicher Preisvorteile herausstellen und auf die praktischen Eigenschaften der Produkte eingehen: Arbeitsentlastung, Haltbarkeit, gute Ergebnisse, schnelle Ergebnisse, Unterhaltung, Smalltalk.

Beispiel: Der Naturspielzeug-Shop

Wer in einem Naturspielzeug-Shop einkauft, beschäftigt sich ausgiebig mit Gesundheitsthemen, mit sozialen Themen und pädagogischen Konzepten. Wir können von einer höheren Bildung des Kundenkreises ausgehen. Eine höhere Bildung setzt eine längere Schullaufbahn voraus. In vielen Fällen mit anschließendem Studium. Die Kundin ist also etwas älter, vielleicht 30-35 Jahre. Naturspielzeug ist in der Regel teurer als die Billigangebote aus Plastik. Die Kundin stellt also Material und Eigenschaften über den Preis. Vermutlich muss sie nicht so sehr auf jeden Euro achten. Sie wird wahrscheinlich nur bestellen, wenn sie vom Material und pädagogischen Nutzen überzeugt ist.

Wir entwerfen einen Steckbrief:

Abb. 2.4: Foto © Sylvia Zimmermann – fotolia.com

Name: Andrea Wallis

Alter: 31 Jahre

Schulabschluss: Abitur/Studium

Beruf: Rechtsanwältin

Aktueller Beruf: Rechtsanwältin/halbtags

Familienstand: verheiratet mit Dennis (35, Bauingenieur)

Kinder: Julia (2 Jahre) und Max (3 Jahre)

Hobbys: Reiten, Segeln, Feng Shui, Yoga

Lieblingsbuch: Das Leben ist ein Traum

Lieblingsmusik: Klassik, Jazz

Lieblingsfilm: Gandhi

Tagesablauf:

Andrea steht gegen 7 Uhr auf, frühstückt mit den Kindern. Die Haushälterin Natascha ist schon da und wird Julia und Max zum Waldorfkindergarten bringen, sie wieder abholen, kochen und die Kinder betreuen, bis Andrea gegen 14 Uhr von ihrem Halbtagsjob in der Kanzlei zurück ist.

An den Nachmittagen nimmt Andrea mit ihren Kindern an diversen Kursen teil: Schwimmen, Reiten, Musikschule, Turnen. Sie besucht mit den Kindern befreundete Mütter und geht im Bioladen einkaufen. Dennis kommt gegen 18 Uhr von der Arbeit. Sie bringen beide zusammen die Kinder ins Bett. Der Abend klingt mit einem Buch oder einer Flasche Wein und Gesprächen aus. Gelegentlich bestellen Andrea und Dennis einen Babysitter und gehen ins Theater oder zu Konzerten und Veranstaltungen.

Die Familie hat keine Geldsorgen, lebt in einem eigenen Haus und fährt an den Wochenenden mit den Kindern zum Segeln, macht Ausflüge in den Zoo oder den Freizeitpark. In ihrer Freizeit engagiert sich

Andrea für den Umweltschutz und für soziale Projekte. Andrea und Dennis fahren zweimal im Jahr mit den Kindern ans Meer.

Ansprache/Tonalität: Andrea Wallis möchte sicher nicht zu vertraulich und locker angesprochen werden. Sie wird einen distanzierteren, gehoben Sprachstil bevorzugen und neben den praktischen Aspekten auch die Hintergrundinformationen erfragen. Im Ladengeschäft würden Sie ihr informativ und fachkundig begegnen, Aussagen belegen, Beweise in Form von Testergebnissen erwähnen und weniger auf den Preis als vielmehr auf die Qualität eingehen.

Hinweis

Auch wenn die Steckbriefe überwiegend auf Klischees und Vorstellungen basieren, wissen Sie beim Texten zunächst ungefähr, mit wem Sie sprechen. Wenn Sie genauere Informationen über Ihren Kundenkreis haben, können Sie die Steckbriefe anpassen. Sammeln Sie die Fragen zu den Produkten, die per Mail gestellt werden, und werten Sie die Kundenmeinungen zu den Angeboten aus. Weitere Hinweise erhalten Sie beispielsweise mit einer Tracking-Software, die Ihnen verrät, über welche Suchbegriffe die User auf Ihre Seite gelangt sind. So entsteht mit der Zeit ein realistisches Bild davon, was die Kunden suchen, erwarten und worauf sie achten.

Tipp

Vielleicht haben Sie jemanden im Bekanntenkreis, den Sie als typischen Kunden bezeichnen würden. In diesem Fall brauchen Sie nicht einmal Lebensläufe und Vorlieben zu erfinden, sondern nur aufzuschreiben. Oder Sie suchen in den sozialen Netzwerken nach Menschen, die Ihrem »typischen Kunden« ähnlich sind. Was beschäftigt sie? Was mögen sie? Was ist ihnen wichtig? Worüber reden sie?

Abb. 2.5: Im Internet gibt es inzwischen einige Persona-Generatoren, wie beispielsweise hier unter `makemypersona.com`

2.4 Kommunikationsziele festlegen

Die Gesprächspartner sind nun klar umrissen. Nun müssen Sie noch festlegen, worüber Sie eigentlich reden wollen. Das sollten Sie sich übrigens bei jedem einzelnen Text fragen, den Sie auf die Webseite stellen. Machen Sie sich jedes Mal Ihr Ziel klar, bevor Sie in die Tasten hauen! Es gibt hierbei langfristige, große Ziele und kurzfristige, kleinere Ziele.

Große Ziele:

- Sie wollen ein Produkt oder eine Dienstleistung verkaufen
- Sie wollen den Kunden zu etwas animieren
- Sie wollen den Kunden von einer Meinung überzeugen
- Sie wollen den Kunden informieren
- Sie wollen den Kunden unterhalten

- Sie wollen etwas lehren
- Sie wollen ein Image prägen

Kleine Ziele:

- Sie wollen, dass der Kunde ein Formular ausfüllt
- Sie wollen, dass der Kunde sich für den Newsletter anmeldet
- Sie wollen, dass sich der Kunde ein Video anschaut
- Sie wollen, dass der Kunde eine Datei herunterlädt
- Sie wollen, dass der Kunde einen Beitrag bei Facebook teilt
- Sie wollen, dass der Kunde an einem Gewinnspiel teilnimmt

Wenn Sie Ihr Gesprächsthema kennen, können Sie loslegen. Treten Sie mit Ihrem Kunden in den Dialog! Nehmen Sie sich die Personas vor und lassen Sie sie Fragen zum Gesprächsthema stellen, die Sie im Text beantworten.

Beispiel

Sie wollen, dass der Kunde an einem Gewinnspiel teilnimmt. Sie treten in den Dialog. Die Persona stellt folgende Fragen:

Was kann ich gewinnen?

Was muss ich dafür tun?

Bis wann muss ich das tun?

Wann und wie werde ich über den Gewinn informiert?

2.5 Do it yourself

- Schreiben Sie auf, wie Sie Ihr Image sehen: jung, modern, konservativ, weltoffen, ...
- Notieren Sie Ihre Kernkompetenzen und unterteilen Sie diese in Geschäftsbereiche, Produktbereiche und Produkte/Dienstleistungen
- Ermitteln Sie Ihre Alleinstellungsmerkmale und legen Sie entsprechende Seiten an

- Wählen Sie ein Konzept für Ihre Internetpräsenz (Erlebnis, Preis, Produktmerkmale, ...)
- Finden Sie gegebenenfalls eine Nische, in der Sie gegen die großen Anbieter bestehen können
- Schreiben Sie einen Slogan, an dem Sie sich orientieren können
- Ermitteln Sie Ihre Bedarfs- und Zielgruppen
- Fertigen Sie Personas an
- Legen Sie kleine und große Kommunikationsziele fest, die Sie auf der Seite Schritt für Schritt angehen

Kapitel 3

Basistexte für Shops und Webseiten

»Nein, Texte brauchen Sie nicht zu schreiben. Wir haben noch welche, die wir nehmen können. Kümmern Sie sich einfach darum, dass die Seite gut aussieht.« Das ist eine Aussage, die Werbetreibende andauernd hören, wenn sie für kleine oder mittelständische Unternehmen Webseiten erstellen. Das große Eurozeichen schwebt über dem Auftrag, und verständlicherweise will man irgendwo Geld sparen. Lassen Sie sich aber gesagt sein: Wer an den Texten und Inhalten spart, setzt auch das Geld für die Grafik in den Sand. Sie schrauben ja auch nicht einen Fahrradreifen an ein Auto, nur weil Sie den noch in der Garage liegen haben. Das grafische Konzept funktioniert nicht ohne Inhalte, genauso wie das Auto nicht ohne anständige Reifen fährt.

Wichtig

Bitte bedenken Sie an dieser Stelle, dass bei der mobilen Version Ihrer Webseite die Grafik kaum noch eine Rolle spielt. Responsive Design ist schlicht und klar. Die Texte stehen im Vordergrund (siehe Abschnitt 3.12).

Generell gilt: Grafik und Text müssen aufeinander, aufs Internet, auf die Produkte und vor allem auf den Kunden abgestimmt werden. Die Firmenbroschüre mag gedruckt super sein. Im Internet vertreibt sie aber die Besucher. Floskeln, Phrasen und ellenlange Firmenvorstellungen haben die User vielleicht vor zehn Jahren noch verziehen, als man sich langsam an professionelle digitale Inhalte herantastete. Heute macht es nur kurz »klick«, und der potenzielle Kunde ist weg. Denn er sucht etwas Bestimmtes und möchte schnell Antworten auf seine Fragen. Wenn er sie nicht bei Ihnen bekommt, dann eben woanders. Die Betonung liegt also auf »schnell«, und da reden wir nicht von Minuten, sondern von Sekunden. Der Hintergrund wird vielleicht deutlicher, wenn man die Situation auf ein Ladengeschäft überträgt.

Was würden Sie denken, wenn Sie mit einer konkreten Frage – zum Beispiel nach einem bestimmten Schuhmodell – in den Laden kommen und der Berater erst einmal darüber berichtet, wer die Firma wann und wie aufgebaut hat, wie begeistert seit 30 Jahren sämtliche Kunden sind, mit welchen Werkzeugen man die Regale gezimmert hat und was für Leistungen das Unternehmen seit Beginn vor X Jahren bereits verbuchen konnte? Statt zu beraten und den Weg zum richtigen Regal zu weisen, schwadroniert der Verkäufer über das außerordentliche Angebot und fordert Sie auf, sich in aller Ruhe im kompletten Laden umzusehen, weil sich einfach jedes Produkt lohnt. Dann wünscht er Ihnen viel Spaß, lässt Sie mit Ihrer Frage stehen und verschwindet.

Sie würden kopfschüttelnd das Geschäft verlassen. Genau das passiert im übertragenen Sinne jeden Tag unzählige Male im Internet.

Abb. 3.1: Die Startseite der Druckerei Mayer & Söhne – Februar 2016.
Quelle: `www.druckerei-mayer-soehne.de`

Grafisch ist die Startseite der Druckerei Mayer & Söhne schön gestaltet, sogar mit Gütesiegel. Aber der Besucher sieht nicht auf den ersten Blick, welche Dienstleistungen angeboten werden. Stattdessen sind rechts in der Seitenleiste lauter anspruchsvolle Versprechen zu finden: bestmögliche Flexibilität, absolute Zuverlässigkeit, Top-Qualität, hervorragender Service. Versetzen Sie sich nur kurz in die Lage einer Firma, die einen Flyer drucken lassen möchte und auf der Suche nach einem Dienstleister ist. Diese Fragen stellen sich zuerst: Kann ich meinen Flyer hier drucken lassen? Was kostet das? Wie schnell geht das? Wie muss ich die Daten liefern?

Der Startseitentext dieser Webseite gibt dazu kaum Antwort. Stattdessen erfahren wir, dass die Druckerei 150 Jahre Erfahrung und 350 Mitarbeiter hat. Sie arbeitet mit modernen Zeitungsdruckmaschinen im Berliner Format (?), was für den Suchenden nicht unbedingt auf »Flyer« hinweist. Auch die »Möglichkeiten zur Produktaufwertung« und die Tatsache, dass der Offsetdruck die Leidenschaft des Anbieters ist, bringen den potenziellen Kunden nicht weiter.

Angenommen, er gibt trotzdem nicht auf und klickt in der Hauptnavigation auf »Leistungspalette«. Hier landet er wider Erwarten auf der Unterseite »Druckvorstufe« (Abbildung 3.2).

Obwohl dem Besucher noch nicht einmal klar ist, ob er seinen Flyer hier drucken lassen kann, bekommt er nun die Werkzeuge erklärt. CTP-Direktplattenbelichtung, standardisierte Produktionsabläufe, moderne Verfahrenstechnik, Datenkontrolle. Mal ehrlich: Das ist den Kunden doch egal, mit welchen Arbeitsabläufen und Maschinen die Firma arbeitet, Hauptsache der Flyer sieht gut aus, wird schnell geliefert und kostet kein Vermögen.

Wir gehen von der sehr unwahrscheinlichen Situation aus, dass der Besucher sich die Mühe macht und auf den nächsten Punkt in der Seitennavigation – »Bogenoffset« – klickt (Abbildung 3.3).

Abb. 3.2: Der Klick auf »Leistungspalette« führt zur »Druckvorstufe« (Stand: Februar 2016). Quelle: `www.druckerei-mayer-soehne.de/leistungspalette/daten-druckvorstufe/`

Abb. 3.3: Zufällig findet man beim Klick auf »Bogenoffset« die Antwort auf die Frage, ob man hier seine Flyer drucken lassen kann (Stand: Februar 2016). Quelle: `www.druckerei-mayer-soehne.de/leistungspalette/bogenoffset/`

Endlich und wiederum völlig unerwartet taucht der gesuchte Flyer auf der Seite »Bogenoffset« auf. Als Punkt in einer Liste – nicht anklickbar. Endstation!

Sie sehen, wie wichtig die Benutzerführung ist und warum Sie dem Besucher sofort das Gefühl geben sollten, dass er bei Ihnen mit seinem Anliegen richtig ist. Beantworten Sie seine Fragen – am besten schon auf der Startseite – und weisen Sie ihm den Weg.

Hinweis

In den meisten Fällen interessiert es den Kunden nicht, mit welchen »Werkzeugen« Sie Ihre Arbeit machen. Auch nicht, wenn Sie besonders stolz auf Ihre neuen Maschinen, Ihre innovative Technik, Ihre Methoden und Ihr Fachwissen sind. Die Kunden suchen nach Lösungen, nicht nach Werkzeugen. Präsentieren Sie also nicht die »Druckmaschine XYZ mit dem innovativen Herstellungsverfahren BlaBla«, sondern »Broschüren in DIN A5 mit brillanten Farben«.

3.1 Navigation

Das Betexten einer Webseite fängt mit den Navigationspunkten an. Sie sollten neben den Geschäftsfeldern, Produkten und Produktgruppen und den Seiten für die Alleinstellungsmerkmale folgende Seiten einplanen: Über uns, Kontakt, Service, Presse, Impressum.

Achten Sie darauf, dass Sie nicht mehr als sieben Navigationspunkte in der Hauptnavigation haben, sonst wird es schnell zu unübersichtlich. Weichen Sie dann lieber auf die erste und die zweite Unterebene aus. Impressum und Pressebereich dürfen ruhig aus der oberen Navigation herausgenommen und unten im Footer verlinkt werden.

Keine Experimente bei der Beschriftung

Es ist nicht sinnvoll, bei der Betextung der Navigation große Experimente zu machen. Die Kunden suchen nach konkreten Aussagen und nicht nach kryptischen Angaben, so blumig sie auch klingen mögen.

Schreiben Sie also lieber »Bücher für Kinder von 3-6 Jahren« als »Geschichten für kleine Abenteurer«.

Darüber hinaus ist es auch für die Suchmaschinenoptimierung besser, wenn Sie schon in der Navigation relevante Keywords statt blumiger Umschreibungen nutzen.

Wichtig

Das Karteikastensystem

Eine Internetseite ist keine Zeitschrift und auch kein Buch. Das bedeutet: Die einzelnen Unterseiten der Webpräsenz sind nicht aufeinanderfolgend und bauen auch nicht aufeinander auf. Jede einzelne Seite muss für sich stehen können und eine eigene Aussage/eigene Informationen transportieren. Zum besseren Verständnis können Sie sich die Webseite als einen Karteikasten vorstellen. Auf den einzelnen Kärtchen (Unterseiten) stehen jeweils Infos zu einem Stichwort.

Hintergrund: Der Besucher landet nicht zwangsläufig auf Ihrer Startseite und klickt sich dann systematisch weiter. Er kann auch über die Suchmaschine auf einer Unterseite mit einem speziellen Thema landen. Diese Seite sollte ebenso aussagekräftig sein und für sich selbst stehen können wie alle anderen Unterseiten. Als Empfehlung zum Weiterlesen dienen die Links, mit denen Sie auf andere Kärtchen im Karteikasten verweisen.

3.2 Startseite

Es dürfte sich mittlerweile herumgesprochen haben, dass »Willkommen auf unserer Website« nicht unbedingt der beste Einstieg für die Startseite ist. Die Höflichkeitsfloskel klingt zwar vermeintlich freundlich, aber leider auch ziemlich hohl. Das gilt auch für »Schön, dass Sie zu uns gefunden haben«. Solche Banalitäten zwingen den Besucher dazu, mehr zu lesen, als er möchte. Im Internet zählt:

Langweilen Sie Ihre Leser niemals mit Phrasen, Floskeln oder Infos, die für ihn nicht von Nutzen sind.

Vermeiden Sie also öde Klassiker wie beispielsweise Zitate.

> *Große Ergebnisse erfordern großen Ehrgeiz.*
>
> – Heraklit

Wenn der Besucher Ihrer Webseite oder Ihres Online-Shops zu irgendetwas KEINE Lust hat, dann dazu, sich über die Weisheiten verstorbener Persönlichkeiten Gedanken zu machen. Er ist gekommen, um ein spezielles Produkt zu finden oder eine Dienstleistung.

Kommen Sie direkt zur Sache, beantworten Sie die Fragen des Kunden, genau wie Sie es im Ladengeschäft tun würden. »Kann ich Ihnen helfen?« Im Internet müssen Sie sich die Fragen beim Texten selber stellen. Oder lassen Sie Ihre Personas Fragen stellen:

- Was kann man hier kaufen?
- Mit wem habe ich es hier zu tun?
- Ist das ein seriöser Anbieter?
- Wo finde ich, was ich suche?

Gleich beim ersten Blick auf die Startseite möchte der Besucher wissen, ob er bei Ihnen richtig ist. Anhaltspunkte geben ihm hier der Gesamteindruck (inklusive Bilder), die Navigationspunkte und die Texte. Natürlich können Sie nicht alle Themen und Angebote auf der Startseite ansprechen, aber Sie können wichtige Punkte herausstellen und den Weg weisen.

So könnte der Startseitentext für einen Holzspielzeug-Shop aussehen:

Beispiel

Unsere Leidenschaft? Holzspielzeug ohne Schadstoffe!

In unserem Shop sind die Produkte nach Altersempfehlung geordnet. Wählen Sie einfach in der Navigation erst das Alter des Kindes, dann den Produktbereich und schließlich das Produkt aus.

So kommen Sie mit drei Klicks ans Ziel. Die Suchfunktion nach Stichwort finden Sie rechts oben in der Navigationsleiste.

So bezahlen Sie bei uns

Bei uns können Sie per Bankeinzug oder PayPal bestellen. Wir liefern innerhalb von 24 Stunden.

Hier finden Sie Antworten

In unserem Servicebereich erfahren Sie, nach welchen Kriterien wir unser Naturspielzeug aussuchen, was sich hinter den unterschiedlichen Ökosiegeln verbirgt, wie Sie schnell und sicher in unserem Shop bestellen und wie Sie mit uns in Kontakt treten können.

So erreichen Sie uns

Darüber hinaus steht Ihnen werktags von 8-19 Uhr ein Live-Chat mit unseren Mitarbeitern zur Verfügung. Klicken Sie hierzu einfach auf das Bild mit dem Fragezeichen rechts unten auf der Seite.

Unsere Partner, Ihre Sicherheit

ABC-Holzspielzeug ist Partner des WWF und trägt das XYZ-Gütesiegel, das erst nach einer Prüfung von über 100 Einzelkriterien verliehen wird. Es belegt unter anderem die Datensicherheit in unserem Shop, die Liefersicherheit und einen ausgezeichneten Kundenservice.

Unser Sortiment besteht ausschließlich aus zu 100 Prozent natürlichem Spielzeug, das wir bedenkenlos empfehlen können.

Der Text ist knapp 180 Wörter lang. Um es besser auszudrücken: Er ist kurz! Der Besucher weiß sofort, was es hier zu kaufen gibt, wie man bezahlen kann, wann geliefert wird. Transparenz schafft Vertrauen, und Vertrauen ist in diesem Shop ganz besonders wichtig, denn nicht überall, wo Bio draufsteht, ist auch Bio drin. Der WWF als Partner? Da muss man bestimmt auch Qualitätskriterien erfüllen, bevor man zum Partner wird.

Der Neuankömmling erfährt, wo er die Möglichkeit hat, Fragen zu stellen. Die Bedenken bezüglich Sicherheit und Datenschutz werden ihm direkt genommen. Offensichtlich legt der Shop Wert auf einen guten

Kundenservice, denn es gibt einen Live-Chat. Es werden sogar Ökosiegel für die Produkte erwähnt, was hohe Qualität vermuten lässt. Dieser Eindruck wird durch die Aussage untermauert, dass es sich um ausgesuchte Produkte handelt, die ausdrücklich empfohlen werden.

Hinweis

Der Text klingt Ihnen viel zu sachlich? Sie können ihn durch Stil und Wortwahl so umschreiben, dass er anders wirkt, obwohl er die gleichen Informationen enthält. Bitte denken Sie auch an die entsprechende optische Aufteilung mit Zwischenüberschriften (siehe Kapitel 4, »Schreibwerkstatt«).

3.3 Über uns

Die »Über uns«-Seite dient in erster Linie dazu, das Vertrauen des Kunden zu gewinnen. Niemand übermittelt im Online-Shop seine Bankverbindung oder seine Kreditkartendaten gerne an einen Unbekannten. Bei Dienstleistern verhält es sich ähnlich. Bevor man einen Handwerker in die eigenen vier Wände holt, würde man auch gerne wissen, mit wem man es da zu tun hat, und selbst im B2B-Bereich will man sich zunächst ein Bild von den potenziellen Geschäftspartnern machen. Auch bei der Suche nach guten Mitarbeitern ist die »Über-uns«-Seite wichtig, damit der Bewerber sich die künftigen Kollegen anschauen kann. Schließlich muss er entscheiden, ob er seine Arbeitskraft in diesem Team einsetzen will.

Verwechseln Sie die »Über uns«-Seite nicht mit der Firmengeschichte. Hier geht es darum, einen ganz aktuellen Einblick zu bekommen. Mit Bildern und Texten erzeugen Sie hier einen Eindruck, der den Charakter und die Stimmung im Team darstellt. Überlegen Sie sich zunächst, was Sie transportieren wollen. Mögliche Ansätze für die Vorstellung des Teams:

Kreativität

Impulse, Ideen, Inspiration, Intuition, unverwechselbar, originell, fühlen, Farben ...

Sicherheit

Garantieren, gewährleisten, sicherstellen, geprüft, risikofrei, unbedenklich, gut aufgehoben ...

Seriosität

Ordnung, System, Werte, Verantwortung, gewissenhaft, pünktlich, solide ...

Tradition

Generationen, etabliert, bekannt, bodenständig, erfahren, fundiert, verwurzelt ...

Internationalität

Weltbürger, kosmopolitisch, Globus, Kontinente, weltweit, unbegrenzt, multikulturell ...

Regionalität

Regional, lokal, städtisch, Landkreis, → Dialektwörter, Regiolektwörter

Tipp

t3n hat in einem Artikel 23 Beispiele für kreative Teamseiten aufgespürt. Zu finden unter `http://t3n.de/news/startup-kreative-teamseiten-502125/`

Achten Sie darauf, dass die Fotos der Mitarbeiter zum Konzept und zum Angebot passen. Es wirkt befremdlich, wenn die Vertreter einer Versicherung auf den Teambildern Fratzen schneiden oder wenn die Sozialarbeiter einer Jugendwerkstatt in Schlips und Kragen in die Kamera sehen.

Vermeiden Sie auch auf der »Über uns«-Seite Worthülsen und Floskeln. »Service«, »Know-how« und »Engagement« sind nun wirklich keine Begriffe mehr, die beeindrucken.

Stellen Sie das Team in den Vordergrund und beschreiben Sie die Stärken jedes einzelnen. Ein paar augenzwinkernde Schwächen dürfen auch erwähnt werden, denn Humor macht sympathisch und lockert die Situation auf. Wofür ist der Mitarbeiter im Team zuständig? Was zeichnet ihn aus? Für wen ist er der Ansprechpartner? Ein paar persönliche Worte können nicht schaden. Der potenzielle Kunde möchte die Menschen kennenlernen, mit denen er vielleicht ins Geschäft kommt.

Wichtig

Familienstand und Hobbys sind hier zwar nett gemeint, tun aber nichts zur Sache. Es geht um Informationen, die mit den Produkten, den Dienstleistungen und Aufgaben zu tun haben. Das Privatleben bleibt tabu, sofern es nicht mit der Aufgabe in der Firma zu tun hat.

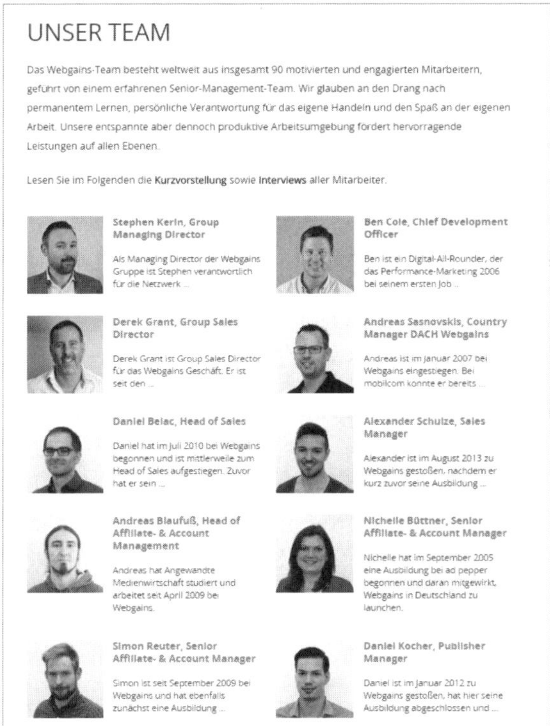

Abb. 3.4: Das Performance-Marketing-Unternehmen »Webgains« stellt auf seiner Webseite die Mitarbeiter mit Kurzportraits vor. Wer mehr wissen will, bekommt per Mausklick Interviews mit diesen Mitarbeitern präsentiert. Stand: Februar 2016, Quelle: `www.webgains.de/public/unser-team/`

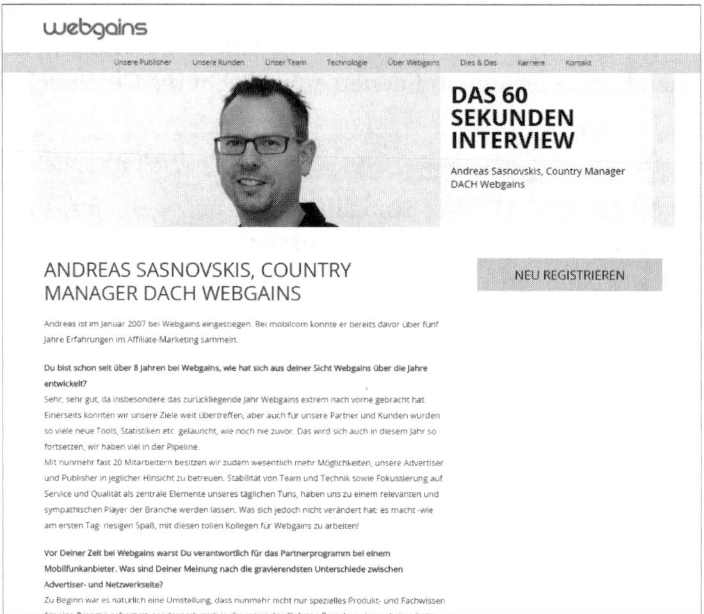

Abb. 3.5: Besser geht`s nicht! In einem ausführlichen Interview erzählt der Mitarbeiter über seine Arbeit. Das Interview kann auch direkt über die sozialen Netzwerke geteilt werden.
Quelle: `www.webgains.de/public/andreas-sasnovskis`

> **Tipp**
>
> Vermeiden Sie die »Als Kind schon ...«-Geschichten. Bleiben Sie in der Gegenwart. Die Mitarbeiter sind wichtig, wenn man sich ein Bild von der Firma machen möchte. So wichtig, dass man ihre persönlichen Geschichten bis in die Kindheit zurückverfolgen will, sind sie aber dann doch nicht. Auch hier zählt: Halten Sie den Text relevant.

3.4 Kontaktseite

Die Kontaktseite ist in erster Linie ein Formular mit Textfeld und der ausgeschriebenen Adresse + Telefonnummer und E-Mail-Adresse, Öffnungszeiten und Ansprechpartner. Heute dürfen auch die Google-

Maps-Karte mit dem Standort und die Anfahrtsbeschreibungen mit dem Auto und mit öffentlichen Verkehrsmitteln nicht mehr fehlen. Ganz wichtig: die Social-Media-Kanäle – allen voran Xing, Facebook und Twitter.

Was soll man sonst noch viel schreiben?

Viel muss es ja gar nicht werden, aber ein paar einladende Worte dürfen es schon sein, Sie wollen schließlich Kontakt zum Kunden aufbauen.

Abb. 3.6: Auf der Seite dieses Grafikstudios fragen bunte Illustrationen per Sprechblase, warum man nicht einfach eine Mail schreibt und »Hallo« sagt. Der Einfachheit halber sind die möglichen Anfragen noch einmal unterteilt: Projektanfragen, Presseanfragen und »Nur Hallo sagen«. Mit dem Klick auf den jeweiligen Umschlag öffnet sich das Mailprogramm, in dem der richtige Empfänger schon eingetragen ist. Quelle: `www.fullyillustrated.com/contact`

3.5 Firmengeschichte

Auf der Firmenseite dürfen Sie nun endlich etwas weiter ausholen und die Geschichte erzählen, die Sie zu dem gemacht hat, was Sie heute sind. Und das ist ganz wörtlich gemeint. Eine Auflistung von Daten und Fakten ist nicht dazu geeignet, den Leser zu begeistern. Auch wenn Sie einen kleinen Online-Shop betreuen und kein alteingesessenes Familienunternehmen führen, gab es einen Anfang, eine Idee, ein Erlebnis, das dazu geführt hat, dass Sie diesen Weg eingeschlagen haben. Es gab mit Sicherheit Hürden, die Sie gemeistert haben, Details, auf die Sie besonders stolz sind, Meilensteine und Rückschläge.

ERZÄHLEN Sie diese Geschichte!

Beispiel

Ein fast 100 Jahre altes Schwarzweiß-Foto der Familie XYZ zeigt ein Grundstück mit Reihen von Holzfässern, in denen Salzheringe lagern. Ein Zeitdokument vom Beginn der heutigen XYZ GmbH, die mittlerweile in vierter Generation von Bernd und Andreas XYZ geführt wird.

Obwohl – so ganz genau kann man den Startschuss für den Familienbetrieb nicht bestimmen. Er entstand durch Zufall und durch guten Geschmack, durch Ideen und durch das Engagement vieler fleißiger Hände.

Anfangs besorgte die Familie XYZ nur Salzheringe für Freunde und Nachbarn, später für Kunden auf den Wochenmärkten. In den 60er-Jahren kamen zum Angebot die ersten Fischsalate nach alten Familienrezepten hinzu ...

In den 70er-Jahren überarbeitete Irmgard XYZ diese Rezepte und erweiterte das Sortiment auf Feinkostsalate, wie beispielsweise den Kartoffelsalat nach Hausmacherart, den es heute noch gibt. Sie rollte Rollmöpse und bot sie in selbstgemachter Mayonnaise an. Dips, Saucen und Kräuterremoulade begeisterten Feinschmecker der Region. ...

»Wir füllen als Familienbetrieb eine geschmackliche Nische aus, die große Hersteller mit maschinell hergestellten Produkten nicht bedienen können«, so Bernd XYZ. »Die Leute lieben die traditionellen Rezepte. Früher haben Kunden, die aus der Stadt weggezogen sind, sogar lange Anfahrtswege auf sich genommen, um bei uns einzukaufen. Die haben dann gleich einen großen Vorrat an Remoulade mitgenommen.

Heute können wir ihnen im Umkreis von etwa 100 Kilometern alternative Adressen nennen, bei denen unsere Produkte erhältlich sind.« ...

Untermalen Sie Ihre Geschichte unbedingt mit authentischen Bildern. Verwenden Sie hier auf keinen Fall Stockfotos! Die Bilder sind viel zu glatt und allgemein gehalten, um Ihrer Geschichte und Ihrem Unternehmen ein authentisches Gesicht zu verleihen. Dann lieber das verblasste Foto aus den 60ern, auf dem es nicht perfekt, dafür aber echt zugeht. Geben Sie zum Schluss einen Ausblick auf die Zukunft.

Beispiel

»Trotz des großen Erfolgs bleibt die XYZ GmbH auch in Zukunft ein Familienunternehmen, das die Schwerpunkte auf die Qualität der Zutaten und die traditionelle Herstellung legt«, erklärt Bernd XYZ. »Manche Anfragen von Handelsunternehmen müssen wir einfach deshalb ablehnen, weil wir die Kapazitäten nicht haben. Wir sind jetzt 24 Mitarbeiter im Betrieb. Unsere Lieferanten kennen wir teilweise schon seit über 30 Jahren. Jeder Fisch aus unserem Haus war in der Hand mindestens eines Mitarbeiters. Diese Qualität wollen wir nicht durch Quantität aufs Spiel setzen.«

Sie müssen die Firmengeschichte natürlich nicht – wie in unserem Beispiel – in Form eines Berichts schreiben. Nutzen Sie das Format, das Ihnen am besten gefällt.

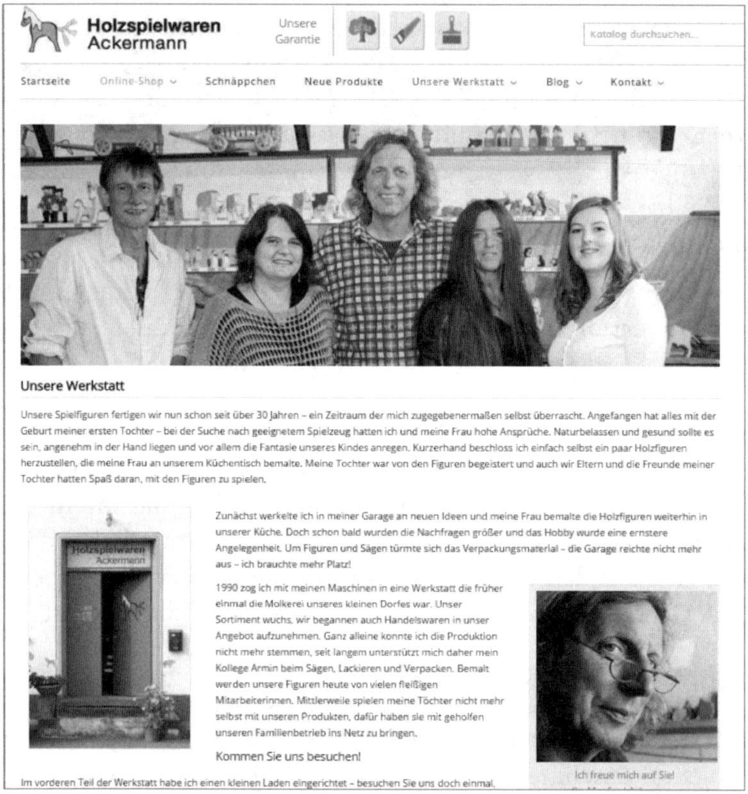

Abb. 3.7: Inhaber Manfred Ackermann erzählt selber von der Geschichte seiner Holzspielwaren-Werkstatt und lädt die Leser zum Besuch ein. `www.holzspielwaren-ackermann.de/unsere-werkstatt`

Einfach umzusetzen und immer passend ist auch das Interview zur Firmengeschichte. Weitere Formate finden Sie im Kapitel 8, »Content-Formate«.

3.6 Pressebereich

Viele Unternehmen verpassen die Chance, in der Zeitung, im Radio oder im Fernsehen erwähnt zu werden, weil sie keinen professionellen Pressebereich auf ihrer Webseite haben. Hiermit ist nicht die Seite gemeint, auf der Veröffentlichungen über die Firma gesammelt werden. Für Journalisten ist es sehr ärgerlich, wenn sie auf den Menüpunkt »Presse« klicken und mit sämtlichen Veröffentlichungen der Konkurrenz zugeschmissen werden. Das ist nicht Sinn der Sache! Nennen Sie diesen Bereich besser »Pressespiegel«.

Der Pressebereich ist der erste Anlaufpunkt für Journalisten, die im Internet auf der Suche nach Geschichten, News und Infos für ihre eigenen Veröffentlichungen sind. Wenn Sie hier aktuelle Pressemitteilungen, Bilder, Fachartikel und Interviews zur freien Veröffentlichung anbieten, steigt die Chance einer Erwähnung in den Medien. Sie können sich in Text, Bild und Ton als Experte präsentieren und sogar selber Themen für die Berichterstattung vorschlagen, indem Sie sie einfach vorbereiten und zum Download anbieten. Redakteure haben niemals Zeit und brauchen oft schnellen Ersatz für kleinere freigewordene Flächen oder Sendeplätze. Oder sie schauen hier nach, ob es Aufhänger für eine eigene Berichterstattung gibt und holen sich Anregungen für Themen.

Hinweis

Manche Unternehmen kommen auf die wahnwitzige Idee, dass sie den Zugang zum Pressebereich beschränken, so dass Journalisten sich erst freischalten müssen. Das mag bei sensiblen Informationen in manchen Branchen sinnvoll sein, in den allermeisten Fällen verhindert es aber schlicht und ergreifend eine Berichterstattung über die Produkte und Dienstleistungen. KEIN Journalist hat Lust dazu, eine E-Mail zu schreiben und auf die Antwort mit einem Passwort zu warten, das er sich eh nicht merken kann. Was meinen Sie, wie viele Passwörter ein Journalist sich merken müsste, wenn jeder Pressebereich auf Firmenseiten beschränkt wäre? Meine Reaktion ist meistens die, dass ich zur Konkurrenz mit ähnlichem Angebot und freiem Pressezugang surfe.

Was gehört in den Pressebereich?

Pressemitteilungen

Den wichtigsten Part bilden die Pressemitteilungen, die Sie am besten chronologisch aufreihen. Die neuesten sollten oben stehen. Bitte denken Sie immer daran, die Pressemitteilungen schon in der Übersicht mit einem Datum zu versehen. Journalisten müssen abschätzen, ob die Infos für ihr Medium (Tageszeitung, Wochenblatt, Monatsmagazin) noch relevant sind. Bieten Sie die Pressemitteilungen unbedingt auch als Word-Datei an und prüfen Sie, ob man den Text aus Ihren PDF-Dateien problemlos herauskopieren kann. Es ist ausgesprochen ärgerlich, wenn man erst Umlaute korrigieren, Leerzeichen ausmerzen und Umbrüche nach jeder Zeile entfernen muss, bis der Text nach dem Herauskopieren in der passenden Form für den Druck im eigenen Format ist.

Wie Sie gute Pressemitteilungen schreiben, erfahren Sie im Kapitel 12, »Werbe- und PR-Texte«.

Factsheets

Bieten Sie Infoblätter zum Download an, die wichtige Unternehmensdaten übersichtlich bündeln und/oder einzelne Geschäftsbereiche vorstellen: Jahr der Firmengründung, Unternehmensgeschichte, Anzahl der Mitarbeiter, Filialen, Geschäftsführer, Geschäftsbereiche etc.

Interviews, Fachartikel, Infografiken

Zu Kernthemen Ihres Angebots oder zu immer wiederkehrenden saisonalen Themen können Sie im Pressebereich Interviews und Artikel vorbereiten, in denen Sie sich als Experte präsentieren oder Ihre Produkte erklären. Sie sind Allergologe und können Hintergrundinformationen zu Pollenallergien im Frühjahr liefern? Sie sind Steuerberater und haben gute Tipps zum Steuern sparen? Sie sind Tierarzt und können erklären, was man vor dem Kauf eines Hundes beachten sollte? Tun Sie es! In Form von Interviews, Fachartikeln, Kommentaren, Infografiken …

Vergessen Sie nicht, auch hier ausdrücklich zu erwähnen, dass der Abdruck gegen Vorlage eines Belegexemplars kostenfrei ist.

Abb. 3.8: Die Helios-Kliniken haben einen eigenen Redaktionsbereich, in dem Fachartikel und Interviews inklusive Fotos angeboten werden. `www.helios-kliniken.de/presse/redaktionsdienst-klinikwelt/2015.html`

Fotos, O-Töne

Fotos der Produkte, Interviewpartner, Veranstaltungen usw. sind ein absolutes Muss in der Berichterstattung. Stellen Sie hier ausreichend lizenzfreies Material zur Verfügung und schreiben Sie dazu, welcher Bildnachweis abgedruckt werden soll (Urheber/Fotograf). Vergessen Sie nicht, das Logo Ihrer Firma zum Download anzubieten.

Beim Radio sind Bilder naturgemäß allenfalls für die Ankündigung des Themas auf der Radio-Webseite interessant. Hier können Sie den Journalisten mit O-Tönen zu bestimmten Themen entgegenkommen. Komplett fertige Beiträge werden selten nachgefragt.

Abb. 3.9: Die Presse-Bilddatenbank der Helios-Klinik mit Fotos der Geschäftsführung, Klinikszenen und Logos. `www.helios-kliniken.de/presse/bilddatenbank.html` (Stand: Ferbruar 2016)

Geschäftsberichte

Für Wirtschaftsredakteure können Geschäfts- und Umweltberichte, Studien, Statistiken und Forschungsergebnisse wichtig sein.

Veranstaltungen

Stellen Sie frühzeitig anstehende Veranstaltungen, Vorträge, Messestände, Präsentationen, Modeschauen usw. auf Ihre Webseite, so dass Journalisten weit im Voraus eine Berichterstattung planen können.

Kontakt und Ansprechpartner

Der Kontakt zum Pressesprecher darf im Pressebereich natürlich nicht fehlen. Darüber hinaus sollten Sie Journalisten die Möglichkeit bieten, sich in den Presseverteiler einzutragen.

Tipp für Onlinehändler und Hersteller von Produkten

Bieten Sie unbedingt druckfähige Bilder (300 dpi) in mittlerer und großer Größe und Kurztexte zu Ihren Produkten an! Wann immer ein Journalist noch einen Produkttipp für ein bestimmtes Lifestyle-Thema braucht, Geschenkideen für die Weihnachtsseiten, Dekotipps für Ostern usw., wird er bei Ihnen fündig.

Vergessen Sie nicht, dass Bilder und Texte lizenzfrei sein müssen. Sie müssen also die Rechte daran besitzen oder die Erlaubnis des Urhebers, diese weitergeben zu dürfen. Schreiben Sie also immer dazu, dass Texte und Bilder gegen Erwähnung des Shops/Herstellers kostenfrei abgedruckt werden dürfen und dass Sie um Zusendung eines Belegexemplars der Veröffentlichung bitten.

Wenn Sie Zeit und Kapazitäten haben, können Sie außerdem vorarbeiten und besonders originelle/passende Produkte zu saisonalen Themen zusammenstellen. Oder Sie stellen Artikel nach Erscheinungsdatum zusammen. Das bietet sich zum Beispiel bei Büchern an: »Neu im Januar... «

Abb. 3.10: Im Pressebereich stellt KiK neue Produkte passend zur Saison vor: Schuljahresbeginn, Urlaub... `www.kik-textilien.com/unternehmen/de/presse/pressemitteilungen/produktmeldungen/`

3.7 Serviceseiten

Im Servicebereich Ihrer Webseite haben Sie erneut die Chance, mit den Texten Besucher zu Kunden zu machen. Hier können Sie beweisen, dass Ihnen Service und Transparenz besonders wichtig sind. Das gelingt natürlich nicht allein mit den Lieferzeiten, den allgemeinen Geschäftsbedingungen, den Hinweisen für Sammelbestellungen oder den Datenschutzhinweisen. Diese Angaben sind zwar wichtig, aber nicht unbedingt fesselnd.

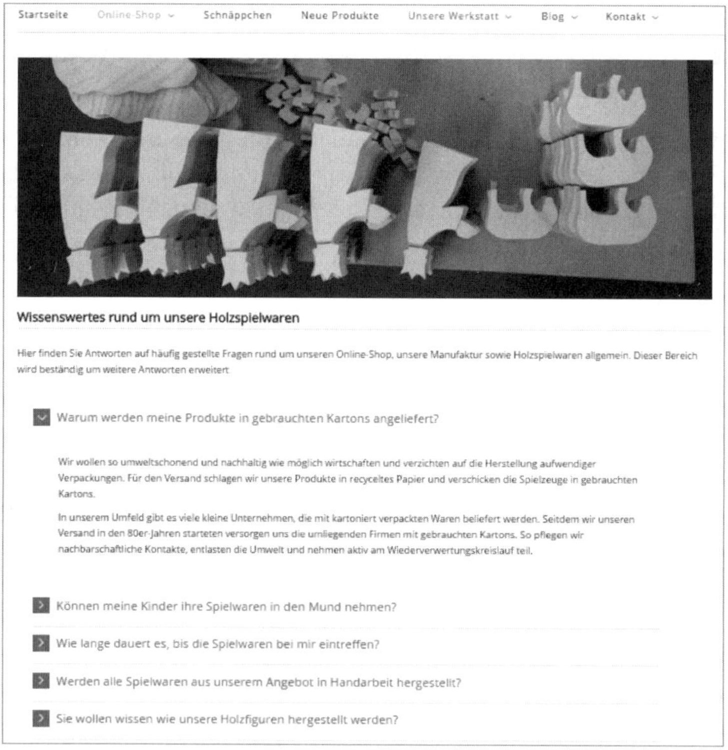

Abb. 3.11: Holzspielwaren Ackermann bietet im Servicebereich ein FAQ, in dem zum Beispiel häufig gestellte Fragen zur Herstellung der Produkte und zum Versand beantwortet werden. `www.holzspielwaren-ackermann.de/unsere-werkstatt/wissenswertes`

Erweitern Sie die Serviceseiten mit Texten, die den Besuchern einen echten Mehrwert bieten! Die Inhalte sind natürlich stark vom Angebot abhängig. So könnten Sie im Schmuck-Shop beispielsweise Schablonen und Anleitungen zur Ermittlung der Ringgröße anbieten. Bei Dienstleistungsangeboten könnten Sie genaue Abläufe in Wort und Bild vorstellen oder aber Ihre Maßnahmen zur Qualitätssicherung vorstellen. Überlegen Sie, welche Serviceangebote außerhalb der Standards Ihren Besuchern das Angebot näherbringen (Blick ins Büro, Blick in die Werkstatt, Blick ins Lager) oder den Kauf der Produkte erleichtern.

3.8 Kategorieseiten im Online-Shop

Auf vielen Kategorie- oder Übersichtsseiten herrscht textlich gähnende Leere. Da werden Produktbilder aufgelistet oder Linklisten präsentiert, die alles andere als spannend sind.

Sie werden sich vielleicht fragen, was man denn auf einer Übersichtsseite schon großartig schreiben kann. Eine ganze Menge! Und zwar so, dass die Kunden Infos und Tipps erhalten und Lust bekommen, sich die Detailseiten anzuschauen. Nehmen wir die Kategorieseite »Holzspielzeug« des Spielzeug-Shops. Der Einstiegstext könnte so aussehen:

Beispiel

**Kreatives Holzspielzeug –
100 Prozent Natur, 100 Prozent Spaß**

Keine Chemikalien, keine Giftstoffe! Bei ABC-Naturspielzeug können Sie sich sicher sein, dass alle Bestandteile der Produkte vollkommen unbedenklich sind. Wir bieten ausschließlich Holzspielzeug an, das auf allergieauslösende Lacke und Lasierungen, auf Kunststoff und Metallteile verzichtet und mit ungiftigen Pflanzenfarben gefärbt wurde.

Spielend lernen

Wir haben Ihnen ein ausgesuchtes Sortiment aus Holzspielzeug für Babys und Kinder jeder Altersklasse zusammengestellt. Fördern Sie die Fertigkeiten Ihres Kindes mit der kunterbunten Motorik-Schleife, bringen Sie die Kleinen mit der lustigen Watschelente zum Lachen oder lassen Sie den Nachwuchs mit dem Rutschauto durch den Garten toben!

Frisch eingetroffen

Holzpuzzle mit Lieblingstier-Motiven! Von Hund und Katze über Kuh und Pferd bis hin zum Kaninchen und zum Hamster gibt es bei uns ab sofort 5-teilige Bilderpuzzle für Kinder ab 2 Jahren.

So geht`s

Klicken Sie auf das Vorschaufoto oder auf den Button, wenn Ihnen ein Holzspielzeug gefällt! Sie erhalten dann nähere Informationen zum Produkt.

Das Keyword »Holzspielzeug« (siehe Kapitel 6, »Suchmaschinenoptimierung (SEO)«) taucht in der Überschrift und im Text auf. Einige Wörter sind mit Links unterlegt. Wenn der Kunde mit der Maus über die jeweiligen Wörter fährt, verrät der Link-Title, wohin es beim Klick geht (Infos zum Link-Title in Kapitel 6, »Suchmaschinenoptimierung (SEO)«).

Im oberen Bereich sind die »allergieauslösenden Lacke« und die »ungiftigen Pflanzenfarben« verlinkt. Sie können die Besucher so aus dem Text heraus direkt zu weiterführenden Informationen (etwa zu Ratgebern oder zu Erläuterungen im Servicebereich) führen. Zudem sind die erwähnten Holzspielzeuge im Text verlinkt. Hier geht es auf Wunsch direkt zur Produktseite.

Eingangs wird erneut das besondere Merkmal des Shops in den Vordergrund gestellt. Anschließend gibt es einen kleinen Ausblick aufs Sortiment. Es folgt ein Hinweis auf neue Produkte im Shop, und der Besucher bekommt erklärt, wie er sich nähere Infos zu den Holzspielzeugen anzeigen lassen kann.

> **Hinweis**
>
> Hier geht es lediglich um den Inhalt des Kategorietextes. Je nach Zielgruppe und Produkt können Sie den »Tonfall« anpassen. Hierzu gibt es Tipps im Kapitel 4, »Schreibwerkstatt«.

Abb. 3.12: Der tausendkind Online-Shop hat am linken Rand beratende Kategorietexte mit Links zu bestimmten Produktgruppen eingebaut. `www.tausendkind.de/babyspielzeug-1321`

3.9 Produktbeschreibungen für Onlinehändler

Auch wenn es wesentlich einfacher ist, die Kurzbeschreibungen der Hersteller als Produkttexte zu verwenden, lohnt es sich für Onlinehändler, sich ein wenig mehr Mühe zu machen. Einerseits sind einzigartige Texte wichtig für eine gute Platzierung bei Google, andererseits beantworten anschauliche Texte die Fragen der Kunden, geben Kaufanreize und reduzieren die Anzahl der Retouren.

Insbesondere kleinere Online-Shops mit einer überschaubaren Produktpalette können sich durch gute Produktbeschreibungen einen Vorteil verschaffen. Im Onlinehandel spielen nicht nur die Preise eine

Rolle. Hier kommt es darauf an, dass der Kunde sich ein Bild vom Produkt machen kann. Die Texte müssen die Sinne ersetzen, denn im Internet kann man die Artikel nicht anfassen, nicht drehen, nicht schmecken, nicht riechen. Auch Qualität, Beschaffenheit und Stabilität lassen sich nur schwer prüfen. Darüber hinaus gibt es keinen Verkäufer, der Fragen beantwortet.

Verkaufsfördernde Produktbeschreibungen müssen in erster Linie drei Kriterien erfüllen:

- Sie müssen beschreiben
- Sie müssen Fragen beantworten
- Sie müssen die Kauflust wecken

Auch die Anzahl der Retouren wird sich verringern, wenn schon in der Produktbeschreibung steht, dass die Schuhe eine Nummer kleiner ausfallen oder die Hose eine Stickerei auf der Gesäßtasche hat. Selbst der Kundenservice wird entlastet, wenn der Interessent nicht mehr telefonisch oder per E-Mail Fragen zum Produkt stellen muss.

Kann ich den neuen Drucker direkt anschließen oder brauche ich noch weiter Kabel, die im Lieferumfang nicht enthalten sind? Muss die Pflanze oft gegossen werden und welcher Standort ist der beste? Welche Patronen braucht der angebotene Füller, eignet er sich für Schulanfänger und kann man die Feder austauschen? Wonach riecht die Seife? Wie lange brennt die Duftkerze? Produktbeschreibungen müssen Fragen beantworten und Anreize für den Kauf liefern. Herstellerangaben können das oft nicht.

Sie als Shop-Betreiber sind derjenige, der die Waren in die Hand nehmen kann. Schreiben Sie auf, was der Besucher nicht sehen, hören, riechen, schmecken, fühlen kann.

So schreiben Sie gute Produkttexte

Betrachten Sie das Produkt: Was sind seine besonderen Merkmale? Was kann der Kunde mit dem Angebot anfangen? Was unterscheidet das Produkt von ähnlichen Produkten?

Nehmen Sie die Personas zur Hand, die Sie erstellt haben. Was würde Svenja Müller fragen, wenn sie Ihren »Spielzeug-Betonmischer für Kinder« im Online-Shop sieht?

- Ist das Auto stabil genug, um im Sandkasten zu überleben?
- Wie dreht sich die Trommel? Eine Kurbel bricht sofort ab.
- Wie bekomm ich das Auto sauber, wenn die Kinder Sand in die Trommel füllen?

Was fragt sich Andrea Wallis, wenn sie Ihr »Designer-Spielzeugauto aus Holz mit Naturfarben« im Online-Shop sieht?

- Welches Konzept steckt hinter dem Design?
- Was für ein Holz? Holz welcher Herkunft?
- Welche Naturfarben werden verwendet?

Berücksichtigen Sie die Fragen der Kunden bei der Texterstellung!

Das Anliegen des Besuchers

Sie haben Informationen zum Angebot notiert und Sie haben mögliche Fragen der Besucher zum Produkt auf dem Zettel. Es fehlt nun noch ein Punkt: das Anliegen/Bedürfnis der Besucher.

Mit dem Anliegen ist nicht etwa das Vorhaben gemeint, etwas zu kaufen oder eine Information zu finden. Das Anliegen oder das Bedürfnis liegt hinter dem Offensichtlichen.

Warum sucht jemand nach einem pädagogisch wertvollen Spielzeug? Dahinter liegt der Wunsch, die Fähigkeiten des Kindes zu fördern, und darunter liegt wieder der Wunsch, als Mutter oder Vater richtig zu handeln. Selbst hinter der Inanspruchnahme von Dienstleistungen stecken persönliche Motive: Warum sucht jemand einen Fotografen für ein Fantasy-Fotoshooting? Er möchte sich einen Traum erfüllen und einmal im phantasievollen Kostüm einen Falken halten. Das Foto soll an diesen Moment erinnern. Hier versteckt sich das Bedürfnis nach Selbstverwirklichung und Individualität. Oder der Kunde möchte einem lieben Menschen ein besonders persönliches Geschenk machen. Hier verbirgt sich der Wunsch nach Nähe, Liebe oder Partnerschaft.

Gehen Sie in der Produktbeschreibung auf die Motive des Kunden ein!

Auch hier gilt natürlich: Motive, Bedürfnisse, Anliegen sind so unterschiedlich wie die Leser, die Ihre Webseite besuchen. Sie können also immer nur »mögliche« Bedürfnisse eines Kunden erahnen und beim Texten berücksichtigen. Versuchen Sie, sich dem Produkt aus unterschiedlichen Richtungen zu nähern.

Was würde jemand wissen wollen, der ganz nüchtern auf die Informationen schaut?

Geben Sie ihm Fakten, Daten, Zahlen, die seine Fragen beantworten.

Was würde jemand fragen, der besonders vorsichtig ist und alles zehnmal prüft, bevor er zugreift?

Beruhigen Sie seine Bedenken! Geben Sie ihm Beweise für die Behauptungen, Anleitungen oder Garantien!

Was würde jemand wissen wollen, der nach Ideen oder Geschenken sucht?

Begeistern Sie ihn! Machen Sie ihm Vorschläge zu Verwendungsmöglichkeiten. Sagen Sie ihm, für wen sich das Produkt eignet und zu welchen Anlässen man es nutzen kann.

Was würde einen sehr emotionalen Menschen ansprechen?

Sprechen Sie die Sinne an: Sehen, hören, riechen, schmecken und tasten Sie für Ihre Kunden, die das Produkt nicht vor sich liegen haben. Natürlich nur immer im Rahmen des Sinnvollen. Wie die Jeans mit den Stern-Applikationen auf der Gesäßtasche schmeckt, will nun wirklich keiner wissen.

Inhaltlicher Aufbau der Produktbeschreibung

Eine Produktbeschreibung beginnt mit einer Überschrift, die das Keyword, mit dem man bei Google, im Shop oder auf der Plattform danach sucht, enthalten sollte.

1. Zunächst kommt der Kurztext für Eilige, der die wichtigsten Merkmale aufzählt. Je nach Produkt kann man hier auch stichpunktartig mit Bulletpoints arbeiten.

2. Es folgt die eigentliche Produktbeschreibung, die nicht länger als 250 Wörter sein sollte.
3. Darunter werden noch einmal die wichtigsten Merkmale übersichtlich zusammengefasst, sofern das nicht schon in der Kurzbeschreibung geschehen ist. Gegebenenfalls werden an dieser Stelle auch abschließend die technischen Details aufgeführt, beispielsweise bei Haushaltsgeräten.

Beispiel

Handabdruck-Bastelset [Name des Herstellers]

Der Handabdruck Ihres Kindes in Natursand – eingefasst von einem Holzrahmen, den Sie persönlich anmalen und gestalten können. Eine kreative Erinnerung an Ihr Kind im Baby- oder Kleinkindalter.

Füllen Sie einfach das weiche Sand-Kleber-Gemisch in den Rahmen. Anschließend haben Sie eine Stunde Zeit, einen schönen Handabdruck Ihres Sohns oder Ihrer Tochter zu nehmen. Sollte ein Versuch missglücken, ist das nicht schlimm. Streichen Sie den Sand einfach wieder glatt und versuchen Sie es erneut. Das Gemisch ist frei von Giftstoffen. Sie können auch einen Schriftzug oder ein kleines Namensschild mit im Sand platzieren und eintrocknen lassen. Den Holzrahmen gestalten Sie anschließend nach Lust und Laune. Malen Sie ihn an oder bekleben Sie ihn mit Muscheln oder anderen Verzierungen. (Muscheln, Verzierungen und Farbe sind nicht im Lieferumfang enthalten.)

So erhalten Sie entweder ein originelles Erinnerungsstück für die Wohnzimmerwand oder ein individuelles Geschenk für Omas, Opas, Onkel oder Tanten. Ein Einzelstück, das man so nirgendwo kaufen kann!

Der Rahmen ist 21 x 21 Zentimeter groß. Sie können ihn an die Wand hängen oder aufs Regal stellen.

Lieferumfang:

- Sand
- Sandhärter
- Holzrahmen zum selbst Gestalten
- Außenmaß: 21 x 21 cm
- Innenmaß: 15 x 15 cm
- Eingießaufhänger
- Rührspatel
- Bebilderte Bastelanleitung auf der Rückseite
- Holzstab zum Aufstellen des fertigen Rahmens

Die Herstellerangaben zu diesem Produkt sahen so aus:

Bastelset: Sandabdruck mit Holzrahmen, Bastelspaß und dekorative Erinnerungen in Einem.

Inhalt: einfacher Holzrahmen, Sand, Sandhärter, Holzspatel, Eingießaufhänger, Stellstab Holz.

Rahmenmaße: außen 21 x 21 cm, innen 15 x 15 cm

Hinweis

Auch hier geht es nur um den Inhalt der Produktbeschreibung. Je nach Zielgruppe und Produkt können Sie den »Tonfall« anpassen. Hierzu gibt es Tipps im Kapitel 4, »Schreibwerkstatt«.

3.10 Benutzerfreundlichkeit

Achten Sie von Beginn an auf die Benutzerfreundlichkeit (Usability) Ihrer Internetpräsenz. Viele Unternehmer investieren viel Zeit und Geld, um Besucher auf ihre Webseite zu holen. Sie vergessen dabei aber leider oft, dass es damit nicht getan ist. Denn die Maßnahmen sind nur dann sinnvoll, wenn der Besucher auch zum Kunden wird. Grund für den frühzeitigen Absprung des Interessenten ist hierbei neben langweiligen Inhalten, unprofessionellem Auftreten und Intransparenz eine schlechte Benutzerführung. Der Kunde findet sich einfach nicht zurecht. Insbesondere Formulare bergen Hürden, die Internet-Laien nicht locker überspringen können. Doch auch andere Usability-Fehler vertreiben die Kunden.

Intuitive Benutzerführung

Benutzerfreundlichkeit bedeutet, dass der Kunde mit wenigen Klicks und ohne große Mühe ans Ziel gelangt. Die intuitive Benutzerführung macht es möglich. Ihre Seite sollte also so aufgebaut sein, dass der Kunde durch Texte und Bilder direkt zum gesuchten Produkt oder zur Dienstleistung gelangt. Auf der Startseite sollten die Kategorien/ Geschäftsbereiche in Wort und Bild inklusive weiterführender Links vorgestellt werden. Auf der Kategorieseite geht es weiter zu den Unterkategorien oder den Produkten/Dienstleistungen. So kann der Kunde sich auch weiterklicken, ohne einen Blick auf die Navigationsleiste zu werfen.

Dateien, Links und neue Fenster

Wer sich nicht besonders gut mit dem Computer auskennt, der ist schnell überfordert, wenn er ein Wort anklickt und der Computer plötzlich verlangt, dass der Adobe Reader für das Lesen eines PDF-Dokuments heruntergeladen werden muss oder die Installation eines Medienplayers erforderlich ist, damit ein Video abgespielt werden kann. Kennzeichnen Sie Dateilinks also unbedingt als solche und erklären Sie vorab, welche Programme notwendig sind. Dateilinks sollten anders aussehen als gewöhnliche weiterführende Links, damit der Besucher nicht versehentlich mit vermeintlichen Problemen konfrontiert wird. Sie sollten zudem jeden Link mit einem Title versehen, so dass der Kunde beim Darüberfahren mit der Maus sieht, wohin es beim Klick geht. (Hierzu gibt es Tipps im Kapitel 6, »Suchmaschinenoptimierung (SEO)«.) Vermeiden Sie es, ständig neue Fenster zu öffnen. Unerfahrene Benutzer werden dadurch verwirrt und schließen einfach alles, um dem Chaos zu entfliehen.

Formulare

Auch die Formulare sollten unbedingt auf Benutzerfreundlichkeit überprüft werden. Hier ist nicht nur der Bestellvorgang gemeint. Allein die Anmeldung für den Newsletter artet für Kunden häufig in Arbeit aus. Da soll der Besucher erklären, wie er auf die Shop-Seite gelangt ist, welche Produktgruppen ihn interessieren, wann er geboren ist, wo er geboren ist, wo er wohnt und wenn es ganz schlimm kommt, wie hoch das monatliche Haushaltseinkommen ist und ob er Kinder und Haustiere besitzt. Der Hintergrund ist die Datensammlung, allerdings ist der Newsletter das wichtigste Kundenbindungsinstrument eines Online-Shops und sollte deshalb schnell und unkompliziert zu abonnieren sein. E-Mail-Adresse und Name genügen vollkommen. Mehr brauchen Sie nicht, um Interessenten mit News und Angeboten zu versorgen. Der Kunde wird das genauso sehen und die Anmeldung abbrechen, wenn Sie nach Daten und persönlichen Angaben fragen. Jede Barriere, die hier aufgebaut wird, ist verschenktes Geld.

Ganz heikel wird es schlussendlich beim Bestellvorgang. Ist der Vorgang zu lang, zu kompliziert oder unverständlich, dann machen viele Kunden einen Rückzieher oder brechen die Bestellung genervt ab.

Ärgernis Nummer 1 ist die Beschriftung der Eingabefelder. Internetprofis wissen, dass sie Felder mit Sternchen ausfüllen müssen und dass ein »(optional)« darauf hinweist, dass die Angabe freiwillig ist. Laien wissen das aber nicht und werden ganz sicher zunächst die Erklärung zum Sternchen übersehen. Sie wissen auch nicht, was eine Kunden-ID, ein Username oder ein User-Passwort ist und schon gar nicht, wofür sie es brauchen. Verbinden Sie also den Bestellvorgang nicht mit der Einrichtung eines Kundenkontos! Der Besucher hat sich Waren ausgesucht und möchte nun schlicht bestellen.

Vor allem möchte er wissen, ob er bestellt hat oder nicht. Sollte also beim Ausfüllen ein Fehler passiert sein und das Formular wurde nicht abgeschickt, muss das deutlich inklusive Begründung vermittelt werden. Nehmen Sie den Kunden textlich an die Hand und erläutern Sie, was er im nächsten Schritt tun muss. Ist die Bestellung erfolgt, darf die deutliche Bestätigung auf der Webseite und in Form einer zusammenfassenden E-Mail nicht fehlen.

Generell gilt: Machen Sie es dem Kunden so einfach wie möglich! Überprüfen Sie alle wichtigen Begriffe auf den Shop-Seiten auf Verständlichkeit und gehen Sie dabei davon aus, dass der Kunde kein Englisch spricht und sich nicht mit technischen Details auskennt. Führen Sie den Besucher mit Hilfe der Texte mit wenigen Klicks zum Produkt und gestalten Sie alle Formulare schlank und verständlich. Machen Sie am besten auf der Produktseite schon klar, ob der Artikel vorrätig ist und mit welchen Methoden man bezahlen kann.

Wie es aussieht, wenn man die Usability außer Acht lässt, zeigt eine kleine Geschichte, bei der ein Webseitenbesuch auf den Schauplatz eines Ladengeschäfts übertragen wird.

Little Shop of Horrors

Ein Kunde kommt in ein Ladengeschäft. Der Verkäufer breitet die Arme aus und ruft engagiert: »Herzlich willkommen in unserem Geschäft!« Danach legt er dem Neuankömmling wortlos ein paar Produkte vor die Nase und geht weg. Komisch, oder? Gut, ein Online-Shop ist kein Ladengeschäft, und einen Verkäufer gibt es auch nicht, aber das Gefühl ist das gleiche, wenn auf der Startseite ein Begrüßungssatz steht und darunter ein paar Produkte ohne erklärenden Text aufgelistet sind.

Der Besucher steht ein wenig verloren und orientierungslos im Eingang, starrt auf die Sportsocken und T-Shirts, die der Verkäufer ausgebreitet hat, und fragt sich, wo er die Cordhosen für Damen findet, die er sucht. Gibt es in diesem Shop überhaupt Damenhosen? Er schaut sich um und sieht in der Ferne ein paar Wegweiser, auf denen steht:

- gfhffhgrt
- hggftr
- gfttr

Er versteht kein Wort. Angenommen, der Kunde spricht kein Englisch und ist ein Internetneuling, dann ist es völlig egal, ob Sie die Navigationspunkte im Shop so nennen ...

- gfhffhgrt
- hggftr
- gfttr

... oder ob Sie die Navigationspunkte so nennen:

- Women Fashion
- Style Basics
- FAQ

Wenn nirgendwo »Damenhosen« in der Navigation steht, muss der Kunde raten. Das ist keineswegs aus der Luft gegriffen. Ein sehr großer Teil der deutschen Internetnutzer spricht kein Englisch. Und nur ein verschwindend geringer Teil der potenziellen Kunden hat eine grobe Vorstellung davon, dass man unter dem Menüpunkt »FAQ« Antworten auf häufige Fragen erhält (frequently asked questions).

Nehmen wir an, dass der Besucher auf »gfhffhgrt« klickt und tatsächlich eine Cordhose für Damen findet, die ihm gefällt. Die Cordhose ist allerdings eingepackt. Er kann sie nicht anfassen, nicht auseinanderfalten und das Wäscheetikett ist auch unerreichbar. Auf der Verpackung klebt ein kleines Schild: »Damencordhose, schwarz, 39,90 Euro«. Mehr ist über die Hose nicht zu erfahren. Der Kunde fragt sich, ob die Hose groß ausfällt und ob sie auf der Rückseite eine Tasche oder eine Stickerei hat. Kann man ja nicht sehen. Hier wären ausführliche Produktbeschreibungen hilfreich. Es gibt aber keine. Unser Kunde entschließt sich, die Hose trotzdem mitzunehmen.

Er möchte bezahlen, sieht aber nirgendwo eine Kasse. Neben dem Cordhosenregal prangt eine Leuchtreklame, die einen Einkaufswagen zeigt. Nur ein Bild. Vielleicht Dekoration?

»Meine Güte!«, wird der Verkäufer später auf Nachfrage sagen, »der hätte doch nur auf die Leuchtreklame drücken müssen. Weiß doch jeder, dass sich dann die Tür zum Kassenraum öffnet!«

Unser Kunde hat Glück im Unglück. Er stolpert gegen die Leuchtreklame und landet im Kassenraum. Bevor er sich aber in die Schlange einreihen darf, tritt ein Mitarbeiter des Hauses auf ihn zu und fragt:

»Wollen Sie sich ein khjhz (Kundenkonto) einrichten, dann können Sie Ihre ölfgt jjdht (Benutzeroberfläche personalisieren). Außerdem dürfen Sie sonst gar nicht zur Kasse durch.«

Der Kunde nickt verzweifelt, und nachdem er dem unbekannten Mitarbeiter des Hauses verraten hat, was seine Hobbys sind, wie viel Geld er im Monat verdient und in welcher Straße seine Mutter geboren wurde, soll er sich ein cvyxouj (Passwort) ausdenken. Verunsichert stammelt er »bezahlen« und schaut den Mitarbeiter fragend an. Der schüttelt nur den Kopf und verkündet, dass das cvyxouj mindestens neun Stellen haben muss und außerdem müsse es mindestens eine Zahl enthalten, hdgsv (Sonderzeichen) seien aber nicht erlaubt. Der Kunde versucht es eingeschüchtert mit »bezahlen2«. Der Mitarbeiter des Hauses nickt gnädig und drückt dem Kunden ein Formular in die Hand, das er ausfüllen soll.

Kurze Zeit später schüttelt der Mitarbeiter erneut den Kopf.

»Sie haben das Formular falsch ausgefüllt!«

»Warum denn, wo denn?«, fragt der Kunde.

»Sag ich nicht! Das müssen Sie schon selber rausfinden!«, antwortet der Mitarbeiter.

Der Kunde liest sich alles noch einmal durch und entdeckt, dass er ein mashgdr (Pflichtfeld) übersehen hat. Blöderweise sind alle Einträge wieder gelöscht und er muss alles neu ausfüllen. Glücklich überreicht er das Formular dem Mitarbeiter, der endlich zufrieden zu sein scheint.

»Wollen Sie unseren sgdggfb (Newsletter) abonnieren?«, fragt er, statt ihn zur Kasse durchzulassen.

»Ähm ... ich wollte eigentlich nur bezahlen«, antwortet der Kunde.

»Sie müssen die Frage beantworten, sonst dürfen Sie nicht durch!«

Der Mitarbeiter verschränkt die Arme, der Kunde gibt sich geschlagen.

»Okay, meinetwegen nehme ich den sgdggfb, was immer das auch sein mag.«

»Wollen Sie den sfsdt-sgdggfb (Text-Newsletter) oder den lsfdt-sgdggfb (HTML-Newsletter)?«

»Puh ... also eigentlich ... ja von mir aus ... den dings ... den lsfdtsgdggfb! Kann ich jetzt durch?«

Der Mitarbeiter schüttelt den Kopf. Er erklärt, dass der Kunde jetzt kurz nach Hause laufen müsse. Im Briefkasten würde er ein Schreiben finden, das er unterschrieben wieder mitbringen müsse. Er faselt etwas von kshdgrt (Double-Opt-in) und verschränkt die Arme.

Der über alle Maßen geduldige Kunde tut, wie ihm geheißen. Endlich hat er sein khjhz (Kundenkonto) und darf durch zur Kasse.

Er legt die Hose aufs Band und zückt seine Kreditkarte, während er aus dem Augenwinkel sieht, dass nun der Kassierer den Kopf schüttelt.

»Diese Kreditkarte nehmen wir nicht, und außerdem sind Sie Neukunde. Neukunden dürfen nur per Vorabüberweisung zahlen. Sie müssen die Überweisung bei Ihrer Bank in Auftrag geben, und wenn wir das Geld haben, dann bekommen Sie die Hose! Wir wissen schließlich nicht, ob Ihr Konto überhaupt gedeckt ist, wir kennen Sie ja gar nicht. Dafür haben Sie sicher Verständnis, oder?«

Ich breche die Geschichte an dieser Stelle ab, denn sie ist unrealistisch. Der Kunde hätte in Wirklichkeit schon im Eingang kehrt gemacht und hätte seine Hose woanders gekauft.

Das Beispiel des armen Kunden soll deutlich machen, wie wichtig die Benutzerfreundlichkeit (Usabiliy) in einem Online-Shop ist. Für einen Internetprofi, der englischen Sprache mächtig, sind die beschriebenen Hindernisse kein Problem.

Um es aber noch einmal ganz deutlich zu sagen:

Die meisten Besucher Ihres Shops verstehen den Internet-Fachjargon nicht, ein Großteil kann auch mit gängigen englischen Begriffen nur wenig anfangen.

Verlassen Sie sich bloß nicht auf die tolle Suchfunktion in Ihrem Shop. Falls ein unerfahrener Kunde sie überhaupt entdeckt, ist noch lange nicht gesagt, dass er sie benutzt, geschweige denn, dass er damit zurechtkommt.

3.11 Barrierefreiheit

Für alle Inhalte auf der Seite sollten Sie Alternativen für Menschen mit Seh- oder Hörbehinderung bereitstellen. Hier die wichtigsten Optionen:

- Versehen Sie Bilder und Abbildungen mit einem Alternativtext (siehe Kapitel 6, »Suchmaschinenoptimierung (SEO)«)
- Erläutern Sie Diagramme und Tabellen im Fließtext
- Versehen Sie Videos mit Untertiteln oder Transkriptionen (siehe Kapitel 8, »Content-Formate«)
- Erläutern Sie Informationen, die über Farben dargestellt werden, zusätzlich textlich. Sorgen Sie für gute Kontraste
- Formatieren und strukturieren Sie den Text (siehe Kapitel 4, »Schreibwerkstatt«)
- Schreiben Sie Abkürzungen aus

3.12 Texte für Smartphone und Tablet

Google macht kein Geheimnis daraus, dass Webseiten, die für mobile Endgeräte optimiert sind (Mobile Content), auf den Ergebnislisten einen höheren Rang erhalten. Doch selbst wenn man den Internetriesen einmal außer Acht lässt, ist es sinnvoll, Unternehmensseiten und Online-Shops für Handys und Tablets zu optimieren. Sie wollen doch jede Gelegenheit nutzen, Kunden zu gewinnen?

Nahezu jeder ist heute auch mit dem Smartphone im Internet unterwegs. Es ist nicht mehr ungewöhnlich, schnell übers Handy zu bestellen, seien es Kinokarten, Lebensmittel, Klamotten oder ein Buch. Die Betonung liegt allerdings auf »schnell«. Der Anwender kennt da keine Gnade. Laden die Seiten zu langsam oder kann man den Inhalt auf dem kleinen Display kaum erkennen, ist der Kunde wieder weg. Auch, wenn die Optimierung für mobile Endgeräte in erster Linie eine Frage der Programmierung ist, sollten Sie dem Administrator speziellen Responsive Content zur Verfügung stellen, der angezeigt wird, sobald jemand mit Smartphone oder Tablet Ihre Seite oder Ihren Shop ansteuert. Ganz wichtig: Sind die Texte zu lang, muss der Kunde ewig scrollen. Gerade auf dem Smartphone macht das kaum jemand. Die Devise heißt hier: Je kürzer die Texte, desto besser.

Responsive Content

Responsive Content bedeutet im Kern, dass sich die Inhalte einer Internetpräsenz an das jeweilige Gerät, mit dem auf sie zugegriffen wird, anpassen. Dafür werden mit Hilfe der Programmierung verschiedene Versionen der Seite »hinterlegt«, die dann passend ausgegeben werden. In der Praxis verhält es sich so, dass sich die Aufmachung der Seite, die Inhalte, die Bildanzeige und auch die Textmenge ändern.

Ihre Seite sieht auf dem PC anders aus als auf dem Tablet und auf dem Tablet anders als auf dem Handy. Responsive Content kann darüber hinaus bedeuten, dass die Webseite auch zwischen Erstbesuchern und wiederkehrenden Besuchern unterscheidet und die Inhalte entsprechend austauscht.

Hinweis

Explizit mobile Seiten gibt es noch nicht allzu lange, so dass auch Studien und Statistiken noch auf sich warten lassen. Im Prinzip verhält es sich aber wie bei allen anderen Dingen im Internet: SIE selber sind nicht nur Anbieter, sondern auch Konsument. Was IHNEN auf die Nerven geht, wenn Sie mit dem Handy surfen, geht auch anderen Usern auf die Nerven. Was SIE davon abhält, eine Bestellung aufzugeben oder Kontakt aufzunehmen, hält auch andere davon ab. Testen Sie also unbedingt auch immer selber, ob Sie Ihre Seite oder Ihren Shop benutzerfreundlich finden, wenn Sie mit Smartphone oder Tablet online unterwegs sind.

Wichtige Merkmale für Webseiten, die auf Handy und Tablet angezeigt werden:

- Den Text muss man ohne Heranzoomen gut lesen können. Die Schrift darf also nicht zu klein sein
- Alle wichtigen Informationen müssen auf einen Blick erkennbar sein. Man sollte dafür maximal einmal mit dem Daumen »scrollen« müssen

- Die Seite sollte schlicht sein. Klare Linien und kontrastreiche Farben machen den Inhalt auf dem kleinen Display besser erkennbar
- Die Seite sollte schnell laden. Verzichtbarer Dateiballast, der den Seitenaufbau verlangsamt, sollte herausgenommen werden. Dazu gehören zum Beispiel Bildergalerien oder Slider
- Bildmotive sollten auch in der Verkleinerung noch deutlich zu erkennen sein. Sind sie das nicht, können sie genauso gut ausgeblendet werden
- Symbole und Schaltflächen müssen groß und gut erkennbar sein. Links sollten nicht zu nah aneinander liegen, damit man sicher treffen kann

Mobile Text

Was bedeutet die Mobilfreundlichkeit für Ihre Texte?

Der mobile Text braucht klare Strukturen mit Ankerpunkten wie Aufzählungen und Zwischenüberschriften. Bedenken Sie, dass der User schon nach ein bis zwei Sätzen weiterscrollen muss. Halten Sie die Sätze deshalb möglichst kurz. Auch lange Überschriften sollten Sie kürzen, da sie sonst zu oft umbrechen und den Lesefluss stören.

Tipp

Für das Lesen auf dem Smartphone sind Texte mit maximal 300 Wörtern ideal. Auf dem etwas größeren Tablet-Display dürfen die Artikel ruhig länger sein.

Teilen Sie den Text in viele kleine Abschnitte mit Zwischenüberschriften ein und setzen Sie an den Anfang des Artikels eine Übersicht mit Sprungmarken, so dass der Leser direkt zu den Abschnitten springen kann, die ihn besonders interessieren. Vergessen Sie in diesem Zusammenhang nicht die Sprungmarken, die wieder zurück an den Anfang der Seite führen (nach oben). Am besten bauen Sie diese jeweils nach einem Textabschnitt ein.

> **Tipp**
>
> Es gibt eine grobe Formel, nach der Sie sich bei der Textlänge richten können: Wenn der Leser mehr als vier Mal mit dem Daumen wischen muss, sollten Sie kürzen.

Mobile Shopping

Die hohe Kunst des Responsive Contents erreichen Sie, wenn Sie Ihren Online-Shop für die mobilen Endgeräte optimieren (Mobile Shopping). Hier steht die Benutzerfreundlichkeit an oberster Stelle. Der Bestellprozess auf dem Smartphone muss so einfach sein, dass keinerlei Fragen aufkommen. Bei der kleinsten Störung und bei Umständlichkeit wird der Vorgang von Kunden frühzeitig abgebrochen.

Nutzen Sie also für alle Erläuterungen einfache und kurze Formulierungen. Verwenden Sie möglichst keine Fremdwörter. Am PC kann man die Bedeutung schnell googeln, am Smartphone ist das viel zu umständlich. Alle Texte müssen ohne Verweise auf weitere Seiten verständlich sein. Alle notwendigen Informationen sollten in kurzen Abschnitten zusammengefasst werden. Jeder Schritt zurück auf die vorherige Seite und jedes Öffnen eines neuen Fensters nervt. Das Handy ist in dem Fall eben einfach zu unhandlich zum Shoppen.

Darauf sollten Sie achten:

- Halten Sie Formulare so kurz, wie es nur geht. Mehr als drei Felder sind schon fast zu viel. Diese drei Felder reichen allerdings, um Name, E-Mail-Adresse und/oder Telefonnummer abzufragen. Den Rest können Sie dann auf anderen Kommunikationswegen klären
- Bieten Sie die bequeme Eingabe von Daten an, wann immer es möglich ist, etwa durch eine Autovervollständigung bei Städtenamen, durch Auswahllisten, die man nur mit einem Haken zu markieren braucht. Jegliche Tipperei ist auf dem Handy mühselig
- Verzichten Sie bei Produktbeschreibungen und auf anderen Mobile-Seiten unbedingt auf Flash-Animationen. Die kann nämlich nicht jedes Handy und jedes Tablet problemlos anzeigen. Schreiben Sie alle wichtigen Informationen in den Artikeltext und nicht etwa auf

ein PDF-Artikelblatt zum Download, denn auch das Betrachten von PDF-Dateien ist mit dem Smartphone nicht ohne Weiteres möglich

Abb. 3.13: i-ways bietet ein Online-Tool, mit dem Sie prüfen können, ob Ihre Artikelbeschreibungen bei eBay mobilfreundlich sind. `http://mobile-friendly.i-ways.net/`

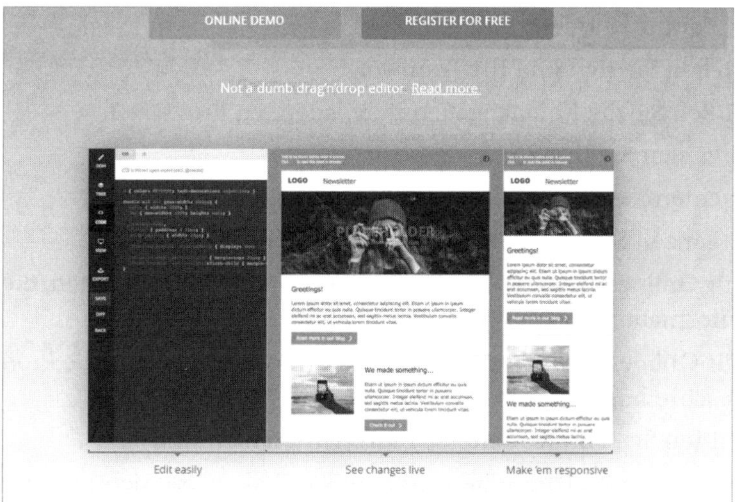

Abb. 3.14: Denken Sie auch daran, dass Ihre HTML-Newsletter responsive sein sollten. Mit dem web-basierten Newsletter-Editor MailDeveloper geht das zum Beispiel auch ohne Vorkenntnisse. Links auf dem Bild ist die Desktop-Ansicht, rechts die mobile Ansicht. `https://maildeveloper.com/`

3.13 Was tun bei bestehenden Webseiten?

Wir sind bislang davon ausgegangen, dass Sie eine Webseite komplett neu konzeptionieren und aufbauen. In vielen Fällen gibt es aber schon bestehende Webseiten, die Sie eventuell so verwenden oder aber aufpimpen können. An erster Stelle steht hier die Bestandsaufnahme.

Schreiben Sie alle bestehenden Haupt- und Unterseiten auf und markieren Sie, welche Sie so verwenden können, welche ganz wegfallen und welche Sie umschreiben müssen. Ergänzen Sie nun alle Basisseiten, die fehlen.

3.14 Do it yourself: Basistexte

- Beschriften Sie die Navigationspunkte mit aussagekräftigen Begriffen
- Geben Sie dem Besucher schon auf der Startseite das Gefühl, dass er bei Ihnen richtig ist
- Stellen Sie sich und Ihr Team vor
- Füllen Sie die Kontaktseite mit einladenden Kurztexten
- Erzählen Sie Ihre Firmengeschichte
- Richten Sie einen Pressebereich ein
- Ergänzen Sie Serviceseiten zum Angebot
- Für Online-Shops: Füllen Sie die Kategorieseiten mit Texten, die der Information und der Benutzerführung dienen
- Für Online-Shops: Verfassen Sie für alle Artikel individuelle Produktbeschreibungen
- Prüfen Sie, ob Ihre Seiten benutzerfreundlich sind
- Prüfen Sie, ob Ihre Seiten auf mobilen Endgeräten richtig angezeigt werden und ob die Inhalte nicht zu lang sind.
- Bei bestehenden Webseiten: Machen Sie eine Liste mit allen Seiten der Internetpräsenz und eine entsprechende To-do-Liste zur Überarbeitung

3.15 Checkliste: Usability und Formulare

- Kommt der Besucher mit wenigen Klicks ans Ziel?
- Sind die Inhalte so aufgebaut, dass man auch ohne die Navigationsleiste durch Teaser und Bilder ans Ziel kommt?
- Haben Sie den Besucher darüber informiert, welche Programme er für das Lesen von PDF-Dokumenten oder anderen Dateiformaten auf Ihrer Seite benötigt? Sind diese Dateiformate als solche gekennzeichnet?
- Haben Sie die Links jeweils mit einem Title versehen, damit der Benutzer sieht, wohin sein Klick führt? Siehe Kapitel 6, »Suchmaschinenoptimierung (SEO)«
- Vermeiden Sie, dass sich bei JEDEM Klick auf einen Link ein neues Fenster öffnet. Tipp: Lassen Sie nur neue Fenster öffnen, wenn der Link von Ihrer Seite wegführt
- Fragen Sie im Formular nur notwendige Daten ab? Vermeiden Sie lange Fragebögen zwecks Datensammlung. Je weniger der Besucher ausfüllen muss, desto besser. Dies gilt insbesondere für den Bestellprozess
- Haben Sie alle Eingabefelder sinnvoll beschriftet?
- Wird bei einer Fehlermeldung erklärt, was korrigiert werden muss?
- Muss der Kunde sich für den Bestellvorgang erst anmelden? Vermeiden Sie solche Hürden und bieten Sie auch eine Bestellung als »Gast« an
- Bestätigen Sie dem Kunden, dass das Formular abgesendet wurde?

Kapitel 4

Schreibwerkstatt

Bis jetzt haben wir uns theoretisch um die allgemeinen Inhalte Ihrer Internetpräsenz gekümmert. Nun geht es um die praktische Umsetzung. Noch können Sie allerdings nicht mit dem Schreiben beginnen. Es fehlt noch ein wenig Vorbereitung. Wie wollen Sie die Kunden ansprechen?

Kindlich, jugendlich oder erwachsen?

So werden Deine Lippen wieder weich.

MEGA! Diesen Lipbalm wollen jetzt ALLE!

Neu: der sanfte Balsam für die Lippen

Sachlich oder bildhaft oder emotional?

Regelmäßige Weiterbildungen halten unser Team auf dem neuesten Stand.

Wir sind echte Teamplayer! Strategisch gut aufgestellt. Topfit. Immer am Ball.

Unser Team ist rund um die Uhr für Sie da. Nur wenn Sie sich wohlfühlen, sind wir zufrieden.

Vertraulich oder distanziert?

Wann treffen wir uns? Unser Team wartet schon auf Dich!

Für Anfragen stehen Ihnen unsere Mitarbeiter jederzeit zur Verfügung.

4.1 Gute Wörter, schlechte Wörter

Wörter haben einen bestimmten Charakter, eine Ausstrahlung, einen Klang – Sie wirken modern oder konservativ, sachlich oder emotional, realistisch oder verträumt, romantisch oder kühl. Sie erzeugen ein ganz klares Bild im Kopf oder führen unweigerlich zu Assoziationen.

Beim Wort »Meer« denken Sie an Wasser, an Wellen, an Weite, an Schiffe. Und wenn Sie nicht zufällig am Meer wohnen, dann denken Sie an Urlaub, Strand, Sand, Sonne und vielleicht sogar an den Geruch von Sonnencreme. Und woran denken Sie bei dem Wort »Stuhl«? Auch wenn Sie da jetzt einiges konstruieren können, ruft der Stuhl auf Anhieb keine großartigen Emotionen und Bilder im Kopf wach.

Welche »starken« Wörter – Substantive, Adjektive, Verben, Wortkombinationen – beschreiben Ihr Angebot besonders gut?

Hinweis

Achten Sie darauf, dass die Assoziationen einigermaßen absehbar sind. Beim Wort »Feuer« denken die einen an Leidenschaft, die anderen an Zerstörung. Setzen Sie die Wörter gegebenenfalls in einen Zusammenhang, in dem sie nicht falsch verstanden werden: »Feuer der Leidenschaft«.

Darüber sollten Sie sich auch informieren

Hans-Peter Förster, der Begründer der Methode der »4-Farben-Sprache«, teilt Wörter in vier Kategorien ein, die auf den Nutzen, das Vertrauen, das Erlebnis und das Gefühl abzielen. Jede »Farbe« hat passende Adjektive, Substantive und Verben, aus denen man sich bedienen kann. Eine hervorragende Methode für zielgruppenorientierte Texte.

Die blaue Gruppe spricht die Vernunft an, basiert auf Zahlen und Daten und richtet sich an »Perfektionisten«.

Sie sparen 50 %, wenn Sie jetzt bestellen!

Die grüne Gruppe basiert auf Sicherheit, stützt sich auf Rückblick und Erfahrungen und richtet sich an »Konservative«.

Da weiß man, was man hat!

Die gelbe Gruppe basiert auf der Zukunft, arbeitet mit Vorschau und Visionen und richtet sich an »Impulsive«.

Sie werden staunen, was Sie sparen können!

Die rote Gruppe basiert auf Beziehungen, stützt sich auf Gefühle und richtet sich an die »Emotionalen«.

Lassen Sie sich berühren von der Leidenschaft!

Die Methode ist natürlich noch viel komplexer und bietet zahlreiche Hilfen und Möglichkeiten.

Wörter, die wirken

Wörter, die wirken

- EmotionaleAdjektive Deutsch/Englisch
- Intuitive Adjektive Deutsch/Englisch
- Konservative Adjektive Deutsch/Englisch
- Rationale Adjektive Deutsch/Englisch

	Blau	Grün	Gelb	Rot
	Perfektionismus	Konservative	Intuitive	Emotionale
Verben	besinnen	festhalten	erweitern	anregen
Substantive	Stärke	Stetigkeit	Veränderung	Stimulans
Adjektive	willensstark	beständig	neu	reizvoll
Nutzen	Leistung	Stabilität	Freiheit	Behagen
Textstrategie	rational begründen, faktisch argumentieren, logisch erklären	empfehlend argumentieren, historisch erläutern, qualitativ überzeugen	plausibel erklären, überraschend begeistern, erlebnisreich skizzieren	persönlich ansprechen, sinnlich kommunizieren, emotional begründen
Stilrichtung	Alleinstellung, Information, Preis/Leistung, Prestige, Technik	Experte, Lehrer/Schüler, Test, Vorher/Nachher, Vergleich	Exklusivität, Glamour, Humor, Lifestyle, Textbilder	Besonderheit, Erotik, Schuldgefühl, Sinnlichkeit, Umwelt

INFO-SERVICE

- Info-Service
- FAQ – Häufig gestellte Fragen
- 4 Herausforderungen in der UK
- Best Practice Cases
- Linksammlung
- Wörter, die wirken
- Wofür steht „Corporate Wording"?
- Was heißt „CW-Engineering"?
- Was heißt „Customer Translation ©"?
- CT-Glossar

Abb. 4.1: Hans-Peter Förster teilt Wörter in vier Farbkategorien ein. Quelle und weitere Infos: `www.wording.de/wording/woerter-die-wirken/`

Auch der Lesbarkeitsindex, der sich beim sogenannten Flesch-Wert beispielsweise an Satzlänge und Silbenzahl pro Wort orientiert, gibt eine Orientierungshilfe für den »Klang« des Textes. Andere Methoden zählen sogar die Prozentzahl von Wörtern mit mehr als sechs Buchstaben (Wiener Sachtextformel). Siehe Abschnitt 5.5, »Tools und Formeln«.

Ich nehme an, Sie wollen das jetzt nicht alles studieren, bevor Sie Ihren Webseitentext schreiben? Müssen Sie auch nicht.

Abb. 4.2: Im Schreiblabor können Sie Ihren Text online testen lassen. Dazu müssen Sie ihn nur in eines der kostenlosen Tools kopieren. Auf der Seite gibt es darüber hinaus noch Textanalyse-Werkzeuge, die Füllwörter und Bindewörter in den Fokus nehmen.
Quelle: `www.schreiblabor.com`

Prüfen Sie nach der Fertigstellung der Texte mit einem Lesbarkeitsformel-Tool den Schwierigkeitsgrad Ihres Textes und passen Sie ihn gegebenenfalls dem Zweck, dem Alter und dem Bildungsstand Ihrer Kundschaft an. In den Tools gibt es dazu an den entsprechenden Stellen Ihres Textes Tipps.

Hinweis

Textanalyse-Alternativen:

`http://wortliga.de/textanalyse/`
`www.textinspektor.de`
`www.lingulab.de`

Jedes Wort zählt!

Wenn Sie erfolgreiche Texte schreiben wollen, sollten Sie die Wörter, die Sie benutzen, immer sorgfältig auswählen und manchmal vielleicht probehalber Begriffe austauschen, um den richtigen Ton zu treffen. Kennen Sie die Tag-Clouds auf Webseiten? Sie zeigen an, welche Stichworte auf der Seite vorkommen und sind bei der Vorbereitung enorm nützlich.

Tipp

Tools zum Erstellen einer Wörterwolke: Entweder müssen Sie Ihre Webadresse eingeben und das Tool scannt den Text, oder Sie geben einen Text Ihrer Webseite direkt ein.

`www.wortwolken.com`
`www.wordle.net`

Je größer ein Wort in dieser Cloud dargestellt wird, desto häufiger kommt es im Text/auf der Webseite vor. Mit dieser Cloud ermitteln Sie schnell die Wörter, die Sie häufig verwenden und für die Sie eventuell »stärkere« Ausdrücke oder hier und da Synonyme finden können. Nehmen wir einfach das größte Wort »brauchen«. Suchen Sie nun mit Hilfe eines Synonymwörterbuchs nach anderen Begriffen:

Benötigen, begehren, verlangen, haben müssen, nötig haben, benutzen, verwenden.

Sie könnten also statt »Das brauchen Sie!« auch Folgendes sagen:

Das müssen Sie haben!

Alles, was Ihr Herz begehrt!

Falls Sie Inspiration »nötig haben«, können Sie Ihren Begriff einfach mal in »Das Digitale Wörterbuch der deutschen Sprache« (DWDS) eingeben. Beim Begriff »verlangen« kommt Folgendes heraus:

Abb. 4.3: Jede Menge Vorschläge zum Begriff aus dem DWDS-Wörterbuch, Etymologisches Wörterbuch, OpenThesaurus, DWDS-Wortprofi, DWB und Kernkorpus20. Quelle: www.dwds.de

Die generelle Liste mit »starken Wörtern« zu Ihrem Angebot können Sie immer wieder benutzen. Nehmen Sie sich außerdem bei jedem Artikel kurz Zeit und sammeln Sie Ihre Wörter für den Text zusammen. Legen Sie beispielsweise fest, ob Ihre Zielgruppe statt der »Geschenke« lieber »Coole Gadgets« (modern), »zauberhafte Überraschungen« (emotional), »zeitgemäße Präsente« (sachlich) oder »unvergessliche Andenken« (konservativ) verschenkt.

4.2 Sprechen Sie mit EINER Stimme

Ein Firmenlogo hat so ziemlich jedes Unternehmen. Das Unternehmen präsentiert sich mit seinem Corporate Design – mit Farben, Formen, Schriften – auf allen Geschäftspapieren einheitlich, so dass man es sofort wiedererkennt. Mit dem einheitlichen Wording, also einer charakteristischen Wortwahl, gibt man sich für gewöhnlich weniger Mühe.

Wer aber im Internet aktiv sein möchte, sollte frühzeitig festlegen, wie man sich sprachlich auf der Webseite und in den sozialen Kanälen präsentiert. Ein einheitliches Sprachbild ist genauso wichtig wie einprägsame Fotos, Logos, Farben und Formen.

Real oder real,-?

Schreibt man eigentlich facebook oder Facebook? Ist »real« noch »real,-«, wenn Komma und Bindestrich fehlen? Erkennt man Edeka wieder, wenn man doch normalerweise immer EDEKA sieht? Legen Sie die Schreibweise Ihrer Marke, Ihres Unternehmens oder Ihrer Produkte in Fließtexten fest! Der Wiedererkennungswert ist wesentlich höher, wenn Namen in allen Publikationen einheitlich geschrieben werden.

Mitarbeiter oder MitarbeiterInnen?

Haben Sie Mitarbeiter, die Ideen einbringen, oder sind es Mitarbeiterinnen und Mitarbeiter? Oder vielleicht MitarbeiterInnen oder Mitarbeiter(innen)? Vielleicht bevorzugen Sie auch die neutrale Form und »Jeder im Team kann Ideen einbringen«. Legen Sie fest, wie Sie es mit geschlechtsspezifischen Formulierungen halten, und bleiben Sie einheitlich bei dieser Regelung.

Du oder Sie?

Gar nicht so einfach. Duzt man die Kunden im Internet oder bleibt man beim »Sie«? In sozialen Netzwerken spricht man sich normalerweise eher locker an und duzt jeden ganz selbstverständlich. Auch Unternehmen mit einem jungen Kundenkreis setzen die Ansprache der Kunden oft auf »Du« – allerdings einheitlich, auch in gedruckten Anzeigen und Publikationen. Doch wie fühlt man sich wohl, wenn einen die Versicherung bei Facebook plötzlich duzt oder die Polizei in der Antwort zu einem Kommentar einen auf Kumpel macht? »Jetzt reg Dich nicht so auf. Wir haben schließlich getan, was wir konnten.« Irgendwie unpassend, oder?

Da es keine Regel für die korrekte Ansprache im Netz gibt, bleibt nur das Bauchgefühl. Und der Hinweis, dass ein distanzierteres »Sie« die Hemmschwelle zum Beleidigen in den sozialen Netzwerken etwas hochsetzt. Womit fühlen Sie sich wohler? Was passt zu Ihrem Unternehmen?

Hinweis

Bleiben Sie auf allen Kanälen bei einer Lösung. Wenn Sie die Kunden bei Facebook duzen und in der E-Mail siezen, führt das nur zu Verwirrung.

Wenn Sie sich gar nicht entscheiden können, dann verwenden Sie doch einfach die Kombination aus Vorname + Sie.

Herunterladen oder downloaden?

Haben Sie User oder Nutzer auf der Webseite? Gehen Sie in die City oder in die Stadt? Wie halten Sie es mit Begriffen, für die sich mittlerweile auch englische Ausdrücke etabliert haben? Kommt man in Ihrem Hotel in eine Empfangshalle oder ins Foyer? Nennen Sie den Raum mit der Theke Cocktail-Bar oder Freizeit-Lounge?

Legen Sie immer wiederkehrende Begriffe, die für Ihr Angebot wichtig sind, fest.

€ oder Euro?

Kostet Ihr Produkt 5 €, 5 Euro, 5,-€ oder vielleicht 5,- Euro?

Findet Ihre Veranstaltung am 2. Januar 2019 statt oder am 02.02.2019?

Wann beginnt sie – um 13 Uhr 30, um 13:30 oder um 13.30 Uhr?

Erhalten Ihre Kunden 5 Prozent Rabatt oder 5 %?

Trennen Sie große Zahlen mit einem Punkt ab oder nur mit einem Leerzeichen? 200 000 oder 200.000?

Schließen Sie die wörtliche Rede in diesen Anführungszeichen ein „…“ oder in diesen »…«?

Verwenden Sie bei Aufzählungen Punkte oder Striche?

Lieblingswörter und Ausschlusslisten

Rund um Ihre Produkte und Dienstleistungen gibt es zahlreiche Eigenschaften und Ausdrücke, die Sie besonders gerne verwenden, weil Sie super zu Ihnen passen. Die Liste haben Sie ja bereits erstellt. Jetzt brauchen Sie noch eine Ausschlussliste. Beispiel: Eine Praxis für Physiotherapie nennt ihre Besucher nicht Patienten, sondern Kunden, ein Theater nennt die Abonnenten nicht Besucher sondern Gäste.

Machen Sie sich Listen mit Begriffen, die im Zusammenhang mit Ihrem Angebot nicht verwendet werden sollen.

Tipp

Einen hohen Wiedererkennungswert haben auch Grußformeln, die speziell auf das Unternehmen abgestimmt sind. Legen Sie fest, wie Ihre Mitarbeiter aus E-Mail, Brief oder Newsletter aussteigen. Sie dürfen hier ruhig kreativ sein:

Auf Wiederhören (Radiosender)

Mit sonnigen Grüßen (Solarium)

Und immer eine Handbreit Wasser unterm Kiel … (Werft)

4.3 Inhaltliche Struktur des Textes

Die Wörter sind gefunden, nun geht es an die Struktur. Sie sollten Ihrem Text schon vorab eine inhaltliche Struktur geben, an der Sie sich beim Texten langhangeln. Das bedeutet, Sie legen fest, in welcher Reihenfolge Sie vorgehen.

Chronologisch: Sie richten sich nach der zeitlichen Abfolge der Handlungen oder Geschehnisse.

Argumentativ: Sie stellen eine Behauptung auf und belegen Schritt für Schritt Ihre Aussagen. Am Ende steht das Fazit.

Hierarchisch: Die wichtigen Informationen stehen oben. Dann arbeiten Sie sich zu den Details vor. Der Text lässt sich von unten nach oben hin kürzen, ohne dass er unverständlich wird.

Logisch: Bei Rezepten oder Gebrauchsanweisungen richtet sich der Aufbau nach dem logischen Ablauf des beschriebenen Prozesses.

4.4 Optischer Aufbau von Webtexten

Erinnern Sie sich noch an das letzte Buch, das Sie gelesen haben? Was haben Sie während des Lesens gedacht? Vermutlich waren Ihre Gedanken ganz bei der Sache. Sie haben sich auf die Sätze konzentriert und sind dem Textverlauf gefolgt. Sie haben »sequentiell« gelesen – also Wort für Wort und Satz für Satz.

Erinnern Sie sich noch an die letzte Zeitschrift, die Sie gelesen haben? Ich denke, Sie haben die Seiten kurz überflogen und nur die Passagen gelesen, die Sie interessant fanden. Sie haben »selektiv« gelesen.

Und wie lesen Sie im Internet? Sie überfliegen die Seite und suchen eilig nach Stichworten oder Links. Sie hangeln sich im Zickzackkurs durch den Text und machen erst dort Halt, wo Begriffe stehen, die Sie gesucht haben. Sie lesen nicht einmal mehr selektiv, sondern scannen den Text in Sekundenschnelle nach bestimmten Informationen und springen (skippen) mit Ihrem Blick auf der Seite hin und her.

Landen Sie auf einer Seite, die Ihnen keine übersichtlichen Informationen bietet, sind Sie so schnell wieder weg, wie Sie gekommen sind. Viel zu anstrengend! Die nächste Seite mit übersichtlichem Angebot ist ja nur einen Klick entfernt.

Wenn Sie Erfolg mit Ihrer Webseite haben wollen, dürfen Sie den Leser nicht ausbremsen, sondern müssen ihn unmittelbar zur gewünschten Lösung durchschleusen. Texte, die nicht scanbar sind, vertreiben die Besucher.

Der Besucher einer Webseite möchte:

- sofort finden, was er sucht
- verstehen, was er findet
- schnell handeln

Sie sollten die Webtexte also auch optisch dem Leseverhalten im Internet anpassen, damit die User auf Ihrer Seite bleiben.

Bevor wir uns ans Texten begeben, möchte ich Ihnen die wundersame Verwandlung eines Textblocks in einen luftigen, scanbaren Text vorführen. Als Zauberstab dient hierbei der optische Aufbau.

Damit der Effekt deutlich wird, ist der Beispieltext das reinste Kauderwelsch. Werbefachleuten wird »Lorem ipsum« ein Begriff sein. Für alle anderen: Es handelt sich um einen lateinischen Text, den Grafiker als Platzhalter benutzen, wenn die Texte für eine Publikation noch nicht fertig sind. Er wird »Blindtext« genannt.

Sie werden sehen, dass sich nach den Anpassungen ein Text ergibt, dessen Inhalt Sie auf Anhieb verstehen, ohne dass die lateinischen Worte ausgetauscht werden.

Eine Info noch vorab: Teilen Sie langen Text im Internet nicht auf mehrere Seiten auf. Selbst unerfahrene Internetnutzer wissen heute, dass man eine Seite scrollen kann. Der Klick auf die nächste Seite ist ein Hindernis, bei dem Sie einen großen Teil der Leser verlieren.

Wir nutzen im Beispiel einen kurzen Text, weil man Buchseiten so schlecht scrollen kann. Unser Textblock:

> Lorem ipsum dolor sit amet, consectetuer adipiscing elit. Aenean commodo ligula eget dolor. Aenean massa. Cum sociis natoque penatibus et magnis dis parturient montes, nascetur ridiculus mus. Donec quam felis, ultricies nec, pellentesque eu, pretium quis, sem. Nulla consequat massa quis enim.Donec pede justo, fringilla vel, aliquet nec, vulputate eget, arcu. In enim justo, rhoncus ut, imperdiet a, venenatis vitae, justo. Nullam dictum felis eu pede mollis pretium. Integer tincidunt. Cras dapibus. Vivamus elementum semper nisi. Aenean vulputate eleifend tellus. Nam eget dui. Etiam rhoncus. Maecenas tempus, tellus eget condimentum rhoncus, sem quam semper libero, sit amet adipiscing sem neque sed ipsum. Nam quam nunc, blandit vel, luctus pulvinar, hendrerit id, lorem. Maecenas nec odio et ante tincidunt tempus. Donec vitae sapien ut libero venenatis faucibus. Nullam quis ante. Etiam sit amet orci eget eros faucibus tincidunt. Duis leo. Sed fringilla mauris sit amet nibh. Donec sodales sagittis magna.

Sie sehen eine Mauer aus Worten. Keine Seltenheit im Internet! Aus genannten Gründen ist dieser Text überschaubar kurz. Auf Webseiten finden sich oft Textblöcke, die um ein Vielfaches länger sind. Der Leser kommt auf die Seite und prallt im übertragenen Sinne gegen diese Mauer. Eine Sackgasse! Er dreht um und macht sich aus dem Staub. Wir machen es dem Leser einfacher und zerschlagen diese Mauer.

Überschrift

Die Überschrift ist maßgeblich für einen Webtext. Sie wird zuerst gelesen, verrät das Thema und gibt dem Leser den entscheidenden Hinweis darauf, ob er im Text das Gesuchte findet. Die meisten Blog- und Content-Management-Systeme fragen die Überschrift beim Einstellen neuer Artikel ab. Deshalb wird sie selten vergessen. Bei der Gestaltung haben Sie jedoch Optionen, die Raum für Fehler lassen.

Für Überschriften gelten drei wichtige Regeln:

- Die Überschrift ist deutlich größer als der Fließtext
- Die Überschrift ist einzeilig und besteht aus maximal 6 Wörtern
- Farbige Überschriften fallen besser auf

Wir statten unseren Text mit einer großen, kurzen Überschrift aus:

> **Wie sollten Webtexte aufgebaut sein?**
>
> Lorem ipsum dolor sit amet, consectetuer adipiscing elit. Aenean commodo ligula eget dolor. Aenean massa. Cum sociis natoque penatibus et magnis dis parturient montes, nascetur ridiculus mus. Donec quam felis, ultricies nec, pellentesque eu, pretium quis, sem. Nulla consequat massa quis enim.Donec pede justo, fringilla vel, aliquet nec, vulputate eget, arcu. In enim justo, rhoncus ut, imperdiet a, venenatis vitae, justo. Nullam dictum felis eu pede mollis pretium. Integer tincidunt. Cras dapibus. Vivamus elementum semper nisi. Aenean vulputate eleifend tellus. Nam eget dui. Etiam rhoncus. Maecenas tempus, tellus eget condimentum rhoncus, sem quam semper libero, sit amet adipiscing sem neque sed ipsum. Nam quam nunc, blandit vel, luctus pulvinar, hendrerit id, lorem. Maecenas nec odio et ante tincidunt tempus. Donec vitae sapien ut libero venenatis faucibus. Nullam quis ante. Etiam sit amet orci eget eros faucibus tincidunt. Duis leo. Sed fringilla mauris sit amet nibh. Donec sodales sagittis magna.

Einleitung

Haben Sie mit der Überschrift die Aufmerksamkeit des Besuchers geweckt, wird er zunächst die ersten Sätze anlesen. Stellen Sie deshalb eine Zusammenfassung an den Anfang des Webtextes. Heben Sie diese Zusammenfassung optisch hervor. Hier bietet sich die Fettschrift an. Sie können auch mit unterschiedlichen Farben arbeiten. Die Einleitung sollte maximal drei Sätze lang sein.

Wir versehen unseren Textblock mit einer kurzen, fettmarkierten Einleitung, die vom Fließtext durch einen Absatz getrennt ist.

> **Wie sollten Webtexte aufgebaut sein?**
>
> **Passen Sie die Texte auf Ihrer Seite dem Leseverhalten im Internet an! Der Besucher liest die Texte nicht, er scannt sie. Mit dem richtigen Textaufbau erreichen Sie eine optimale Scannbarkeit und halten die Leser auf der Webseite.**
>
> Lorem ipsum dolor sit amet, consectetuer adipiscing elit. Aenean commodo ligula eget dolor. Aenean massa. Cum sociis natoque penatibus et magnis dis parturient montes, nascetur ridiculus mus. Donec quam felis, ultricies nec, pellentesque eu, pretium quis, sem. Nulla consequat massa quis enim.Donec pede justo, fringilla vel, aliquet nec, vulputate eget, arcu. In enim justo, rhoncus ut, imperdiet a, venenatis vitae, justo. Nullam dictum felis eu pede mollis pretium. Integer tincidunt. Cras dapibus. Vivamus elementum semper nisi. Aenean vulputate eleifend tellus. Nam eget dui. Etiam rhoncus. Maecenas tempus, tellus eget condimentum rhoncus, sem quam semper libero, sit amet adipiscing sem neque sed ipsum. Nam quam nunc, blandit vel, luctus pulvinar, hendrerit id, lorem. Maecenas nec odio et ante tincidunt tempus. Donec vitae sapien ut libero venenatis faucibus. Nullam quis ante. Etiam sit amet orci eget eros faucibus tincidunt. Duis leo. Sed fringilla mauris sit amet nibh. Donec sodales sagittis magna.

Absätze

Das beste Mittel, einen Textblock luftiger zu gestalten, ist der Absatz. Im Internet sollten Absätze maximal 8 Zeilen lang sein. Dies ist natürlich nur ein Richtwert. Jeder Absatz ist ein Sinnabschnitt. Ist der Gedankengang oder die Erläuterung länger, sind durchaus auch längere Textblöcke erlaubt. Halten Sie sich also nicht akribisch an diese Zahl.

Berücksichtigen Sie aber bereits beim Schreiben, dass die Sinnabschnitte nicht zu lang werden dürfen. Die Sinnabschnitte werden durch Leerzeilen voneinander getrennt.

Beim Blindtext in unserem Beispiel achten wir natürlich nicht auf den Sinn. Wir zerlegen den Textblock einfach in Absätze und teilen sie durch Leerzeilen voneinander ab:

Wie sollten Webtexte aufgebaut sein?

Passen Sie die Texte auf Ihrer Seite dem Leseverhalten im Internet an! Der Besucher liest die Texte nicht, er scannt sie. Mit dem richtigen Textaufbau erreichen Sie eine optimale Scannbarkeit und halten die Leser auf der Webseite.

Lorem ipsum dolor sit amet, consectetuer adipiscing elit. Aenean commodo ligula eget dolor. Aenean massa. Cum sociis natoque penatibus et magnis dis parturient montes, nascetur ridiculus mus. Donec quam felis, ultricies nec, pellentesque eu, pretium quis, sem. Nulla consequat massa quis enim.Donec pede justo, fringilla vel.

Aliquet nec, vulputate eget, arcu. In enim justo, rhoncus ut, imperdiet a, venenatis vitae, justo. Nullam dictum felis eu pede mollis pretium. Integer tincidunt. Cras dapibus. Vivamus elementum semper nisi. Aenean vulputate eleifend tellus. Nam eget dui. Etiam rhoncus. Maecenas tempus, tellus eget condimentum rhoncus, sem quam semper libero, sit amet adipiscing sem neque sed ipsum.

Nam quam nunc, blandit vel, luctus pulvinar, hendrerit id, lorem. Maecenas nec odio et ante tincidunt tempus. Donec vitae sapien ut libero venenatis faucibus. Nullam quis ante. Etiam sit amet orci eget eros faucibus tincidunt. Duis leo. Sed fringilla mauris sit amet nibh. Donec sodales sagittis magna.

Zwischenüberschriften

Unser Text wirkt jetzt nicht mehr wie eine Mauer. Das Auge findet aber trotz der Absätze noch keine Ankerpunkte. Um dem Leser beim Scannen, also beim Querlesen, Stationen zu bieten, fügen wir Zwischenüberschriften ein. Sie fassen einzelne Textabschnitte inhaltlich zusammen, so dass der Leser sofort einen Überblick über die Inhalte erhält.

In unserem Beispiel bekommt jeder Absatz eine Zwischenüberschrift. Bei längeren Texten können auch zwei oder mehr Absätze unter einer Zwischenüberschrift stehen. Hier kommt es abermals auf den Inhalt an. Die Zwischenüberschrift wird dann gesetzt, wenn ein neuer Aspekt, ein neues Unterthema, ein neuer Blickwinkel im Text auftaucht.

Wie sollten Webtexte aufgebaut sein?

Passen Sie die Texte auf Ihrer Seite dem Leseverhalten im Internet an! Der Besucher liest die Texte nicht, er scannt sie. Mit dem richtigen Textaufbau erreichen Sie eine optimale Scannbarkeit und halten die Leser auf der Webseite.

Lorem ipsum dolor sit amet, consectetuer adipiscing elit. Aenean commodo ligula eget dolor. Aenean massa. Cum sociis natoque penatibus et magnis dis parturient montes, nascetur ridiculus mus. Donec quam felis, ultricies nec, pellentesque eu, pretium quis, sem. Nulla consequat massa quis enim.Donec pede justo, fringilla vel.

Absätze machen den Text übersichtlicher

Aliquet nec, vulputate eget, arcu. In enim justo, rhoncus ut, imperdiet a, venenatis vitae, justo. Nullam dictum felis eu pede mollis pretium. Integer tincidunt. Cras dapibus. Vivamus elementum semper nisi. Aenean vulputate eleifend tellus. Nam eget dui. Etiam rhoncus. Maecenas tempus, tellus eget condimentum rhoncus, sem quam semper libero, sit amet adipiscing sem neque sed ipsum.

Hervorhebungen und Bulletpoints dienen als Ankerpunkte

Nam quam nunc, blandit vel, luctus pulvinar, hendrerit id, lorem. Maecenas nec odio et ante tincidunt tempus. Donec vitae sapien ut libero venenatis faucibus. Nullam quis ante. Etiam sit amet orci eget eros faucibus tincidunt. Duis leo. Sed fringilla mauris sit amet nibh. Donec sodales sagittis magna.

Hervorhebungen

Der Besucher beginnt gewöhnlich oben links bei der Überschrift mit dem Lesen. Anschließend überfliegt er im Zickzack den Text. Markieren Sie deshalb nun im Zickzackkurs wenige(!) wichtige Wörter fett. Beginnen Sie dabei rechts oben im Fließtext. Die fettmarkierten Wörter müssen deutliche Hinweise auf den Textinhalt liefern. Um es übertrieben auszudrücken: Es ist nicht sinnvoll, das Wort »und« zu markieren. Auch »lesen« oder »Internet« wären wenig aussagekräftig.

Insgesamt soll der Leser durch die fett markierten Wörter einen stichwortartigen Überblick über den Inhalt erhalten.

Wie sollten Webtexte aufgebaut sein?

Passen Sie die Texte auf Ihrer Seite dem Leseverhalten im Internet an! Der Besucher liest die Texte nicht, er scannt sie. Mit dem richtigen Textaufbau erreichen Sie eine optimale Scannbarkeit und halten die Leser auf der Webseite.

Lorem ipsum dolor sit amet, consectetuer adipiscing elit. Aenean commodo ligula eget dolor. Aenean massa. Cum sociis natoque penatibus et magnis dis parturient **kurze Einleitung** montes, nascetur ridiculus mus. Donec quam felis, ultricies nec, pellentesque eu, pretium quis, sem. Nulla consequat massa quis enim.Donec pede justo, fringilla vel.

Absätze machen den Text übersichtlicher

Aliquet nec, vulputate eget, arcu. In enim justo, rhoncus ut, imperdiet a, venenatis vitae, justo. Nullam dictum felis eu pede mollis pretium. Integer **Zwischenüberschriften einfügen** tincidunt. Vivamus elementum semper nisi. Aenean tellus. Nam eget dui. Etiam rhoncus. Maecenas tempus, tellus eget condimentum rhoncus, sem quam semper libero, sit amet adipiscing sem neque sed ipsum.

Hervorhebungen und Bulletpoints dienen als Ankerpunkte

Nam quam nunc, blandit vel, luctus pulvinar, hendrerit id, lorem. Maecenas nec odio et ante tincidunt tempus. **Wörter markieren** Donec vitae sapien ut libero venenatis faucibus. Nullam quis ante. Etiam sit amet orci eget eros faucibus tincidunt. Duis leo. Sed fringilla mauris sit amet nibh. Donec sodales sagittis magna.

Bulletpoints, Aufzählungen, Tabellen

Insbesondere bei Ratgeber-Artikeln und bei Produktbeschreibungen können Sie die wichtigsten Aussagen des Textes oder die Vorteile und Features der Angebote noch einmal in Form von Bulletpoints zusammenfassen. Das hat den Vorteil, dass der Leser auf einen Blick sieht, was besonders wichtig ist. Bei Interesse an genauen Informationen zu einem Punkt wird er den entsprechenden Abschnitt im Text suchen. Vielleicht reichen ihm aber auch schon die Stichworte, etwa wenn er es besonders eilig hat.

Ganz wichtig:

Bulletpoints und Aufzählungen sind nicht das Gleiche!

- Dies
- sind
- Bulletpoints

Sie werden benutzt, um wichtige Punkte aufzuführen.

1. Dies
2. ist eine
3. Aufzählung

Sie wird verwendet, wenn es um eine bestimmte Reihenfolge geht. Der Besucher soll also zuerst dies (1.), dann das (2.) und schließlich jenes (3.) machen.

Auch wenn Sie den Unterschied zwischen Punkten und Zahlen in diesem Zusammenhang für sehr klein halten, ist er wichtig. Vieles läuft beim Lesen eines Textes unbewusst ab. So auch hier. Bei den Bulletpoints erwartet der Besucher automatisch eine Übersicht, bei den Zahlen eine Handlungsanweisung. Abweichungen davon sind vielleicht nicht tragisch, unterbrechen aber den Lesefluss und verwirren im ersten Moment.

Neben Bulletpoints und Aufzählungen können Sie für eine bessere Übersicht auch Tabellen in den Text einfügen. Manche Erklärungen sind etwas komplexer. Wenn Sie beispielsweise auf einem Reiseportal erläutern, bei welchem Hauttyp man wie lange in der Sonne bleiben kann und welcher Lichtschutzfaktor sinnvoll ist, sollten Sie nach einem allgemeinen Text unbedingt eine Tabelle einfügen. Hier kann der Leser gezielt die Info entnehmen, die für Ihn wichtig ist.

In unserem Beispiel fassen wir die wichtigsten Aussagen aus dem Text abschließend noch einmal in Form von Bulletpoints zusammen.

Wie sollten Webtexte aufgebaut sein?

Passen Sie die Texte auf Ihrer Seite dem Leseverhalten im Internet an! Der Besucher liest die Texte nicht, er scannt sie. Mit dem richtigen Textaufbau erreichen Sie eine optimale Scannbarkeit und halten die Leser auf der Webseite.

Lorem ipsum dolor sit amet, consectetuer adipiscing elit. Aenean commodo ligula eget dolor. Aenean massa. Cum sociis natoque penatibus et magnis dis parturient **kurze Einleitung** montes, nascetur ridiculus mus. Donec quam felis, ultricies nec, pellentesque eu, pretium quis, sem. Nulla consequat massa quis enim.Donec pede justo, fringilla vel.

Absätze machen den Text übersichtlicher

Aliquet nec, vulputate eget, arcu. In enim justo, rhoncus ut, imperdiet a, venenatis vitae, justo. Nullam dictum felis eu pede mollis pretium. Integer **Zwischenüberschriften einfügen** tincidunt. Vivamus elementum semper nisi. Aenean tellus. Nam eget dui. Etiam rhoncus. Maecenas tempus, tellus eget condimentum rhoncus, sem quam semper libero, sit amet adipiscing sem neque sed ipsum.

Hervorhebungen und Bulletpoints dienen als Ankerpunkte

Nam quam nunc, blandit vel, luctus pulvinar, hendrerit id, lorem. Maecenas nec odio et ante tincidunt tempus. **Wörter markieren** Donec vitae sapien ut libero venenatis faucibus. Nullam quis ante. Etiam sit amet orci eget eros faucibus tincidunt. Duis leo. Sed fringilla mauris sit amet nibh. Donec sodales sagittis magna.

Wichtige Punkte für bessere Scannbarkeit:

- Überschrift
- Einleitung
- Absätze
- Zwischenüberschriften
- Hervorhebungen
- Bulletpoints

Weiterführende Links

Für weiterführende Informationen zu einzelnen Themen oder zur Untermauerung von Aussagen durch externe Seiten fügen Sie nun noch entsprechende Links ein.

Setzen Sie die Links – wenn möglich – ebenfalls in einem Zickzackkurs, der dem der fettmarkierten Wörter entgegengesetzt ist. Links unterscheiden sich oft farblich von den anderen Wörtern oder/und sind unterstrichen. Sie fallen also auf. Zusammen mit den fettmarkierten Wörtern verteilen sich die Ankerpunkte fürs Auge damit gleichmäßig über den Text. Beachten Sie auch hier, dass die mit Links unterlegten Wörter aussagekräftig sind.

Versehen Sie die Links unbedingt mit einem Linktitel. Der Titel erscheint, wenn das Wort mit dem Cursor berührt wird, und verrät, wohin es beim Klick geht. Nähere Informationen hierzu erhalten Sie im Kapitel 6, »Suchmaschinenoptimierung (SEO)«.

Wie sollten Webtexte aufgebaut sein?

Passen Sie die Texte auf Ihrer Seite dem Leseverhalten im Internet an! Der Besucher liest die Texte nicht, er scannt sie. Mit dem richtigen Textaufbau erreichen Sie eine optimale Scannbarkeit und halten die Leser auf der Webseite.

Lorem ipsum dolor sit amet, consectetuer adipiscing elit. Aenean commodo Überschrift eget dolor. Aenean massa. Cum sociis natoque penatibus et magnis dis parturient **kurze Einleitung** montes, nascetur ridiculus mus. Donec quam felis, ultricies nec, pellentesque eu, pretium quis, sem. Nulla consequat massa quis enim.Donec pede justo, fringilla vel.

Absätze machen den Text übersichtlicher

Aliquet nec, vulputate eget, arcu. In enim justo, rhoncus ut, imperdiet a, venenatis vitae, justo. Nullam dictum felis eu pede mollis pretium. Integer **Zwischenüberschriften einfügen** tincidunt. Vivamus elementum semper nisi. Aenean tellus. Nam eget dui. Etiam rhoncus. Maecenas tempus, tellus eget condimentum Absätze, sem quam semper libero, sit amet adipiscing sem neque sed ipsum.

Hervorhebungen und Bulletpoints dienen als Ankerpunkte

Nam quam nunc, blandit vel, luctus pulvinar, hendrerit id, lorem. Maecenas nec odio et ante tincidunt tempus. **Wörter markieren** Donec vitae sapien ut libero venenatis faucibus. Nullam quis ante. Etiam Hervorhebungen orci eget eros faucibus tincidunt. Duis leo. Sed fringilla mauris sit amet nibh. Donec sodales sagittis magna.

Wichtige Punkte für bessere Scannbarkeit:

- Überschrift
- Einleitung
- Absätze
- Zwischenüberschriften
- Hervorhebungen
- Bulletpoints

Handlungsaufforderungen

Sie schreiben Ihren Webtext aus einem bestimmten Grund. Dieses kleine oder große Ziel haben Sie ja bereits im Vorfeld festgelegt (Abschnitt 2.4, »Kommunikationsziele festlegen«). Vielleicht wollen Sie durch die Veröffentlichung regelmäßige Leser gewinnen, etwas verkaufen oder die Besucher dazu animieren, einen Newsletter zu bestellen. Vielleicht wollen Sie, dass der Leser einen bestimmten Service nutzt oder dass er ein Feedback hinterlässt.

Der Leser wird jedoch nur selten von alleine handeln. Oft stehen unerfahrene Besucher sogar ratlos da, wenn nirgendwo steht, wie es nun weitergeht. Vor allem in Online-Shops eine schlechte Voraussetzung, um Bestellungen zu erhalten. Sie erinnern sich (Abschnitt 3.10, »Benutzerfreundlichkeit«): Ein Bild mit einem Einkaufswagen bedeutet für unerfahrene Online-Shopper nicht zwangsläufig, dass sie darauf klicken müssen, um ein Produkt in den Warenkorb zu legen. Ein Sternchen im Formular bedeutet nicht unbedingt, dass es sich um ein Feld handelt, das sie ausfüllen müssen. Verraten Sie dem Besucher also immer auch in Form von einfachen Worten, was er als Nächstes machen soll. Nehmen Sie ihn »an die Hand« und führen Sie ihn Schritt für Schritt weiter.

Mögliche Handlungsaufforderungen (Call-to-action):

- *Abonnieren Sie unseren Newsletter!*
- *Diskutieren Sie mit!*
- *Fordern Sie hier eine Produktprobe an!*
- *Bestellen Sie hier Produkt X!*
- *Nehmen Sie an unserer Umfrage teil!*
- *Besuchen Sie uns auf der Messe!*
- *Kontaktieren Sie uns!*

Oder Sie bieten unter dem Text ähnliche Artikel zum Thema an, die den Besucher interessieren könnten und ihn auf der Seite halten. Wir setzen also unter unseren Beispieltext abschließend noch eine Handlungsaufforderung und fügen den entsprechenden Link mit Linktitel ein.

Wie sollten Webtexte aufgebaut sein?

Passen Sie die Texte auf Ihrer Seite dem Leseverhalten im Internet an! Der Besucher liest die Texte nicht, er scannt sie. Mit dem richtigen Textaufbau erreichen Sie eine optimale Scannbarkeit und halten die Leser auf der Webseite.

Lorem ipsum dolor sit amet, consectetuer adipiscing elit. Aenean commodo Überschrift eget dolor. Aenean massa. Cum sociis natoque penatibus et magnis dis parturient **kurze Einleitung** montes, nascetur ridiculus mus. Donec quam felis, ultricies nec, pellentesque eu, pretium quis, sem. Nulla consequat massa quis enim.Donec pede justo, fringilla vel.

Absätze machen den Text übersichtlicher

Aliquet nec, vulputate eget, arcu. In enim justo, rhoncus ut, imperdiet a, venenatis vitae, justo. Nullam dictum felis eu pede mollis pretium. Integer **Zwischenüberschriften einfügen** tincidunt. Vivamus elementum semper nisi. Aenean tellus. Nam eget dui. Etiam rhoncus. Maecenas tempus, tellus eget condimentum Absätze, sem quam semper libero, sit amet adipiscing sem neque sed ipsum.

Hervorhebungen und Bulletpoints dienen als Ankerpunkte

Nam quam nunc, blandit vel, luctus pulvinar, hendrerit id, lorem. Maecenas nec odio et ante tincidunt tempus. **Wörter markieren** Donec vitae sapien ut libero venenatis faucibus. Nullam quis ante. Etiam Hervorhebungen orci eget eros faucibus tincidunt. Duis leo. Sed fringilla mauris sit amet nibh. Donec sodales sagittis magna.

Wichtige Punkte für bessere Scannbarkeit:

- Überschrift
- Einleitung
- Absätze
- Zwischenüberschriften
- Hervorhebungen
- Bulletpoints

Weitere Tipps finden Sie im Ratgeber **Erfolgreiche Webtexte** von Sabrina Kirnapci.

Bestellen Sie bei Amazon oder direkt beim Verlag!

Aus dem Textblock vom Anfang ist nun ein scanbarer Text geworden. Sie erkennen auf einen Blick, worum es geht, auch wenn Sie kein Wort Latein sprechen.

Hinweis

Eine Nachricht ist keine Reportage, und eine Pressemitteilung ist kein Firmenportrait. Selbstverständlich sieht nicht jeder Text gleich aus. Nutzen Sie dennoch die erwähnten Möglichkeiten, um Ihren Text scanbar zu machen – immer da, wo es sinnvoll erscheint.

4.5 Texten in 5 Schritten

Jeder geübte Texter hat eine andere Methode, einen Text anzugehen. Weniger geübte Schreiber schauen eher ratlos auf den Bildschirm und halten sich zunächst damit auf, eine geeignete Überschrift zu finden. Anschließend hangeln sie sich von oben nach unten durch den Text. Ich möchte Ihnen eine andere Methode vorstellen, die wahrscheinlich schneller zum Ziel führt und den richtigen Aufbau gleich berücksichtigt.

4.5.1 Fließtext

Sie wählen ein Thema und schreiben ganz ohne Einleitung und Überschrift einfach das auf, was Sie mitteilen wollen. Anschließend werden wir diesen ersten Entwurf inhaltlich und optisch überarbeiten. Unser Beispieltext ist ein Artikel über die Statue der kleinen Meerjungfrau in Kopenhagen, mit dem wir auf ein Reiseangebot aufmerksam machen wollen:

> *Die Statue der kleinen Meerjungfrau aus Hans Christian Andersens gleichnamiger Erzählung ist das weltweit kleinste und am häufigsten restaurierte und neu erstellte Wahrzeichen einer Hauptstadt. Sie zeigt eine Nixe, die aufs Meer schaut. Die nur 125 cm hohe und 175 kg schwere Steinskulptur steht am Hafen in Kopenhagen. Zu Ehren der Ballettkunst ließ der Bierbrauer Carl Jacobsen 1909 die kleine Meerjungfrau in Stein meißeln. Er war damals von der Primaballerina Ellen Price, welche in der Ballettaufführung »Die kleine Meerjungfrau« auftrat, dermaßen angetan, dass er kurzerhand den Bildhauer Edward Eriksen mit der Erstellung der*

Figur beauftragte. Das Gesicht der kleinen Meerjungfrau trägt daher ihre Gesichtszüge. Da die Künstlerin sich jedoch weigerte, nackt Modell zu stehen, nahm der Bildhauer für den Oberkörper der kleinen Meerjungfrau seine Gattin als Vorlage. Im Jahre 1913 wurde die Skulptur der Stadt Kopenhagen übergeben, und sie erfreute sich so großer Beliebtheit, dass sie nach und nach zum Wahrzeichen wurde. Seit 1961 ist die »Ruhe« der kleinen Meerjungfrau, die melancholisch aufs Meer hinaus schaut, jedoch vorbei. Sie wurde geköpft, mit Farbe beschmiert, mit einem Bikini verziert, einmal wurde ihr der Arm abgesägt und 2003 wurde sie sogar komplett vom Sockel gerissen und ins Meer geworfen. Glücklicherweise sind die originalen Matrizen des Bildhauers Edward Eriksen bis heute erhalten, so dass die kleine Meerjungfrau notfalls immer wieder rekonstruiert werden kann. Dennoch überlegen die Stadtväter, das Wahrzeichen der Stadt vom Ufer weg weiter ins Meer zu setzen, um dem Vandalismus Einhalt zu gebieten.

4.5.2 Abschnitte & Zwischenüberschriften

Teilen Sie den Text nun in Sinnabschnitte ein. Die Sinnabschnitte werden voneinander getrennt und erhalten vom zweiten Absatz an jeweils eine Überschrift, die den Abschnittsinhalt zusammenfasst:

Die Statue der kleinen Meerjungfrau aus Hans Christian Andersens gleichnamiger Erzählung ist das weltweit kleinste und am häufigsten restaurierte und neu erstellte Wahrzeichen einer Hauptstadt. Sie zeigt eine Nixe, die aufs Meer schaut. Die nur 125 cm hohe und 175 kg schwere Steinskulptur steht am Hafen in Kopenhagen.

Das Gesicht einer Primaballerina, der Körper der Künstlergattin

Zu Ehren der Ballettkunst ließ der Bierbrauer Carl Jacobsen 1909 die kleine Meerjungfrau in Stein meißeln. Er war damals von der Primaballerina Ellen Price, welche in der Ballettaufführung »Die kleine Meerjungfrau« auftrat, dermaßen angetan, dass er kurzerhand den Bildhauer Edward Eriksen mit der Erstellung der Figur beauftragte. Das Gesicht der kleinen Meerjungfrau trägt daher ihre Gesichtszüge. Da die Künstlerin sich jedoch weigerte, nackt Modell zu stehen, nahm der Bildhauer für den Oberkörper der kleinen Meerjungfrau seine Gattin als Vorlage.

Das Wahrzeichen von Kopenhagen wird geköpft und beschmiert

Im Jahre 1913 wurde die Skulptur der Stadt Kopenhagen übergeben, und sie erfreute sich so großer Beliebtheit, dass sie nach und nach zum Wahrzeichen wurde. Seit 1961 ist die »Ruhe« der kleinen Meerjungfrau, die melancholisch aufs Meer hinaus schaut, jedoch vorbei. Sie wurde geköpft, mit Farbe beschmiert, mit einem Bikini verziert, einmal wurde ihr der Arm abgesägt und 2003 wurde sie sogar komplett vom Sockel gerissen und ins Meer geworfen.

Matrizen sorgen für den Erhalt der kleinen Meerjungfrau

Glücklicherweise sind die originalen Matrizen des Bildhauers Edward Eriksen bis heute erhalten, so dass die kleine Meerjungfrau notfalls immer wieder rekonstruiert werden kann. Dennoch überlegen die Stadtväter, das Wahrzeichen der Stadt vom Ufer weg weiter ins Meer zu setzen, um dem Vandalismus Einhalt zu gebieten.

4.5.3 Einleitung

Schreiben Sie nun die Einleitung (den Teaser). Geben Sie einen Hinweis darauf, was den Leser nachfolgend erwartet.

Der Teaser erfüllt im Internet gleich mehrere Funktionen: Er gibt im Blog oder auf der Webseite einen Einblick in den Text und macht neugierig. Darüber hinaus ist er aber auch der Auszug, der erscheint, wenn man den Artikel beispielsweise bei Facebook teilt. Oder er dient im Content-Management-System als Vorschau auf einer anderen Unterseite oder auf der Startseite.

Mit dem Teaser steht und fällt die Neugier des potenziellen Lesers. Will er weiterlesen, oder reizt das Thema doch nicht so? Sie haben im

Schnitt durch die Vorgaben in den sozialen Medien und in den CMS etwa 150 bis 300 Zeichen, um zu überzeugen. Wie können Sie die am besten füllen?

Cliffhanger

Sie kennen den Begriff aus Fernsehserien, bei denen ganz zum Schluss einer Folge etwas passiert, die Spannung steigt und dann der Abspann mit dem Hinweis auf die nächste Folge kommt. Der Cliffhanger weckt das Bedürfnis, unbedingt wieder einzuschalten. In unserem Fall soll er so wirken, dass der Leser sofort auf »Weiterlesen« klickt.

An Karneval soll es regnen und stürmen. Für viele Jecken fallen die närrischen Tage ins Wasser. Züge werden abgesagt, Mottowagen bleiben in der Garage. Doch die Karnevalsgesellschaft in Pusemuckel weiß sich zu helfen.

Auch hier gibt es wieder unterschiedliche Ansätze. Im Beispiel wird die Lösung eines Problems versprochen. Alternativen:

Geben Sie dem Leser das Gefühl, dass er etwas Wichtiges verpasst, wenn er nicht auf den Artikel klickt:

Viren können ein Handy fast völlig zerstören. Guten Schutz bieten Virenscanner, die regelmäßig auf den neuesten Stand gebracht werden. Die Viren werden neutralisiert oder gelöscht. Doch es gibt noch ein Problem.

Versprechen Sie dem Leser einen Vorteil, den er nicht verpassen möchte:

Wer mit dem XYZ-Programm arbeitet, muss sich um die Suchmaschinenoptimierung keine Sorgen machen. Die richtigen Keywords werden automatisch ermittelt und in den Quelltext eingebaut. Und es gibt noch einen Vorteil.

Erzählen Sie eine Geschichte, die der Leser weiter verfolgen möchte:

Monika S. ist als Au-pair-Mädchen in einer kriminellen Familie untergebracht worden. Fast täglich wurde sie mit Gewalt, Drogen und Prostitution konfrontiert. Dass sie überlebte, verdankt sie nur einem einzigen Umstand.

Der »Warum das denn?«-Effekt:

Zugegeben, ich habe den Namen dieses Effekts frei erfunden, aber das ändert ja nichts an seiner Wirksamkeit. Schreiben Sie Teaser, bei denen der Leser sofort denkt: »Warum das denn?«

Eigentlich haben Faxgeräte ausgedient. Sie stehen nutzlos im Büro herum, nehmen nur Platz weg, und jüngere Mitarbeiter wissen noch nicht mal mehr, wie man sie bedient. Dennoch sollte jeder Einzelhändler ein Faxgerät im Büro haben.

Werfen Sie Fragen auf:

Wer ein Smartphone hat, braucht keine Kamera mehr. Zumindest gilt das für Hobbyfotografen, die nur schnell Selfies oder Schnappschüsse machen wollen. Doch welches Smartphone hat die beste Kamera?

Tipp

Machen Sie im Teaser keine kryptischen Andeutungen.

Lange Nächte, dunkler Himmel. Nebelschwaden ziehen übers Land. Ob das hier der richtige Weg ist? Das Labyrinth scheint kein Ende zu nehmen.

Der Leser wird das »Rate-mal-worum-es-geht-Spiel nicht mitmachen. Lesen Sie sich die Beispiel-Teaser durch. In jedem einzelnen wird sofort klar, worum es geht. Ohne eine klare Ansage wird kaum jemand auf »Weiterlesen« klicken.

Bei sachlichen Texten wie Studien oder Fachartikeln bietet es sich an, das Fazit in die Einleitung zu setzen. In unserem Fall machen wir es etwas spannender und wählen eine blumigere Ausdrucksweise:

> ***Wollen Sie eine Jungfrau mit bewegter Vergangenheit kennenlernen? Auf einer Busreise nach Kopenhagen erfahren Sie jetzt, was die über 100 Jahre alte Skulptur der »Kleinen Meerjungfrau« für ein tragisches Schicksal hat.***
>
> *Die Statue der kleinen Meerjungfrau aus Hans Christian Andersens gleichnamiger Erzählung ist das weltweit kleinste und am häufigsten restaurierte …*

4.5.4 Überschrift

Aus der Einleitung können Sie nun eine Überschrift machen.

> **Jetzt buchen: Ihre Busreise zur Meerjungfrau**
>
> *Wollen Sie eine Jungfrau mit bewegter Vergangenheit kennenlernen? Auf einer Busreise nach Kopenhagen erfahren Sie im Juni, was die über 100 Jahre alte Skulptur der »Kleinen Meerjungfrau« für ein tragisches Schicksal hat. ...*

Die Überschrift ist wohl die schwierigste Aufgabe beim Texten. Sie muss einen Hinweis auf den Inhalt des Artikels geben und sie sollte neugierig machen. Im Internet kommt die Suchmaschinenoptimierung hinzu.

Tipps für Überschriften

Die meisten ungeübten Texter scheitern an der Überschrift. Da muss es doch irgendeine Anleitung geben, nach der man vorgehen kann, statt stundenlang auszuprobieren, zu streichen, zu verzweifeln und neu anzufangen.

Na ja, auch bei der Überschrift gibt es keine pauschalen Lösungen. Aber selbstverständlich kann man Mustern folgen, die sich bewährt haben.

Bauen Sie Zeitdruck auf:

Nur noch heute: kostenlose Rahmen zum Kunstdruck

Limitierte Auflage: Schnappen Sie Ihr Tisch-Set!

Bieten Sie etwas Neues:

Neu: jetzt auch Wolle und Stricknadeln im Shop

Warnen Sie die Leser:

Vorsicht! Diese Viren killen Ihr iPhone!

Bieten Sie etwas Exklusives:

Nur bei uns: Sonderdrucke zur Vernissage von XYZ

Bieten Sie eine Anleitung:

So vermeiden Sie einen Sonnenbrand.

Wie Sie in zwei Tagen London kennenlernen

Fragen Sie etwas:

Sind Sie auch so müde? Wir zeigen Ihnen, wie Sie wieder wach werden.

Nutzen Sie einen bekannten Titel (Film, Buch, Song, Zitat, Sprichwort) und wandeln Sie ihn ab:

Die unerträgliche Leichtigkeit des Lesens – Nur noch Comics statt Weltliteratur?

Ersetzen Sie einzelne Worte durch ähnlich klingende:

Smombie-Apokalypse: Alle starren aufs Display.

Behaupten Sie etwas:

Die Benzinpreise werden steigen.

Listen Sie etwas auf:

5 Argumente für das Tragen von Hüten

Animieren Sie zum Mitmachen:

Schicken Sie uns Ihre Nudelrezepte!

Appellieren Sie an etwas:

Suchmaschinenoptimierung? Denken Sie an die Details!

Überraschen Sie den Leser mit Fragen oder Aussagen:

Wie riechen Zahlen? Ein Autist erzählt aus seiner Welt.

Gut, dass Sie pleite sind! Warum Geld unglücklich macht.

Beziehen Sie den Leser mit ein:

Überfall vor Ihren Augen. Was würden Sie tun?

Benutzen Sie Gegensätze:

Kleine Rente, große Reise? Klar geht das!

Abb. 4.4: Sie suchen Gegensätze? Auf dieser Webseite werden Ihnen Antonyme zu Ihren Begriffen angezeigt.
Quelle: `http://gegensatz-von.com/`

Benutzen Sie Wortwiederholungen:

Wilder Westen, wilder Urlaub: Abenteuer in Amerika

Informieren Sie einfach:

Fußball: Kölner Fans planen Demo zum Derby.

4.5.5 Fazit und Handlungsaufforderung

Schließen Sie Ihren Text mit einer Handlungsaufforderung ab, damit der Besucher Ihrer Webseite weiß, was er als Nächstes machen soll oder kann. Bei manchen Texten ist eine Handlungsaufforderung nicht sinnvoll. In diesem Fall können Sie unter dem Text auf weitere Artikel oder ähnliche Angebote auf Ihrer Webseite verweisen. Unser Beispieltext über die Busfahrt nach Kopenhagen könnte folgendermaßen abgeschlossen werden:

> *Sie wollen mehr über die Geschichte der kleinen Meerjungfrau wissen? Melden Sie sich bis zum 23.04.2019 für die Busreise nach Kopenhagen an.*
>
> *Hier geht es zum Anmeldeformular.*

4.6 Do it yourself

- Machen Sie eine Liste mit Wörtern, die Sie gerne im Zusammenhang mit Ihrem Angebot lesen
- Machen Sie eine Liste mit Wörtern, die Sie auf keinen Fall im Zusammenhang mit Ihrem Angebot lesen wollen
- Erstellen Sie eine Corporate-Wording-Liste für alle Mitarbeiter des Hauses
- Legen Sie fest, welche Struktur der Text haben soll, den Sie schreiben wollen (chronologisch, argumentativ, ...)
- Achten Sie auf den richtigen optischen Aufbau des Textes zum Scannen und Skippen
- Erstellen Sie den Text in fünf Schritten

Kapitel 5

Feinschliff der Texte

Der Text ist fertig? Wetten nicht! Es gibt zahlreiche Stolpersteine und Lesebremsen, die sich in die Sätze schleichen. Selbst erfahrene Texter sind davor nicht sicher. Die erste Version des Textes ist also nicht viel mehr als ein Rohentwurf. Nun geht es an den Feinschliff. Der Inhalt wird in Hinsicht auf drei Bereiche geprüft: Verständlichkeit, Glaubwürdigkeit und Anschaulichkeit.

Erst wenn alle drei Punkte abgehandelt sind, ist der Text reif für die Veröffentlichung. Viele der nachfolgenden Tipps kennen Sie vielleicht aus klassischen Schreibratgebern, die sich nicht explizit mit Webtexten beschäftigen, denn Inhalte sollten generell verständlich, glaubwürdig und anschaulich sein. Wenn Sie aber Webseitentexte erstellen, sind diese Eigenschaften doppelt und dreifach wichtig.

5.1 Verständlichkeit

Webtexte müssen leicht verständlich sein. Der Leser möchte nicht großartig nachdenken, sondern die für ihn wichtigen Infos ohne Anstrengung ausfiltern. Klar, dass Fremdwörter, Fachbegriffe und komplizierte Satzkonstruktionen diesem Vorhaben im Weg stehen. Orientieren Sie sich einfach an Ihrem aktiven Wortschatz, also an den Begriffen, die Sie auch im Alltag benutzen. Im normalen Sprachgebrauch gibt es nur selten Niederschlag. Sie sprechen von Regen, Hagel oder Schnee. Sie verfügen auch nicht über einen Rasenmäher, der im Sommer oft zum Einsatz kommt. Sie besitzen einen Rasenmäher, den Sie im Sommer oft benutzen. Es kommt im Alltag nicht vor, dass Sie erzählen, dass Sie gleich ins Filmtheater gehen. Sie gehen ins Kino. Nutzen Sie auch für Ihre Webtexte die gebräuchlichen Formulierungen!

Doch es gibt noch viele weitere Details, die einen Text sperrig oder sogar unverständlich machen. Im Umkehrschluss gibt es Tricks und Kniffe, mit denen man die Sätze fürs Internet leseleicht und verständlich gestalten kann.

Überflüssige Sätze und Wörter streichen

Im ersten Schritt sollten Sie alle Sätze und Wörter löschen, die nicht unbedingt notwendig sind. Das fällt nicht immer leicht, weil Sie ja gerade erst mühsam die Inhalte und Formulierungen zusammengebastelt haben. Dennoch: Es werden sich Wörter und Sätze eingeschlichen haben, die Sie löschen können, ohne dass der Text inhaltlich verfälscht wird.

Ein Beispiel aus unserem Text:

Dennoch überlegen die Stadtväter, das Wahrzeichen der Stadt vom Ufer weg weiter ins Meer zu setzen, um dem Vandalismus Einhalt zu gebieten.

Es gibt gleich drei Wörter, die Sie in diesem Satz problemlos streichen können. Dabei wird sogar noch eine Dopplung (Stadt) aus dem Text genommen.

Dennoch überlegen die Stadtväter, das Wahrzeichen vom Ufer weg ins Meer zu setzen, um dem Vandalismus Einhalt zu gebieten.

Substantive – Nominalstil

Substantive nehmen das Tempo aus dem Text und wirken an vielen Stellen gestelzt. Prüfen Sie, welche Substantive unnötig sind. In vielen Fällen wirken Verben einfach lockerer und natürlicher.

Dennoch überlegen die Stadtväter, das Wahrzeichen vom Ufer weg ins Meer zu setzen, um dem Vandalismus Einhalt zu gebieten.

Dennoch überlegen die Stadtväter, das Wahrzeichen vom Ufer weg ins Meer zu setzen, um Vandalismus zu verhindern.

Weitere Beispiele:

- zum Einsatz bringen – einsetzen
- telefonisch in Verbindung setzen – anrufen, telefonieren

- einen Beschluss fassen – beschließen

Machen Sie es nicht komplizierter als es ist!

Logik und Sinnzusammenhänge

Prüfen Sie genau, ob im Text die Sinnzusammenhänge stimmen. Oft merkt man beim Schreiben nicht, dass man in Gedanken einer Logik folgt, die bei anderen zu Verwirrung führen kann.

Ein Beispiel aus dem Text:

Er war damals von der Primaballerina Ellen Price, die in der Ballettaufführung »Die kleine Meerjungfrau« auftrat, dermaßen angetan, dass er kurzerhand den Bildhauer Edward Eriksen mit der Erstellung der Figur beauftragte. Das Gesicht der kleinen Meerjungfrau trägt daher ihre Gesichtszüge.

Der erste Satz schließt mit der *Figur*. Der Folgesatz besagt, dass die kleine Meerjungfrau *ihre Gesichtszüge* trägt. Streng genommen würde das bedeuten, dass die kleine Meerjungfrau die Gesichtszüge der Figur trägt. In diesem Fall wird der Leser vielleicht noch mitdenken können und den letzten Satz auf die Primaballerina beziehen. In anderen Fällen sucht der Leser jedoch verwirrt nach dem richtigen Bezug.

Passivsätze umwandeln

Suchen Sie den Text nach Passivsätzen ab und wandeln Sie diese – wenn möglich – in aktive Formulierungen um. Der Text wird dadurch anschaulicher und lebendiger.

Beispiel aus dem Text:

Im Jahre 1913 wurde die Skulptur der Stadt Kopenhagen übergeben, und sie erfreute sich so großer Beliebtheit, dass sie nach und nach zum Wahrzeichen wurde. Seit 1961 ist die »Ruhe« der kleinen Meerjungfrau, die melancholisch aufs Meer hinaus schaut, jedoch vorbei. Sie wurde geköpft, mit Farbe beschmiert, mit einem Bikini verziert, einmal wurde ihr der Arm abgesägt und 2003 wurde sie sogar komplett vom Sockel gerissen und ins Meer geworfen.

Ohne Passivsätze sieht der Text so aus:

Carl Jacobsen schenkte die Skulptur 1913 der Stadt Kopenhagen. Die kleine Meerjungfrau war so beliebt, dass sie bald schon zum Wahrzeichen der Hauptstadt wurde. Seit 1961 ist die »Ruhe« der kleinen Meerjungfrau, die melancholisch aufs Meer schaut, jedoch vorbei. Vandalen köpften die Meerjungfrau. Spaßvögel beschmierten sie mit Farbe oder verzierten sie mit einem Bikini. Andere sägten ihr den Arm ab und 2003 rissen Unbekannte die Statue sogar komplett vom Sockel und warfen sie ins Meer.

Lange Sätze kürzen

Kurze Sätze sind wesentlich einfacher zu lesen und zu verstehen. Am Bildschirm spielt das eine besondere Rolle, denn das Lesen am Monitor ist anstrengend. Die Schmerzgrenze der meisten Leser liegt bei 10 bis 15 Wörtern. Wenn Sie sinnvoll kürzen können, sollten Sie es tun.

Beispiel aus dem Text:

Die Statue der kleinen Meerjungfrau aus Hans Christian Andersens gleichnamiger Erzählung ist das weltweit kleinste und am häufigsten restaurierte und neu erstellte Wahrzeichen einer Hauptstadt.

Der Einstieg in den Text ist mit einem Satz aus 25 Wörtern langatmig und ziemlich kompliziert. Mit kürzeren Sätzen bringen Sie mehr Schwung in die Geschichte:

Sie kennen die Geschichte der kleinen Meerjungfrau von Hans Christan Andersen? Wussten Sie auch, dass die Nixe gleich zwei Rekorde hält? Sie ist als Statue in Kopenhagen das weltweit kleinste Wahrzeichen einer Hauptstadt. Und kein Wahrzeichen der Welt wurde so oft restauriert und neu angefertigt wie diese kleine Meerjungfrau.

Lange Wörter trennen

Was mit Sätzen funktioniert, funktioniert auch mit Wörtern. Insbesondere solche, die aus zwei Wörtern zusammengesetzt sind, lassen sich für eine bessere Lesbarkeit trennen. Andere Wörter, die kompliziert oder zu lang sind, sollten Sie durch einfache Synonyme ersetzen.

Beispiel aus dem Text:

Die nur 125 cm hohe und 175 kg schwere Steinskulptur steht am Hafen in Kopenhagen.

Die nur 125 cm hohe und 175 kg schwere Skulptur aus Stein steht am Hafen in Kopenhagen.

Wortlänge

Im Internet müssen Wörter kurz sein! Noch eine Richtlinie, die im ersten Moment schlüssig klingt. Doch ganz so einfach ist es nicht. Wörter im Internet müssen in erster Linie verständlich sein. Es kommt hierbei nicht nur auf die Länge, sondern auch auf die Anzahl der Silben und das Wort selber an.

Wörter, die aus maximal zwei Silben bestehen und dem allgemeinen aktiven Wortschatz entstammen, sind optimal fürs Web. Ein Beispiel:

Schlammschlacht = 2 Silben. Das Wort kennt jeder! 15 Buchstaben.

Ähnlich lang ist folgendes Wort:

Dreiseitenkipper = 5 Silben. Beamtendeutsch für Schubkarre. 16 Buchstaben.

Die beiden Wörter sind ungefähr gleich lang. Dennoch ist das eine einfach zu lesen und verständlich (Schlammschlacht), während das andere den Lesefluss bremst und ein dickes Fragezeichen hinterlässt.

Auch im Bereich der Wortlänge gibt es also keine pauschale Regel. Wenn Sie allerdings aus einem langen Wort problemlos zwei Wörter bilden können, sollten Sie es mit Blick auf die bessere Lesbarkeit machen. Oder trennen Sie die Wörter mit einem Bindestrich. Beispiele:

Personalausweisgebühr = Gebühr für den Personalausweis

Weißkohlsalat = Weißkohl-Salat

Satzlänge

In vielen Ratgebern liest man in Bezug auf die Satzlänge: »Je kürzer, desto besser.« Ich möchte das ein wenig relativieren, denn ein Text, der ausschließlich aus sehr kurzen Sätzen besteht, liest sich wie ein Übungstext für Schüler der ersten Klasse. Auf einer Webseite für Kinder mag das angemessen sein. Auf der Seite eines Unternehmens wirkt es laienhaft:

Wir bauen Häuser. Unsere Häuser sind günstig. Sie wählen ein Modell. Hierfür gibt es einen Katalog. Wir stellen das Haus auf. Unser Team besteht aus Fachleuten.

Die Formel »Je kürzer, desto besser« geht also so nicht auf. Es ist richtig, dass Webtexte nicht unnötig lang sein sollten. Das gilt übrigens für jeden Text! Es ist aber durchaus erlaubt, anständige Satzgefüge mit Haupt- und Nebensätzen zu bilden. Als lockere Richtlinie kann man vielleicht sagen: Wenn der Satz im Web die 15-Wörter-Grenze überschreitet, wird es langsam kritisch. Prüfen Sie dann, ob er in zwei Sätze aufgeteilt werden kann.

Absolut richtig ist jedoch in diesem Zusammenhang:

Alles, was für die Aussage des Satzes überflüssig ist, sollte gestrichen werden!

Jeder Satz sollte nur einen Gedankengang enthalten.

Hier geht es aber weniger um eine optimale Satzlänge als vielmehr um die Verständlichkeit.

Abkürzungen

Abkürzungen unterbrechen den Lesefluss und machen einen Text sehr holprig. Schreiben Sie die Angaben lieber aus. Wir nehmen uns den letzten Satz also nochmal vor und kürzen ihn bei dieser Gelegenheit gleich.

Die nur 125 cm hohe und 175 kg schwere Steinskulptur steht am Hafen in Kopenhagen.

Die Skulptur aus Stein steht am Hafen in Kopenhagen. Sie ist nur 125 Zentimeter hoch und wiegt 175 Kilogramm.

Fremdwörter und Fachausdrücke

Gehen Sie nicht davon aus, dass die Leser alle Fremdwörter kennen, die Ihnen geläufig erscheinen. Auch mit Fachausdrücken, technischen und englischen Begriffen machen Sie den Text unter Umständen unverständlich.

Wenn Sie die Servicetexte beispielsweise hinter dem Menüpunkt »FAQ« verstecken, werden die meisten Besucher wahrscheinlich nicht auf die Idee kommen, dort nach Antworten auf ihre Fragen zu suchen. FAQ (Frequently Asked Questions) ist zwar für Internetprofis ein gängiger Begriff, aber nicht jeder Besucher ist ein Internetprofi. Gleiches gilt für andere Begriffe, die häufig auf Webseiten auftauchen: Login, Registrieren, Personalisieren der Benutzeroberfläche, Kunden-ID, Cookies, Browsereinstellungen und Bildschirmauflösung oder Shopping Cart, Outlet, Sale und Labels.

Sie bauen mit solchen Begriffen Barrieren auf. Der Besucher versteht Sie nicht und verschwindet wieder. Auch in den redaktionellen Beiträgen sollten Sie die Fremdwörter und Fachbegriffe, die nicht nötig sind, austauschen.

Beispiel aus dem Text:

Glücklicherweise sind die originalen Matrizen des Bildhauers Edward Eriksen bis heute erhalten, so dass die kleine Meerjungfrau notfalls immer wieder rekonstruiert werden kann.

Glücklicherweise sind die Formen, die Edward Eriksen benutzte, bis heute erhalten. Die kleine Meerjungfrau kann notfalls also immer wieder neu gegossen werden.

Füllwörter

Füllwörter strecken den Satz künstlich in die Länge. Manchmal sind sie für den Satzrhythmus wichtig, meistens kann man sie aber streichen, um die Sätze zu vereinfachen.

Glücklicherweise sind die Formen, die Edward Eriksen benutzte, bis heute erhalten. Die kleine Meerjungfrau kann notfalls also immer wieder neu gegossen werden.

Die Formen, die Edward Eriksen benutzte, sind bis heute erhalten. Die kleine Meerjungfrau kann notfalls neu gegossen werden.

Welcher, welche, welches und sowie

In vielen Texten tauchen die »Welcher, Welche, Welches«-Nebensätze auf, die niemand im normalen Gespräch benutzen würde. Sie klingen unnatürlich und ungeschickt.

Er war damals von der Primaballerina Ellen Price, welche in der Ballettaufführung »Die kleine Meerjungfrau« auftrat, dermaßen angetan, dass er kurzerhand den Bildhauer Edward Eriksen mit der Erstellung der Figur beauftragte.

Er war damals von der Primaballerina Ellen Price, die in der Ballettaufführung »Die kleine Meerjungfrau« auftrat, dermaßen angetan, dass er kurzerhand den Bildhauer Edward Eriksen mit der Erstellung der Figur beauftragte.

»Welcher, welche, welches« wird nur benutzt, wenn sich der Artikel wiederholen würde. Schöner klingt es jedoch, wenn Sie in so einem Fall ein Wort dazwischen setzen.

Die Handwerker, die die Küche aufbauen.

Die Handwerker, welche die Küche aufbauen.

Die Handwerker, die heute die Küche aufbauen.

Auch das Wörtchen »sowie« wird im alltäglichen Sprachgebrauch kaum verwendet. Ersetzen Sie es einfach durch »und« – schon wirkt der Satz natürlicher.

Hinter der über 100 Jahre alten Skulptur verbergen sich viele Geschichten und Anekdoten, die auf der Reise durch Hörspiele, Vorträge sowie Musik anschaulich vermittelt werden.

Hinter der über 100 Jahre alten Skulptur verbergen sich viele Geschichten und Anekdoten, die auf der Reise durch Hörspiele, Vorträge und Musik anschaulich vermittelt werden.

Machen Sie es nicht so kompliziert!

Hochtrabende Formulierungen wirken vielleicht in einer Doktorarbeit. In Webtexten sind sie nicht dienlich. Machen Sie es also nicht komplizierter als es ist!

Die regelmäßige Anwendung der Creme führt zu einem positiven Erscheinungsbild der Haut.

Besser: *Durch die Wirkstoffe der Creme wird die Haut glatter und wirkt jünger.*

Der Sonne kommt hierbei eine entscheidende Bedeutung zu, denn ...

Besser: *Die Sonne ist hierbei sehr wichtig, denn ...*

Es sollte sich ausreichend Sonnencreme im Gepäck befinden.

Besser: *Nehmen Sie ausreichend Sonnencreme mit!*

Experimentieren Sie nicht mit der Satzstellung

Es ist durchaus korrekt, die allgemein gebräuchliche Satzstellung umzudrehen. Vermeiden Sie diese Experimente aber lieber, denn der Lesefluss wird dadurch erheblich gestört. Der Leser muss umdenken, und das ist anstrengend, auch wenn der Prozess nur Sekunden dauert und unbewusst abläuft.

Üblich ist es, den Satz einfach zu formulieren.

Besser: *Es ist üblich, den Satz einfach zu formulieren.*

Gut aufgehoben ist die Milch im Kühlschrank.

Besser: *Die Milch ist im Kühlschrank gut aufgehoben.*

Den Ball zu treffen, ist schwierig.

Besser: *Es ist schwierig, den Ball zu treffen.*

5.2 Anschaulichkeit

Vor allem bei Ratgebern, Erlebnisberichten oder Themen aus den Bereichen Unterhaltung, Reise, Kunst, Kultur und Freizeit sollten Texte anschaulich geschrieben sein.

Starke Substantive

Texte müssen Bilder im Kopf erzeugen, egal, ob es sich um einen Roman, einen Blogbeitrag, einen Ratgeberartikel oder um eine Produktbeschreibung handelt. Oberbegriffe sind hierfür kaum geeignet. Werden Sie konkreter! Machen Sie aus dem Regen einen Nieselregen, Platzregen, Dauerregen oder einen Regenschauer! Machen Sie Oberteile zu Jacken, Sweatshirts, Pullovern oder Blusen! Machen Sie Orte zu Metropolen, Kleinstädten oder Dörfern und das Gebäude zum Fachwerkhaus, zum Wolkenkratzer, zur Villa oder zum Bürokomplex! Sie werden sehen, dass die Sätze lebendiger werden.

Beispiel:

Sie fror in ihrem dünnen Oberteil, dem Rock und den Schuhen, trat in die Halle des Gebäudes und verfluchte den Regen, der ihre Frisur zerstört hatte.

Ersetzen Sie die Oberbegriffe durch punktgenaue Substantive!

Sie fror in ihrer dünnen Seidenbluse, dem Minirock und den Pumps, trat ins Foyer des Wolkenkratzers und verfluchte den Platzregen, der ihre Frisur zerstört hatte.

Lebendige Verben

Was für die Substantive gilt, gilt auch für die Verben. Im folgenden Beispiel werden schwache gegen starke Substantive und langweilige gegen lebendige Verben ausgetauscht:

Am Straßenrand stand ein Auto. Sie ging über die Straße, sah durch die Scheibe auf den Rücksitz und erschrak.

Am Straßenrand parkte ein Mercedes. Sie hastete über die Straße, spähte durch die Heckscheibe auf den Rücksitz und erschrak.

Wirkungsvolle Adjektive

Mit Adjektiven sollten Sie in Ihren Texten sparsam umgehen, damit der Text glaubwürdig bleibt. Die Adjektive, die Sie verwenden, erhalten dadurch mehr Gewicht. Achten Sie darauf, dass Sie auch hier aussagekräftige Wörter benutzen, die Emotionen transportieren oder Bilder erzeugen.

groß – haushoch, kolossal, bombastisch, riesig, ungeheuerlich

schön – geschmackvoll, charmant, elegant, gepflegt, apart, adrett

laut – ohrenbetäubend, schallend, schrill, dröhnend, markerschütternd

Hinweis

Starke Substantive, lebendige Verben und wirkungsvolle Adjektive finden Sie am schnellsten, wenn Sie ein Synonymwörterbuch zur Hilfe nehmen.

Sprachbilder

Bilder, die jeder kennt, müssen nicht erklärt werden. Sie wirken von ganz alleine, rufen Assoziationen hervor und werden mit bestimmten Gefühlen verbunden. So können Sie mit wenig Worten viel ausdrücken. Vor allem bei Überschriften sind Bilder ein wirkungsvolles Werkzeug.

Wenn die Bundeskanzlerin die Notbremse zieht, das Gewinnspiel eine harte Nuss ist oder der neue Mittelklassewagen im Rampenlicht steht, wird der Text anschaulicher.

Wortwelten

Je nach Thema der Webseite können Sie Webtexte so anpassen, dass sie gezielt die Sinne und Interessen der Besucher ansprechen. Auf einer Webseite für Liebhaber klassischer Musik spielt der Kunde die erste Geige, auf der Webseite des Fotografen steht der Kunde im Fokus und auf der Webseite für Handwerker ist das Angebot »Der Hammer!«. Hierfür müssen Sie natürlich wissen – oder zumindest erahnen –, in welcher Erlebniswelt sich der Kunde wohlfühlt. Einige sind mit Klängen zu begeistern, die meisten mit visuellen Erlebnissen, andere mit dem Tastsinn.

Es ist auch möglich, einen ganzen Text hindurch in einer Wortwelt zu bleiben. Hierbei sollten Sie allerdings vorsichtig sein, denn zu viele Sprachbezüge zum Thema können schnell nerven.

Vergleiche

Auch mit Vergleichen bekommen Sie das Kopfkino der Leser in Gang. Wenn Kinderaugen wie Sterne funkeln, das Grundstück dreimal größer als ein Fußballfeld ist, der Motor wie eine zufriedene Katze schnurrt oder die Haut sich wie ein Pfirsich anfühlt, dann können Sie sicher sein, dass die Leser sehen, hören oder fühlen, was Sie aussagen wollen. Auch hier gilt: Setzen Sie Vergleiche sparsam ein und achten Sie auf originelle Formulierungen, die nicht in jeder zweiten Werbebotschaft verwendet werden.

5.3 Glaubwürdigkeit

Die Glaubwürdigkeit spielt im Internet eine übergeordnete Rolle, denn im Web gibt keine Instanz, die kontrolliert, nachprüft oder für Qualität sorgt. Der Leser muss sich auf seinen persönlichen Eindruck vom Anbieter verlassen und ist dementsprechend skeptisch. Vermeiden Sie also besser Formulierungen, die misstrauisch machen, und nutzen Sie Möglichkeiten, Ihre Aussagen zu untermauern.

Aussagen belegen

Wenn man bedenkt, dass im Internet jeder Texte veröffentlichen kann, ist es nachvollziehbar, dass der Leser besonders skeptisch ist. Zu jeder Frage gibt es unzählige Antworten, die sich oftmals widersprechen. Außerdem ist es allgemein bekannt, dass sich gerade Unternehmen und Shops besonders vorteilhaft präsentieren und dabei mitunter übertreiben. Glaubwürdigkeit ist daher eine sehr wichtige Eigenschaft eines guten Webtextes.

Neben den Formulierungen, die einen Text überzeugender machen, trägt auch der inhaltliche Aufbau dazu bei, die Aussagen zu untermauern. Folgen Sie beim Texten dem Aufbau: Aussage – Begründung – Beweis.

Aussage: Wenn Sie Design-Ideen suchen, sind Sie hier richtig.

Begründung: Klock & Söhne ist seit 30 Jahren im Geschäft.

Beweis: Beispielprojekte

Ein Text muss nicht zwangsläufig mit einer Aussage beginnen. Wenn Sie aber irgendwo eine Behauptung aufstellen, sollten Sie unbedingt prüfen, ob Sie auch eine Begründung geliefert haben. Wenn Sie eine Begründung geliefert haben, sollten Sie versuchen, einen Beweis beizufügen.

Superlative

Auf Ihrer Webseite finden die Besucher die besten Urlaubsziele und die tollsten Hotels, die modernsten Notebooks oder das größte Schuhsortiment? Ihre Preise sind supergünstig und Ihr Service ist phänomenal? Das wird Ihnen niemand glauben. Zumindest nicht, wenn Sie es so formulieren. Lassen Sie die Superlative weg und arbeiten Sie mit Fakten!

Bieten Sie lieber eine große Auswahl an interessanten Urlaubszielen und ausgesuchte Hotels an, die von Kunden bewertet wurden. Schreiben Sie, dass es bei Ihnen Notebooks mit den neuen Features und Komponenten XYZ gibt. Werben Sie mit einem Schuhsortiment, in dem die Kunden Modelle von über 100 bekannten Herstellern finden. Bieten Sie ein Rückgaberecht oder eine Kostenerstattung an, wenn Kunden die gleichen Produkte in einem anderen Shop zu einem günstigeren Preis sehen, und stellen Sie den ausgezeichneten Kundenservice detailliert vor.

Die potenziellen Kunden werden tagtäglich mit so vielen Superlativen und Werbesprüchen überschüttet, dass sie weder an diese Aussagen glauben noch darauf anspringen. Darüber hinaus können Sie rechtliche Probleme bekommen, wenn Sie einfach behaupten, der schnellste Pizzadienst in der Stadt oder der günstigste Anbieter von Markisen zu sein. Solche Aussagen müssen Sie belegen können. Mit Fakten und Beweisen sind Sie auf der sicheren Seite und gewinnen das Vertrauen der Leser.

Tatsachen schaffen

Mit einer kleinen Umformulierung können Sie aus Behauptungen im Handumdrehen Tatsachen machen. Ein Beispiel:

Der Monitor XYZ arbeitet besonders energiesparend.

Der Leser wird sich unweigerlich fragen, warum und wie der Monitor energiesparend arbeitet. Wenn daraufhin keine schlüssige Erklärung folgt, wird er der Aussage nicht glauben.

Der energiesparende Monitor hat eine Auflösung von 1680 x 1050 Pixeln.

Der Fokus liegt in diesem Satz auf der Auflösung. Die »energiesparende« Arbeitsweise wird nebenbei erwähnt und einfach zur Tatsache.

Beweise schaffen

Auf eine ähnliche Art können Sie auch Beweise schaffen, die den Text glaubwürdiger machen. Genau wie beim vorangegangenen Beispiel sollten Sie natürlich nicht lügen. Es geht um überzeugende Formulierungen und nicht um Vorspiegelung falscher Tatsachen.

Ein professionelles Bildbearbeitungsprogramm ist die Voraussetzung für gute Ergebnisse.

Sie sehen eine Aussage, die zwar stimmt, aber nicht unbedingt überzeugt. Holen wir doch die Profis mit ins Boot:

Jeder Grafiker weiß, dass ein professionelles Bildbearbeitungsprogramm die Voraussetzung für gute Ergebnisse ist.

Das klingt wesentlich überzeugender, und wer hört nicht gerne auf Grafiker, wenn er seine Bilder bearbeiten möchte?

Autoritäten und Studien

Wenn Sie die eher allgemeinen Gruppen gegen konkrete Fachleute oder bekannte Persönlichkeiten austauschen können, sollten Sie das tun. Auch Statistiken und Studien können für eine höhere Glaubwürdigkeit als Beweis herangezogen werden.

Tomaten sind gesund und können vielfältig verarbeitet werden.

Auch diese Aussage ist wahr, aber so richtig fasziniert wird der Leser nicht sein. Also nehmen wir eine bekannte Persönlichkeit zu Hilfe, die es wissen muss:

Auch der bekannte Fernsehkoch XYZ schwärmte jüngst in seiner Sendung vom Vitamingehalt und den Rezeptmöglichkeiten, die Tomaten bieten.

Verbindliche Aussagen

Bleiben Sie bei Ihren Webtexten so verbindlich wie möglich!

Wir werden uns schnellstmöglich bei Ihnen melden.

Wir werden uns innerhalb der nächsten 24 Stunden telefonisch bei Ihnen melden.

Rechtschreibung

Nichts ist unglaubwürdiger als eine Webseite voller Rechtschreibfehler. Prüfen Sie Ihre Texte unbedingt gründlich, bevor sie online gestellt werden.

- Nutzen Sie schon beim Verfassen ein Rechtschreibprogramm
- Drucken Sie den Text aus, um ihn aus anderer Perspektive zu sehen
- Prüfen Sie den Text speziell auf häufige Fehler (das, dass / Kommafehler / Groß-, Kleinschreibung)
- Lesen Sie den Text laut vor
- Schauen Sie sich den Text in einem anderen Schriftbild – Farbe, Schriftart, Größe – an, um nicht »betriebsblind« Fehler zu überlesen

- Lassen Sie einen Kollegen gegenlesen. Selbst erfahrene Texter finden die Fehler in ihren eigenen Texten nur schwer

5.4 Bildunterschriften nicht vergessen

Erinnern Sie sich? Sie sollen Ihre Leser nicht langweilen. Dazu gehören auch Bildunterschriften. Schreiben Sie hier nicht den gleichen Text wie in den Zwischenüberschriften oder sogar in der Überschrift.

- Erklären Sie, was auf dem Bild zu sehen ist – nennen Sie insbesondere die Namen der Personen und ihre Reihenfolge (v.l.n.r,)
- Nutzen Sie die Bildunterschrift, um wichtige Keywords unterzubringen. Viele User suchen auch über die Google-Bildersuche nach Produkten. Für das Ranking betrachtet die Suchmaschine nicht nur die Dateinamen, die Alt-Texte (siehe Kapitel 6, »Suchmaschinenoptimierung (SEO)«), Größe und Format, sondern auch die Umgebung des Bildes, um auf den Inhalt zu schließen
- Im Internet sollte der Bildnachweis – also der Name des Fotografen – immer in der Bildunterschrift stehen
- Beschriften Sie unbedingt ALLE Bilder auf der Seite mit aussagekräftigen Kurztexten, die neugierig auf den Inhalt des Artikels machen. Die Bilder werden nämlich meist zuerst angeschaut. Nutzen Sie die Chance, sich den Leser zu angeln
- Achten Sie darauf, dass der Text zum Bild passt. Google ist zwar in Bezug auf die Bilder noch ein wenig blind, aber das wird sich ändern. Schon jetzt kann man nach »ähnlichen Bildern« suchen. Google wird irgendwann auch Motive auf Bilddateien erkennen können

5.5 Tools und Formeln

5.5.1 Nützliche Formeln

Sie müssen kein Werbeprofi oder Sprachwissenschaftler sein, um gute Webtexte zu schreiben. Es kann aber nicht schaden, sich die Formeln der Profis einmal anzuschauen. Vielleicht können Sie hier und da ein paar Tipps für den Textaufbau und die Formulierungen nutzen, ohne dass Sie gleich in die Tiefen der Modelle einsteigen.

PPPP-Methode

Die vier »P« dieser Methode bedeuten: Picture, Promise, Proof und Push.

Sie erstellen einen Text nach folgendem Muster:

Picture: Sie malen zuerst einmal mit Worten ein Bild. So beschreiben Sie beispielsweise einen schönen Urlaub, beruflichen Erfolg oder ein angenehmes Wohngefühl.

Promise: Es schließt sich das Versprechen an, dass dieses Wunschbild durch Ihr Angebot oder Ihre Dienstleistung in Erfüllung geht.

Proof: Nun führen Sie Beweise für diese Behauptung an. Dies können beispielsweise Kundenmeinungen, Referenzen, Umfragen oder Studien sein.

Push: Zum Schluss fordern Sie den Leser dazu auf, zu handeln: *Rufen Sie uns an ..., Bestellen Sie jetzt ..., Füllen Sie das Formular aus ...*

AIDA-Formel

Bei der Aida-Formel geht es nicht um ein Kreuzfahrtschiff oder eine Oper, sondern um »Attention, Interest, Desire, Action«.

Attention: Sie sorgen durch die Überschrift oder den ersten Satz für Aufmerksamkeit:

Die neue XYZ-Windel – optimaler Schutz für Ihr Baby

Interest: Sie erlangen das Interesse des Lesers, indem Sie die Vorteile herausstellen:

Die Windel ist weich, saugfähig und passt sich den Bewegungen an.

Desire: Sie wecken im Leser durch emotionale Formulierungen den Kaufwunsch:

Schützen Sie die empfindliche Haut Ihres Babys.

Action: Sie fordern den Leser zum Handeln auf.

Bestellen Sie hier: ...

Hamburger Verständlichkeitsmodell

Der Name verrät es schon. Auch hier geht es um die Verständlichkeit eines Textes. Das Modell geht von vier wichtigen Punkten aus, die einen Text verständlich machen:

- Einfachheit
- Gliederung
- Kürze
- Anschaulichkeit

Im Prinzip haben Sie in diesem Buch bereits alle Punkte des Hamburger Verständlichkeitsmodells erläutert bekommen. Insbesondere für Webtexte ist dieses Modell, das bereits vor über 30 Jahren von Psychologen entwickelt wurde, von großer Bedeutung.

NNA

Das NNA-Modell gilt für News und ist recht einfach:

- Eine Nachricht sollte neu sein
- Eine Nachricht sollte nützlich sein
- Eine Nachricht sollte aktuell sein

Neu und aktuell sind hierbei nicht unbedingt gleichzusetzen. Die Aktualität bezieht sich auf Trends und Themen, die gerade im Gespräch sind, während das Neue eine spezielle Information zu diesem aktuellen Thema ist.

5.5.2 Nützliche Tools

Im Internet gibt es eine ganze Reihe nützlicher Programme, die für Texter interessant sind. Wer mit der neuen Rechtschreibung Probleme hat, einen Slogan braucht oder den Textstil überprüfen möchte, kann die kleinen Helfer im Netz teils kostenlos, teils kostenpflichtig in Anspruch nehmen.

Mit dem Blindtextgenerator erhalten Sie einen Beispieltext mit einer beliebigen Anzahl an Wörtern und Absätzen. Dies kann dann interessant sein, wenn Sie testen wollen, wie lang ein Text auf einer Webseite sein sollte, damit das Design passt.

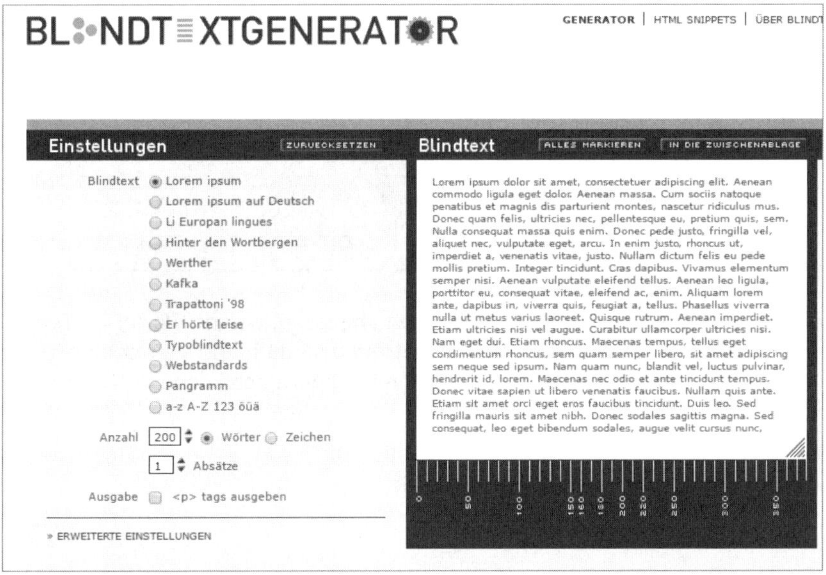

Abb. 5.1: `www.blindtextgenerator.de` – neben der Anzahl der Wörter und Absätze können Sie hier auch aus verschiedenen Blindtexten wählen und Schriftarten und Schriftgrößen einstellen.

Die neue deutsche Rechtschreibung ist zwar nicht mehr neu, dafür aber für viele Webmaster noch immer ein Buch mit sieben Siegeln. Selbst erfahrene Texter sind mitunter unsicher. Bei canoonet können Sie einfach Ihren Text ins Feld kopieren und überprüfen lassen.

Auch ein Übersetzungstool kann hilfreich sein, etwa wenn man die Bedeutung englischer oder französischer Begriffe ermitteln möchte oder aber gleich einen ganzen Text übersetzen will.

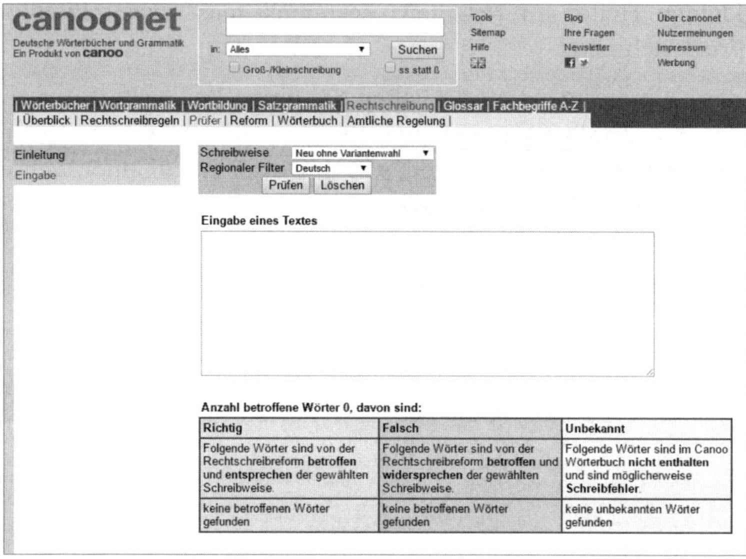

Abb. 5.2: Bei `www.canoo.net` wird Ihnen angezeigt, welche Wörter im Text von der Rechtschreibreform betroffen sind und ob sie richtig geschrieben wurden. Sie können hierbei verschiedene Prüfvarianten wählen.

Abb. 5.3: Auch wenn der Google-Übersetzer schon mal ein ziemliches Kauderwelsch ausspuckt, habe ich mit diesem Übersetzungs-Tool bisher die besten Ergebnisse erzielt.
`https://translate.google.de`

Redensarten können einen Text auflockern. Wenn man eine braucht, fällt einem aber nur selten eine ein. Der Redensarten-Index kennt beinahe alle Redensarten, Redewendungen, darüber hinaus idiomatische Ausdrücke und feste Wortverbindungen. Geben Sie einfach ein Stichwort ein und stöbern Sie in den Ergebnissen.

Abb. 5.4: Unter www.`sprichwoerter-redewendungen.de` können Sie sich zu einem Stichwort passende Redensarten und Erläuterungen dazu anzeigen lassen.

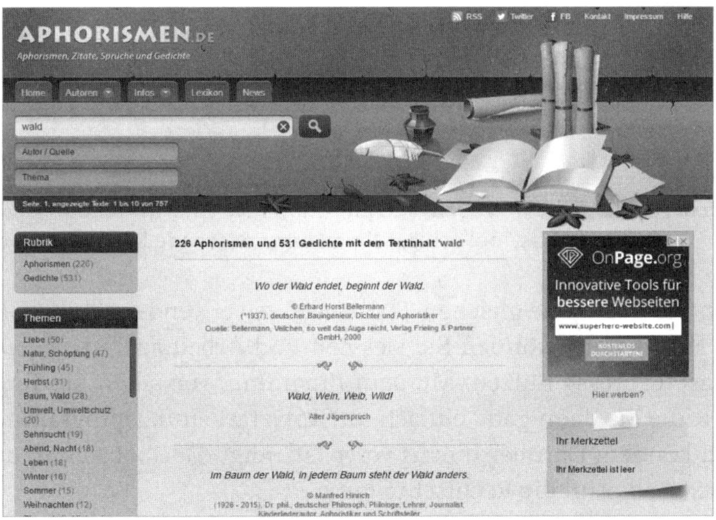

Abb. 5.5: Bei www.`aphorismen.de` finden Sie mehr als 200.000 Zitate, Sprüche und Gedichte.

Sie wollen reimen, Ihnen fehlen jedoch die richtigen Wörter? Kein Problem! Im deutschen Reimlexikon geben Sie einfach die Endung des Worts ein, für das Sie ein Reimwort suchen, und schon erhalten Sie eine Liste mit Vorschlägen.

Abb. 5.6: Auf der Seite `www.2rhyme.ch` können Sie eine Wortendung eingeben. Das Tool schlägt Ihnen dazu passende Reimwörter vor.

Wenn Sie häufig die gleichen Textbausteine verwenden, etwa in Mails oder Newslettern, können Sie viel Zeit und Arbeit sparen, indem Sie »Phrase Express« nutzen. Mit dem Programm verwalten Sie Textbausteine, die Sie dann ganz einfach im Textverarbeitungsprogramm einfügen können. Darüber hinaus vervollständigt das Tool Abkürzungen im Text und prüft die Rechtschreibung.

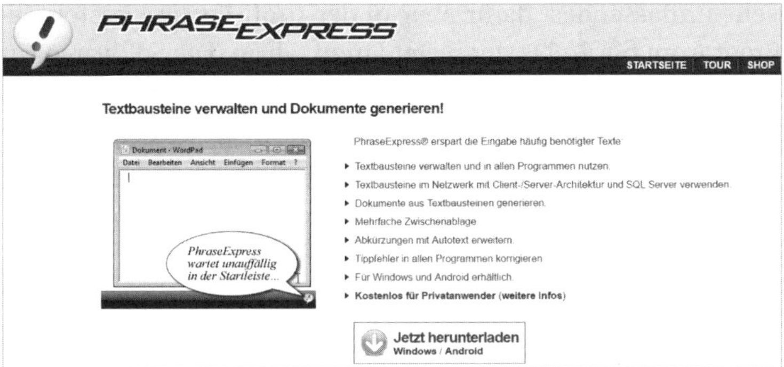

Abb. 5.7: Schneller Zugriff auf Textbausteine, Autovervollständigung und Rechtschreibkorrektur. Das Tool können Sie sich auf der Seite `www.phraseexpress.com/de` herunterladen.

Es ist nicht so einfach, die deutschen Wörter für Anglizismen zu finden. Viele Begriffe haben sich einfach so im Kopf festgesetzt, dass einem das deutsche Wort gar nicht mehr einfällt. Auf der Seite des Vereins Deutsche Sprache können Sie sich die Anglizismen übersetzen lassen.

Abb. 5.8: Den Anglizismen-Index finden Sie unter `www.vds-ev.de/index`.

Ein sehr umfassendes, dafür aber in der Profi-Version kostenpflichtiges Programm für Webtexter bietet LinguLab an. Die Software umfasst die Textanalyse, das Lektorat, die Suchmaschinenoptimierung und geht sogar auf die Barrierefreiheit Ihres Textes ein. Das bedeutet, dass er mit unterstützender Technologie auch von Menschen mit Sehbehinderung lesbar ist. Hierbei geht es um Details der Formatierung, um Alternativtexte für Bilder, Kontraste und Abkürzungen. Schritt für Schritt führt die Software Sie so durch die Sätze und zu einem optimalen Ergebnis.

Abb. 5.9: Das LinguLab-Programm gibt es in einer kostenlosen und verschiedenen kostenpflichtigen Varianten. `www.lingulab.de`

Kapitel 6

Suchmaschinenoptimierung (SEO)

Die Suchmaschinenoptimierung (englisch: Search Engine Optimization) ist im Internet das wichtigste Marketing-Instrument. Die meisten Internetnutzer starten ihre Online-Sitzung, indem sie Suchbegriffe bei Google eingeben, um Produkte, Informationen oder Dienstleistungen zu finden. Sie bekommen pro Suchbegriff oder pro Suchphrase unzählige Webseiten auf der Ergebnisliste angeboten. Doch die Geduld hält sich in Grenzen, und so schauen sie sich allenfalls die ersten Vorschläge an. Viele Untersuchungen haben gezeigt, dass fast ausschließlich die angebotenen Links der ersten drei Ergebnisseiten betrachtet werden. Ist nichts Relevantes dabei, gibt der User kurzerhand andere Suchbegriffe ein. Die Webseiten, die weiter hinten gelistet werden, haben also kaum eine Chance, beachtet zu werden. Für Webseitenbetreiber lohnt es sich deshalb, die Seiten so zu optimieren, dass sie bei der Eingabe relevanter Begriffe hoch oben gelistet werden.

Texte spielen eine besondere Rolle

Die Webtexte sind hierbei besonders wichtig. Sie helfen der Suchmaschine dabei, die Webseite thematisch einzuordnen. Die Crawler (Suchroboter) der Suchmaschinen durchforsten den Quelltext der Seite nach Text. Anhand der Begriffe werden die Themen und Schwerpunkte der Webseite ermittelt, und die entsprechenden Begriffe zur Seite werden mit in den Index eingeordnet.

Wenn Sie beispielsweise unter dem Begriff »Fotografie« gefunden werden wollen, muss das Wort irgendwo im Text auf der Seite auftauchen, damit sie überhaupt angezeigt wird, wenn jemand nach »Fotografie« sucht. Da auch viele andere Webseiten den Begriff »Fotografie« enthalten, bewertet die Suchmaschine die Relevanz Ihrer Seite in Bezug auf den Suchbegriff. Hierbei sind sehr viele unterschiedliche Kriterien ausschlaggebend, die in diesem Kapitel erläutert werden.

Marathon statt Sprint

Für Werbetreibende kommt es im Arbeitsalltag immer wieder zu tragisch-komischen Situationen in Sachen SEO. Etwa, wenn der Kunde sagt: »Ach ja, und dann optimieren Sie bitte noch die Seite für die Suchmaschine. Wir wollen ja gefunden werden.«

Wenn das mal alles so einfach wäre! Ist es aber nicht. Die Suchmaschinenoptimierung ist kein Sprint, sondern ein Marathon. Und wie bei jedem Marathon muss man sich lange darauf vorbereiten, damit man überhaupt ans Ziel kommt. Bitte verabschieden Sie sich JETZT von dem Gedanken, dass Sie Ihre Webseiten mal eben suchmaschinenoptimieren und dann bei Google ganz oben stehen.

Für die etwas erfahreneren Leser mit einfachem SEO-Hintergrundwissen: Verabschieden Sie sich bitte JETZT von der Vorstellung, dass Sie massenweise Keywords auf die Seite hauen müssen, um erfolgreich zu sein. Die Zeiten, in denen man möglichst viele Wiederholungen relevanter Begriffe auf der Seite haben sollte, sind vorbei.

Google hat dazugelernt und zieht gnadenlos mit der »Kundenbrille« auf der Nase durchs Netz, um die Angebote zu finden, die besonders gut zu den Suchbegriffen passen. Wie oft ein Suchbegriff auf der entsprechenden Seite zu finden ist, ist nicht mehr so ausschlaggebend. Der Inhalt als Ganzes zählt.

Semantik

Wenn Sie Bäcker sind, dann ist es ziemlich wahrscheinlich, dass nicht nur Worte wie »Brot« und »Brötchen« auf Ihrer Seite auftauchen, sondern auch »süß«, »Rezept«, »Getreide« und »Allergene«. Google setzt Begriffe in einen Zusammenhang. Anhand dieser semantischen Verbindungen entscheidet die Suchmaschine, wie relevant Ihr Angebot für die jeweilige Anfrage ist.

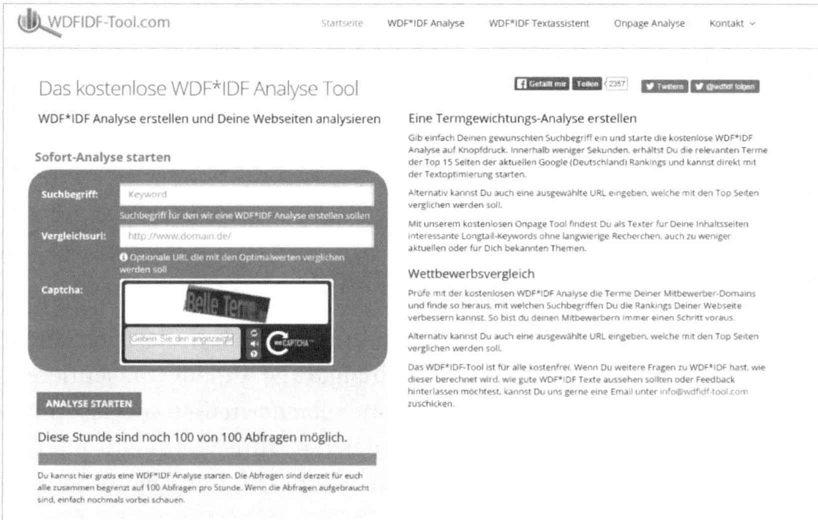

Abb. 6.1: Mit der WDF*IDF-Analyse können Sie sich anzeigen lassen, welche relevanten Terme auf Basis der Semantik zu einem bestimmten Keyword auf Ihrer Seite erscheinen sollten.
Quelle: `www.wdfidf-tool.com`

Wichtig

Es wird vielleicht manche erstaunen, aber das Design der Seite spielt für Google kaum eine Rolle. Fürs Ranking kommt es nach wie vor auf die Inhalte an, vornehmlich in Form von Texten. Eigentlich lustig, denn die meisten Unternehmen geben für das Webseiten-Design ihrer Internetpräsenz viel Geld aus, sehen aber eine Investition in den Text nicht ein. Sie sparen an der falschen Stelle.

Auch der ewige Kampf zwischen Grafik und Redaktion ist längst entschieden, wenn es um die Sichtbarkeit in der Suchmaschine geht. Texte sollten auf keinen Fall dem Design weichen müssen.

Das gilt auch für die neuen One-Pager, also für Webseiten, die man von oben nach unten durchscrollt. Ein schönes Design mit kleinen Inhaltshäppchen, aber leider vollkommen ungeeignet, um bei Google zu punkten. Hier empfehlen sich Kompromisse.

> **Tipp**
>
> Bauen Sie bei Parallax-Scrolling-Seiten (Webpräsenzen, bei denen alle Inhalte auf der Startseite zu sehen sind) unbedingt auch textreichere Unterseiten ein – einen Blog oder verschiedene Ratgeberseiten.

6.1 Kriterien für die Platzierung

Eigentlich dient jeder Tipp, den Sie in diesem Buch finden, der Suchmaschinenoptimierung. Wenn Sie einzigartige Inhalte präsentieren, die sich auf PC, Tablet und Smartphone gleichermaßen gut lesen lassen, wenn Sie im Sinne der Kunden denken, Ihre Webseiten pflegen und in den sozialen Netzwerken ebenso aktiv sind wie beim Online-Marketing, stehen Ihre Chancen schon sehr gut, bei Google hoch gelistet zu werden. Jedes einzelne Kriterium, das Google selber Webmastern ans Herz legt, dient dazu, dem User die BESTEN Ergebnisse anzuzeigen. Hier die ausschlaggebenden Punkte, die direkt oder indirekt mit dem Text einer Webseite zu tun haben:

Unique Content

Google ist bei kopierten Texten gnadenlos. Texte, die doppelt im Netz vorkommen, sind aus Suchmaschinensicht nicht viel wert. Mit Kopien können Sie keine Punkte sammeln, um auf der Ergebnisliste nach oben zu krabbeln. Die wichtigste Eigenschaft eines Webtextes ist und bleibt seine Einzigartigkeit. Insbesondere Online-Shop-Betreiber machen hier oft den Fehler, dass sie als Produktbeschreibungen die Herstellerangaben nutzen. Diese Texte verwenden aber auch sehr viele andere Anbieter. Hier wird die Chance vertan, bei Google hoch gelistet und somit von den Kunden besser gefunden zu werden. Im schlimmsten Fall fliegen Sie ganz aus dem Index, wenn Sie keine oder zu wenig eigene Inhalte schaffen.

Unter `www.copyscape.com` können Sie beispielsweise herausfinden, ob irgendwer Ihre Texte verwendet. Dazu geben Sie nur Ihre Webadresse ein. In der Premium-Version haben Sie unter anderem auch die Möglichkeit, sich anzeigen zu lassen, ob Texte, die Sie irgendwo in Auftrag gegeben haben, einzigartig oder kopiert sind.

Tipp

Wer sehr viele Produkte im Shop hat und unmöglich für alle individuelle Texte verfassen kann, der sollte sich zumindest die Top 100 heraussuchen und selber beschreiben. Sinnvoll ist es natürlich die Produkte zu wählen, die einen hohen Gewinn versprechen.

Konversionen

Immer, wenn Sie es schaffen, einen User zu einer Aktion im Zusammenhang mit Ihrer Seite zu bewegen, gibt es Pluspunkte von Google. Wird Ihr Ergebnis bei einer Suchanfrage angeklickt, bewertet Google das als positiv für Sie. Schaffen Sie es, den Leser dazu zu bewegen, Ihr Whitepaper oder eine andere Datei herunterzuladen, geht das »grüne Licht« bei der Suchmaschine an. Registriert sich jemand für Ihren Newsletter, füllt ein Formular aus oder bestellt Produkte in Ihrem Shop, geht bei Google der imaginäre Daumen nach oben.

Absprungraten

Andersherum misst Google auch die Absprungraten. Immer, wenn ein Besucher auf Ihrer Seite landet und sie ohne Aktion wieder verlässt, gibt es Punkteabzug. Sie kennen das: Sie klicken auf ein Suchergebnis, kommen auf eine Seite, die Ihnen auf Anhieb missfällt, und kehren zum Suchergebnis zurück.

Verweildauern

Google misst, wie lange sich ein Besucher auf Ihrer Seite aufhält. Bleibt er lange und klickt sich vielleicht sogar noch zu den Unterseiten durch, ist das für die Suchmaschine ein Indiz dafür, dass der Inhalt interessant ist. Es ist also auch in Bezug aufs Ranking in der Suchmaschine wichtig, den Besucher auf der Seite zu halten, etwa indem Sie ihm »ähnliche Artikel« anbieten oder auf weitere Angebote innerhalb Ihrer Internetpräsenz verweisen.

Anteil wiederkehrender Besucher

Weitere Pluspunkte fürs Ranking sammeln Sie, wenn Besucher regelmäßig auf Ihre Webseite zurückkehren. Bieten Sie deshalb unbedingt immer wieder frischen Content, damit es sich lohnt, Ihre Seite öfter zu besuchen.

Kundenbewertungen

Ganz klar: Wenn Kunden Ihre Seite öffentlich positiv bewerten, nimmt Google das zum Anlass, Ihr Angebot höher zu positionieren. Melden Sie sich also unbedingt bei den wichtigsten Bewertungsportalen im Internet an. Weisen Sie Ihre Kunden öfter deutlich darauf hin, dass Ihnen Ihre Bewertung wichtig ist.

Tipp

Hier erhalten Sie einen Überblick über die gängigsten Bewertungsportale im Internet:
`www.euroweb.de/blog/ bewertungsportale-im-ueberblick`

Tipp

Erstellen Sie ein Google-Places-Profil, damit Sie dort angezeigt und bewertet werden können. Reagieren Sie unbedingt auf Einträge und gehen Sie mit Kritik höflich um.

Abb. 6.2: Bei Google können Sie Ihr Unternehmen kostenlos eintragen lassen. Hierzu geben Sie Ihr Profil (möglichst unter Berücksichtigung der Keywords) ein. Besucher können hier auch eine Bewertung abgeben. Quelle: `www.google.com/intl/de/business`

Blogkommentare

Auch logisch: Je mehr Besucher in Ihrem Blog kommentieren, desto höher steigen Sie in der Gunst der Suchmaschine. Denn niemand macht sich die Mühe, in einem Blog, der für ihn uninteressant ist, einen Artikel zu kommentieren. Für Sie bedeutet das: Schreiben Sie ruhig auch einmal Artikel, die polarisieren und zu Diskussionen führen. Reagieren Sie auf Kommentare, um virtuelle Gespräche in Gang zu halten und moderieren Sie, wann immer es sinnvoll und nötig ist.

Influencer-Beziehungen

Generell sind alle Beziehungen, die Sie im Internet pflegen (Social Media, Kundenbewertungen, Kommentare), gut fürs Ranking, denn jede Beziehung bedeutet »Leben statt Karteileiche«. Es gibt schließlich genug brachliegende Seiten im Netz. Hervorzuheben sind aber die Influencer-Beziehungen. Wenn Ihre Seite von Leuten empfohlen wird, die als Meinungsmacher in Ihrer Branche gelten, steigt sie im Ansehen. Suchen Sie sich also passende Multiplikatoren und pflegen Sie die Beziehungen, z. B. indem Sie YouTube-Stars oder einschlägigen Blogs Rezensionsexemplare Ihrer Produkte oder Gutscheine für Ihre Dienstleistungen zwecks Test zur Verfügung stellen. Weitere Infos dazu finden Sie im Abschnitt 12.2.1, »Öffentlichkeitsarbeit und Influencer«.

Sichtbarkeit von Texten

Tabs oder »Click to expand«-Bereiche sind nicht sehr förderlich für ein gutes Ranking. Google bewertet die Texte, die auf diese oder andere Art »versteckt« sind, weniger hoch. Die Texte, die sofort ins Auge fallen, werden für die Bewertung des Inhalts herangezogen. In den Google-Richtlinien für Webmaster heißt es dazu:

> *»Stellen Sie sicher, dass die wichtigsten Inhalte Ihrer Website standardmäßig sichtbar sind. Google ist in der Lage, HTML-Inhalte zu crawlen, die sich hinter Navigationselementen wie Tabs oder maximierbaren Bereichen verbergen. Wir stufen diese Inhalte jedoch als weniger zugänglich für Nutzer ein und sind der Ansicht, dass die wichtigsten Informationen in der Standard-Seitenansicht sichtbar sein sollten.«*

Ladezeiten

Je schneller eine Seite lädt, desto kürzer muss der User warten. Es ist also wesentlich bequemer, wenn die Seite sich sofort aufbaut. Insbesondere dann, wenn man mit dem Smartphone oder Tablet online unterwegs ist. Zu große Bilder können unter anderem ein Grund dafür sein, dass es hakt.

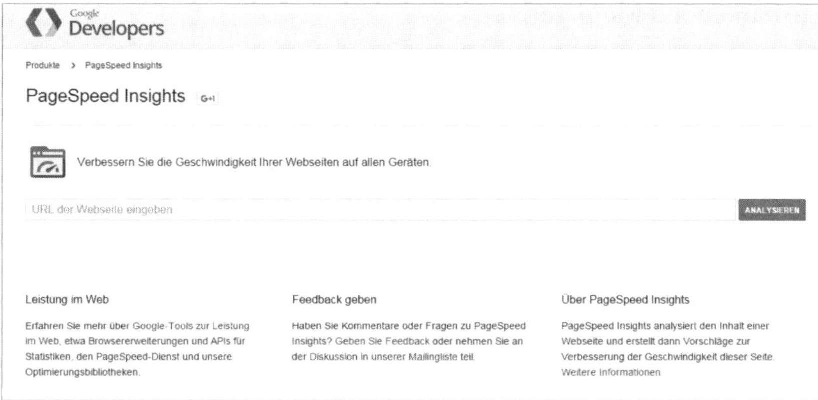

Abb. 6.3: Beim Google-Tool »PageSpeed Insights« müssen Sie nur Ihre URL eingeben und auf »analysieren« klicken. Schon bekommen Sie angezeigt, ob und wo es hakt. Quelle: `https://developers.google.com/speed/pagespeed/insights/`

Barrierefreiheit

Können Menschen mit Sehbehinderung sich auf Ihren Webseiten bewegen und Informationen erhalten? Die Barrierefreiheit ist auch ein Thema fürs Ranking. Hier geht es beispielsweise um die Nutzung eines Alt-Attributes bei Bildern (siehe Abschnitt 6.5.2, »Wohin mit den Keywords?«), um die richtige Formatierung der Texte (Abschnitte, Überschriften, Zeilenumbrüche) und den Seitenaufbau, so dass Screenreader die Seite vorlesen können.

Optimale Lesbarkeit

Auch die optimale Lesbarkeit für Besucher, die keine Sehbehinderung haben, spielt für Google eine Rolle. Hier geht es unter anderem um den optischen Aufbau mit ordentlichen Headlines und Zwischenüberschriften (Skippen und Scannen) oder um die Anzeige eines Inhaltsverzeichnisses mit Sprungmarken bei langen Texten.

Lesbarkeit auf Mobilgeräten

Inzwischen gehört es zum absoluten Standard, dass eine Webseite oder ein Shop »responsive« ist. Das bedeutet, man kann sämtliche Inhalte auch problemlos auf mobilen Geräten wie Smartphones oder Tablets anschauen (siehe Abschnitt 3.12).

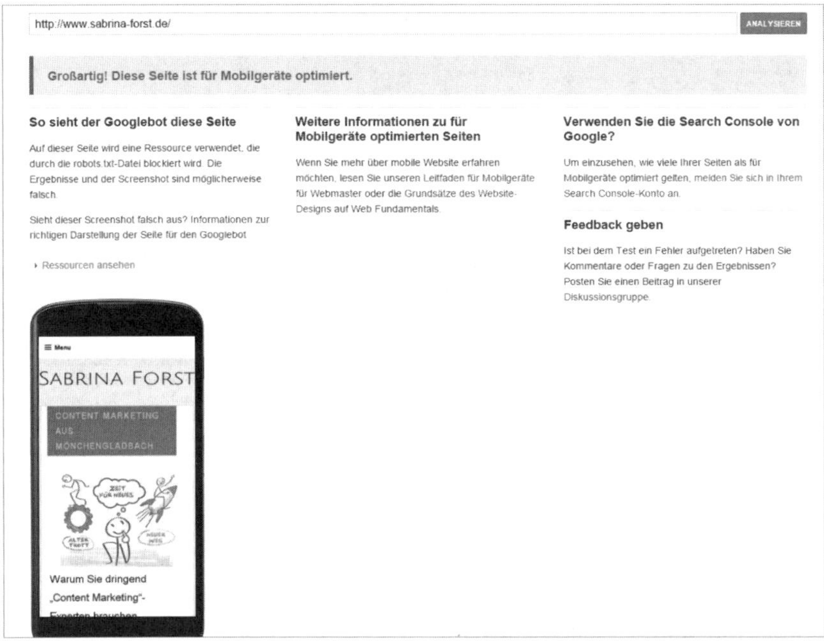

Abb. 6.4: Über ein Tool von Google können Sie testen, ob die Seite als »mobile friendly« eingestuft wird. Dazu geben Sie einfach die URL ein. Das Ergebnis erscheint unter anderem auf dem virtuellen Handy-Display. Darüber hinaus kann man sich zu weiteren Infos zur »Optimierung für Mobilgeräte« durchklicken. Quelle: `www.google.com/webmasters/tools/mobile-friendly`

> **Tipp**
>
> Bitte weisen Sie Ihren Programmierer auch auf das AMP-Projekt hin: `www.ampproject.org`

Das Open-Source-Projekt von Google kombiniert Techniken mit bestimmten Anweisungen, so dass Webseiten auch auf Mobilgeräten schnell laden. Dabei wird zum Beispiel die übertragene Datenmenge reduziert. Sollte Ihre Seite mit Wordpress erstellt worden sein, können Sie einfach das entsprechende kostenlose Plug-in installieren.

404-Seite

Einen Pluspunkt können Sie sammeln, wenn Sie Ihre Fehlerseite aufmotzen. Statt dem »404 – page not found« sollten Sie erklären, was passiert ist und was Sie als nächsten Schritt empfehlen. Verweisen Sie zum Beispiel auf die Suchfunktion Ihrer Seite oder bieten Sie einige Links zur Auswahl an.

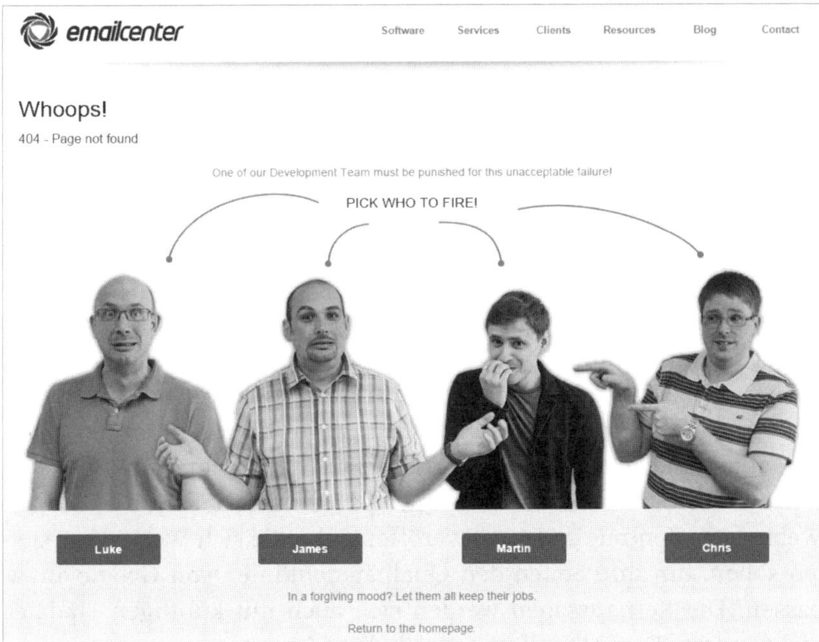

Abb. 6.5: Auf der Webseite des »emailcenter« darf man sogar jemanden feuern, wenn eine Seite nicht gefunden wird.
Quelle: `www.emailcenteruk.com`

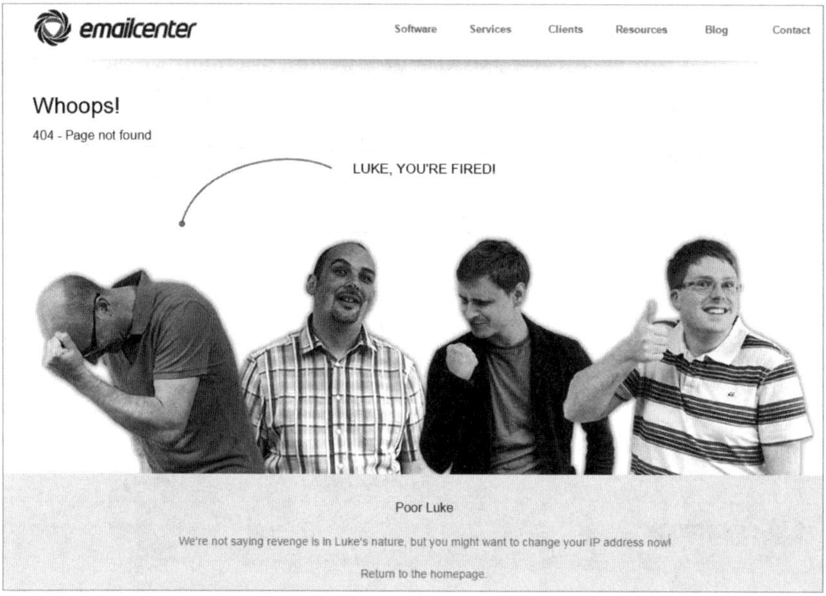

Abb. 6.6: Hier hat es Luke erwischt. Der Besucher wird wahrscheinlich nach diesem kleinen Intermezzo nicht mehr verärgert über die Fehlermeldung sein. Quelle: `www.emailcenteruk.com`

6.2 23 Fragen und Antworten zur Qualität

Welche Seiten findet Google hochwertig? Das ist die Frage, um die sich in der Suchmaschinenoptimierung aktuell alles dreht. Die Keywords sind natürlich noch immer wichtig, um eine richtige Indexierung zu ermöglichen, aber sämtliche Updates im Algorithmus, die seitens Google kamen und kommen werden, haben mit der Qualität einer Seite zu tun. Im Rahmen eines solchen Updates wurden im Blog der Google-Webmaster-Zentrale 23 Fragen veröffentlicht, die sich Webmaster stellen sollen, um ihre Seiten den Qualitätsrichtlinien von Google anzupassen. Die Kernaussagen werden sich auch mit künftigen Updates nicht ändern. Deshalb sollten Sie sich diese Fragen genauer anzusehen und Schlüsse für Ihren eigenen Content ziehen:

Frage 1 – Vertrauen in Informationen

Würdet ihr den in diesem Artikel enthaltenen Informationen trauen?

Für Sie bedeutet das:

Die Kontaktinformationen sollten gut zu finden sein, damit der Kunde direkt weiß, mit wem er es zu tun hat. Stellen Sie sich und Ihr Unternehmen in Wort und Bild vor und bleiben Sie in allen Bereichen transparent. Verzichten Sie auf marktschreierische Designs und aufdringliche Werbung und setzen Sie auf seriöse Inhalte. Verlinken Sie auf bekannte Seiten, die mit Ihrem Thema zu tun haben, so dass eine hochwertige »Nachbarschaft« entsteht.

Frage 2 – Experte oder Laie

Wurde der Artikel von einem Experten oder einem sachkundigen Laien verfasst oder ist er eher oberflächlich?

Für Sie bedeutet das:

Stellen Sie den Autor vor, am besten mit einem Kurzprofil, das unter dem jeweiligen Artikel angezeigt wird. Sehen Sie zu, dass im Text Sachverhalte erläutert und nicht nur kurz angerissen werden. Belegen Sie Ihre Aussagen und ziehen Sie eigene Schlüsse, statt nur zu zitieren. Fügen Sie weiterführende Links ein, die zu erwähnten Studien oder Ereignissen führen oder Ihre Aussagen ergänzen.

Frage 3 – Doppelte Artikel

Weist die Website doppelte, sich überschneidende oder redundante Artikel zu denselben oder ähnlichen Themen auf, deren Keywords leicht variieren?

Für Sie bedeutet das:

Schreiben Sie keine Texte nur für die Suchmaschine. Wenn Sie einen Artikel über Kartoffeln schreiben, dann brauchen Sie keinen Artikel über Erdäpfel mehr, der im Prinzip das Gleiche aussagt, aber andere Wörter benutzt.

Frage 4 – Kreditkartendaten

Würdet ihr dieser Website eure Kreditkarteninformationen anvertrauen?

Für Sie bedeutet das:

Hier ist neben der Transparenz auch die Verbindlichkeit wichtig. Stellen Sie klar, wer verantwortlicher Ansprechpartner ist. Wen kann man kontaktieren, wenn etwas schiefgeht oder wenn man Fragen hat? Mit einem einfachen Kontaktformular ist es nicht getan. Schreiben Sie Namen, Adresse, Telefonnummer und andere Daten noch einmal unter dem Formular aus. Ganz wichtig: Weisen Sie auf Ihre Datenschutzbestimmungen hin. Wie schützen Sie die sensiblen Daten, die der Kunde Ihnen anvertraut? Wozu werden seine Daten gebraucht? Der Servicebereich spielt hier eine große Rolle. Richten Sie beispielsweise ein FAQ (oft gestellte Fragen) ein und gestalten Sie die Nutzungsbedingungen bzw. das Impressum übersichtlich und verständlich.

Frage 5 – Rechtschreib- und Sachfehler

Enthält dieser Artikel Rechtschreibfehler, stilistische oder Sachfehler?

Für Sie bedeutet das:

Dass eine Webseite mit unzähligen Rechtschreibfehlern nicht sehr hochwertig wirkt, ist klar. Überprüfen Sie aber auch unbedingt, ob Ihre Aussagen und Sachverhalte im Text noch aktuell sind. Wenn Sie vor einem Jahr geschrieben haben, dass der Prominente XYZ in New York wohnt, dieser Prominente aber vor einem halben Jahr gestorben ist, enthält Ihr Text eine veraltete Information. Wenn man ganz streng urteilt, kann man sich also auf das, was auf Ihrer Webseite steht, nicht verlassen. Halten Sie Ihre Artikel also immer auf dem neuesten Stand und korrigieren Sie Sachverhalte, die so nicht mehr stimmen. Schauen Sie am besten einmal im Monat über die wichtigsten Artikel und tauschen Sie dabei auch gleich defekte Links aus.

Frage 6 – Inhalte für die Suchmaschine

Entsprechen die Themen echten Interessen der Leser der Website oder werden auf der Website Inhalte generiert, mit denen ein gutes Ranking in Suchmaschinen erzielt werden soll?

Für Sie bedeutet das:

Schreiben Sie keinen Text, nur um Text mit Keywords auf der Seite zu haben! Google ist inzwischen schlau genug, das zu merken. Orientieren Sie sich am Kunden und seinen Fragen und Wünschen und schreiben Sie nicht hirnrissige Artikel, die beispielsweise erklären, was ein Auto ist, nur um das Keyword »Auto« möglichst oft wiederholen zu können.

Frage 7 – Eigene Leistung

Enthält der Artikel Originalinhalte oder -informationen, eigene Berichte, eigene Forschungsergebnisse oder eigene Analysen?

Für Sie bedeutet das:

Keine kopierten Texte, keine lieblos umgeschriebenen Fakten, die man überall findet. Schreiben heißt nicht abschreiben. Schreiben Sie IHREN EIGENEN Text mit eigenem Ansatz, eigenem Schwerpunkt, eigenem Fazit – und möglichst guten Links zu weiterführenden Infos. Denken Sie auch an originelle Bildunterschriften und andere Mikrotexte.

Frage 8 – Wert der Seite

Hat die Seite im Vergleich zu anderen Seiten in den Suchergebnissen einen wesentlichen Wert?

Für Sie bedeutet das:

Einzigartige Inhalte sind die Voraussetzung dafür, dass der Besucher bei Ihnen überhaupt irgendwas findet, was er nicht woanders schon gesehen hat. Nun kann man das Rad aber nicht immer neu erfinden.

Versuchen Sie, Ihre Inhalte mit eigenen Details zu würzen, mit individuellen Bildern, mit Diagrammen, mit Infografiken, Videos oder Audiodateien. Machen Sie sich ein paar Gedanken mehr über die Wörter, die Sie benutzen, so dass Ihre Texte anders klingen als die der Konkurrenz. Wählen Sie einen eigenen Aufbau, machen Sie Ihr eigenes Ding!

Frage 9 – Qualitätskontrolle

In welchem Maße werden die Inhalte einer Qualitätskontrolle unterzogen?

Für Sie bedeutet das:

Prüfen Sie nach der Veröffentlichung eines Artikels unbedingt noch einmal alles nach. Hängt das Bild am falschen Platz und zerschießt es damit den Text? Sind irgendwelche Umbrüche reingerutscht, die nicht dort hingehören? Ist alles richtig formatiert? Funktionieren die Links? Kann man alles gut lesen?

Frage 10 – Standpunkte

Werden in dem Artikel unterschiedliche Standpunkte berücksichtigt?

Für Sie bedeutet das:

Nicht jeder Text ist dafür geeignet, unterschiedliche Standpunkte darzustellen. Gemeint ist hier wohl, dass der Text differenziert mit einem Thema umgeht und nicht eindimensional bleibt. Unterschiedliche Denkansätze, Aspekte, Verwendungsmöglichkeiten, Argumente sollten dazu führen, dass der Text ein vollständiges Bild abgibt.

Frage 11 – Kompetente Quelle

Wird die Website als kompetente Quelle zu ihrem Thema anerkannt?

Für Sie bedeutet das:

Hier geht es wieder um eine gute »Nachbarschaft«. Diesmal allerdings in umgekehrter Richtung. Verweisen andere Seiten auf Ihre Texte und weisen Sie zu einem bestimmten Thema als Experte aus? Werden Ihre Studien, Videos, Infografiken als sehenswert empfohlen und geteilt?

Diskutieren Besucher auf Ihrer Seite über ein Thema und hinterlassen ausführliche Kommentare? Sind Sie vielleicht sogar mit Fachartikeln in anderen Blogs oder auf anderen Webseiten vertreten? Machen Sie sich einen Namen im Netz!

Frage 12 – Autoren

Stammen die Inhalte aus einer Massenproduktion oder von zahlreichen externen Autoren bzw. werden sie über ein großes Netzwerk von Websites verbreitet, sodass einzelnen Seiten oder Websites eher wenig Aufmerksamkeit oder Sorgfalt gewidmet wird?

Für Sie bedeutet das:

Hier geht es um die persönliche Betreuung einer Webseite. Nicht nur SEO-Agenturen kaufen in großem Maße Texte in Content-Portalen ein. Die anonymen Autoren schreiben oft Texte nach Anweisung mit Keyword-Vorgaben, ohne zu wissen, auf welcher Seite diese Texte später landen. Im Ergebnis erhält man natürlich recht unpersönliche und austauschbare Inhalte, die vielleicht auf die Branche, aber weniger auf den Anbieter selber abgestimmt sind. Ganze Webseiten werden so sehr schnell mit sehr vielen Inhalten gefüllt. Auch das merkt Google inzwischen. Widmen Sie sich lieber persönlich Ihren Themen und geben Sie ihnen eine unverwechselbare Note. Arbeiten Sie mit einem festen Autorenteam, das auf der Seite vorgestellt wird. Geben Sie Ihrer Webseite eine Persönlichkeit!

Frage 13 – Sorgfalt

Wurde der Artikel sorgfältig redigiert oder scheint er eher schlampig oder hastig erstellt worden zu sein?

Für Sie bedeutet das:

Arbeiten Sie an Ihrem Text, bevor Sie ihn veröffentlichen! Können Sie passendere Wörter benutzen, den Artikel auflockern, lebendiger wirken lassen? Ist Ihr Wortschatz aufs Notwendigste beschränkt, oder schöpfen Sie aus der Vielfalt der Synonyme und Ausdrücke? Benutzen

Sie den immer gleichen Satzaufbau, oder lassen Sie sich wirklich etwas einfallen, um die Leser mitzureißen? Nutzen Sie eigene Formulierungen und nicht nur Phrasen?

Frage 14 – Gesundheitsbezogene Anfragen

Hättet ihr bei gesundheitsbezogenen Suchanfragen Vertrauen in die Informationen dieser Website?

Für Sie bedeutet das:

Das ist sicher eine Frage, die sich nur sehr schwer beantworten lässt. Ein wenig Vertrauen gewinnt man hier wieder durch die Vorstellung fachkompetenter Autoren, durch fachkundige Erläuterungen, Beweise, Belege, Studien, Links zu weiterführenden Informationen und zu offiziellen Stellen.

Frage 15 – Reputation

Würdet ihr diese Website als kompetente Quelle erkennen, wenn sie namentlich erwähnt würde?

Für Sie bedeutet das:

Es dauert sicher eine ganze Weile, bis Sie sich einen solchen Namen gemacht haben, dass man ihn unmittelbar mit einem Fachbereich verbindet. Wenn irgendwo »Duden« dransteht, dann kann man sich ziemlich sicher sein, dass Fachleute für Rechtschreibung dahinter stecken. Bei Spiegel, Stern, Focus, Zeit, Die Welt und anderen Leitmedien ist klar, dass Journalisten verantwortlich sind, die ihr Handwerk verstehen. Und was können Sie tun? Betreiben Sie Öffentlichkeitsarbeit im Netz! Werden Sie sichtbar! Nutzen Sie alle Möglichkeiten, um immer dort aufzutauchen, wo es um Ihr Thema geht (Social Media, Blogs, Foren, Webseiten vom Fach, Portale zum Thema, Presseportale usw.).

Frage 16 – Umfassende Beschreibung

Bietet dieser Artikel eine vollständige oder umfassende Beschreibung des Themas?

Für Sie bedeutet das:

Nein, Sie müssen keine Roman schreiben und jeden noch so kleinen Aspekt aufführen. Diese Frage zielt eher auf Seiten ab, die vorgeben, Inhalte zu einem Thema zu haben, aber letztlich außer ein paar Sätzen mit Keywords nichts weiter zu bieten haben. Zeigen Sie der Suchmaschine, dass es bei Ihnen tatsächlich etwas zum Lesen gibt. Arbeiten Sie mit Tabellen, mit Zwischenüberschriften, mit einem Inhaltsverzeichnis mit Sprungmarken, strukturieren und formatieren Sie den Text ordentlich!

Frage 17 – Besondere Informationen

Enthält dieser Artikel aufschlussreiche Analysen oder interessante Informationen, die nicht allgemein bekannt sind?

Für Sie bedeutet das:

Sie wissen schon: Einzigartige Inhalte, News, eigene Gedanken, eigene Schlussfolgerungen, eigene Ansätze. Manchmal wiederholen die sich im Webmaster-Blog ;-)

Frage 18 – Lesezeichen

Würdet ihr diese Seite zu euren Lesezeichen hinzufügen, an Freunde weitergeben oder empfehlen?

Für Sie bedeutet das:

Wann markieren Sie eine Seite für Ihre Lesezeichen? Immer dann, wenn Sie dort noch einmal nachschlagen (nachklicken) wollen? Immer dann, wenn Sie die Seite im Blick behalten wollen, weil sie gute, übersichtliche und relevante Inhalte anbietet? Sie wissen also, worauf es hinausläuft. Machen Sie es besser als die Konkurrenz und begeistern Sie Ihre Kunden!

Frage 19 – Werbung

Enthält dieser Artikel unverhältnismäßig viele Anzeigen, die vom eigentlichen Inhalt ablenken oder diesen beeinträchtigen?

Für Sie bedeutet das:

Eigentlich logisch, oder? Wenn Sie auf eine Webseite gelockt werden, die außer Werbung nicht viel zu bieten hat, werden Sie dort nicht so schnell wieder auftauchen. Pop-up-Fenster, Layer, blinkende Banner, Werbetexte: Wenn es zu viel wird, stuft Google die Seite niedrig ein. Halten Sie den Werbeanteil also möglichst gering.

Frage 20 – Printausgabe

Könntet ihr euch diesen Artikel in einem Printmagazin, einer Enzyklopädie oder einem Buch vorstellen?

Für Sie bedeutet das:

Setzen Sie die Standards an, die auch für den Printbereich gelten. Ein einheitliches Layout mit festen Text-, Bildbereichen. Angaben zu den Autoren, Fotonachweise, Hinweise aufs Urheberrecht, sorgfältig recherchierte Artikel.

Frage 21 – Gehalt

Sind die Artikel kurz oder gehaltlos oder fehlen sonstige hilfreiche Details?

Für Sie bedeutet das:

Sie brauchen nur deshalb Text für eine Seite, weil sie ohne Text leer aussieht? Vergessen Sie es! Schreiben Sie nur dann, wenn Sie etwas zu sagen haben! Recherchieren Sie spannende und aktuelle Themen und produzieren Sie nicht nur Buchstabenhaufen!

Frage 22 – Details

Wurden die Seiten mit großer Sorgfalt und Detailgenauigkeit oder mit geringer Detailgenauigkeit erstellt?

Für Sie bedeutet das:

Kümmern Sie sich um Ihre Webseite oder Ihren Shop! Ein schnell zusammengekloppptes 0815-Layout mit lieblosem Seitenaufbau und krummen und schiefen, schlecht aufgelösten Bildern haut keinen vom

Hocker. Achten Sie auf die Kleinigkeiten, etwa darauf, bei einer Sprache zu bleiben und nicht plötzlich im Formular aufs Englische zu »switchen«. Sehen Sie zu, dass man den Text gut lesen kann, dass die Elemente der Seite sich nicht überschneiden, dass die Bilder angezeigt werden und die Videos richtig eingebunden sind.

Frage 23 – Beschwerden

Würden sich Nutzer beschweren, wenn ihnen Seiten von dieser Website angezeigt würden?

Für Sie bedeutet das:

Lassen Sie Ihre Besucher beispielsweise nicht zu lange warten! Es ist extrem ärgerlich, wenn eine Webseite ewig lädt. Nerven Sie nicht mit aufdringlicher Werbung, mit Musik, die man nicht sofort abstellen kann, mit Videos, die irgendwo auf der Seite von alleine starten! Sorgen Sie für eine intuitive Benutzerführung und versprechen Sie in Teasern niemals mehr als Ihre Seite tatsächlich hergibt.

Wichtig

Sie sehen: SEO ist weit mehr als das Einbinden von Keywords. Die Aussage: »Und optimieren Sie bitte die Seite für die Suchmaschine« ist also ein wenig zu lapidar.

6.3 Longtail-Anfragen

Nichtsdestotrotz brauchen Sie natürlich relevante Suchbegriffe auf Ihrer Webseite, damit Google sie richtig in den Index einordnen kann. Bedenken Sie jedoch: Die User suchen ganz anders im Internet als noch vor einigen Jahren. Um möglichst passende Webseiten für ihr Anliegen zu finden, geben sie viele Wörter ein und nicht mehr wie früher einen Suchbegriff. Wer also nach einem Kürbisrezept sucht, der gibt nicht mehr »Kürbisrezepte« ein, sondern unter Umständen »Kürbis, Tomate, Rezept, wenig Kalorien, vegan«. Diese Anfragen nennt man Longtail-Anfragen. Auch die Sprachanfragen über das kleine Mikrofon neben der

Suchleiste bei Google sind in den meisten Fällen Longtail-Anfragen, etwa wenn jemand sagt: »Ich suche vegane Rezepte für Kürbisse, nicht so viele Kalorien, mit Tomaten, aber ohne Sellerie.« Google wandelt diese gesprochene Anfrage in Schrift um und gleicht die Wortkombinationen ab.

Auch hier sehen Sie, dass die klassische Optimierung auf ein bestimmtes Keyword nicht mehr ausreicht. Es lohnt sich, auf zusammengesetzte Suchphrasen zu optimieren. Für Unternehmen und Shops bedeutet das außerdem, dass sie sich einen Namen für bestimmte Bereiche machen müssen. Sie müssen zu einem Experten auf dem Gebiet der Kürbisrezepte werden und so irgendwann sämtliche Wortkombinationen, die in diesem Zusammenhang sinnvoll sind, auf der Seite haben.

Tipp

Auch in hart umkämpften Bereichen auf dem Markt kann es sinnvoll sein, eine Webseite auf Longtail-Anfragen zu optimieren. Keine Seite, die heute mit der Optimierung auf Rezepte anfängt, kann den Vorsprung der Großen im Netz in absehbarer Zeit einholen. Beim Begriff »Buch« ist amazon Ihnen weit voraus. Longtail-Anfragen sind jedoch weniger umkämpft und können somit zu zusätzlichen Besuchern führen. Optimieren Sie beispielsweise auf »Bücher als Geschenk für ältere Leute« – sprich: Bringen Sie diese Wortkombination so auf Ihrer Seite unter, am besten schon in der Überschrift. Denken Sie daran, dass auch der Kontext sich mit diesem Thema beschäftigen muss und entsprechende semantisch relevante Wörter enthält!

6.4 Content Siloing

Um zum Experten auf einem Gebiet zu werden, können Sie den Content auf Ihrer Seite, der sich um ein bestimmtes Thema dreht, miteinander verbinden und die Verbindungen zu anderen Themen kappen.

Das bedeutet, Sie verlinken auf Ihrer Internetseite alle Beiträge zum Thema »Kürbisrezepte« untereinander und alle Beiträge zum Thema »Nudelrezepte« und alle Beiträge zum Thema »Salatrezepte«. Sie verlinken aber nicht den Salat mit dem Kürbis und den Kürbis mit der Nudel. Sie bauen also kleine Themen-Silos auf Ihrer Seite. Die Beiträge stützen sich dann gegenseitig und sind in ihrem Ganzen ein Wissenspool zu einem bestimmten Thema. In der Suchmaschinenoptimierung nennt man diese Vorgehensweise Content Siloing.

6.5 Keywords

Nochmal kurz zum Hintergrund der Keywords: Google arbeitet mit Maschinen (Crawlern), um die Webseiten richtig in den Index einordnen zu können. Die Crawler suchen in den Texten Ihrer Seite nach Hinweisen auf das Thema und den Inhalt des Angebots. Die Maschine weiß jedoch nicht, dass die »Magie Superbox« in Ihrem Shop ein »Zauberkasten« ist. Wenn im Text das Wort »Zauberkasten« nicht auftaucht, wird die Seite bei einer entsprechenden Anfrage nicht auf der Ergebnisliste bei Google erscheinen. Sie müssen also wissen, mit welchem Begriff die Leute nach der »Magie Superbox« suchen, und das Wort (Keyword) in den Text einbauen. In diesem Fall also »Zauberkasten«. Aber wonach suchen die potenziellen Kunden eigentlich? Angenommen, Sie verkaufen Marmelade.

Sie bauen also das Wort »Marmelade« in einen Webtext ein. Fertig? Leider nicht! Was ist mit »Konfitüre«, »Gelee«, »Erdbeermarmelade«, »Kirschmarmelade«? Suchen die Kunden vielleicht doch eher nach »Kirsch Marmelade«? Die genaue Schreibweise spielt durchaus eine Rolle. Mal abgesehen davon suchen die Kunden nicht unbedingt nach einem Shop, wenn sie »Marmelade« ins Suchfeld eingeben. Vielleicht haben sie Erdbeeren geerntet und brauchen ein Rezept oder eine Anleitung zum Einkochen von Marmelade. Die Suche nach »Marmelade« ergibt bei Google schlappe 8.020.000 Ergebnisse.

Der Suchende wird die Anfrage sofort verfeinern »Marmelade kaufen« oder »Erdbeermarmelade Shop«. Vielleicht aber auch »Konfitüre günstig« oder »Ich möchte Kirsch-Gelee bestellen«.

Das kleine Beispiel verdeutlicht, wie komplex die Ermittlung der richtigen Suchbegriffe ist. Welche Wörter oder Wortkombinationen geben potenzielle Kunden ein, wenn sie nach Ihrem Angebot suchen? Sie können einen Text nur sinnvoll auf maximal ein bis zwei Keywords oder Keyword-Kombinationen optimieren. Doch auf welche?

Um die Sache noch komplizierter zu machen: Bei der Wahl der Keywords müssen Sie auf die Mitbewerberzahl achten. Je mehr Mitbewerber Sie für einen Begriff oder eine Wortkombination haben, desto geringer ist die Wahrscheinlichkeit, dass Sie eine hohe Platzierung auf der Ergebnisliste erreichen. Sie brauchen also sinnvolle Suchbegriffe oder Wortkombinationen, bei denen die Mitbewerberzahl gering ist.

Ein fiktives Zahlenspiel

Die Wortkombination »Marmelade Shop« wird monatlich von 5000 Google-Nutzern eingegeben. Sie haben für diesen Begriff 1000 Mitbewerber. Sie optimieren die Seite auf »Marmelade Shop« und landen aufgrund der hohen Mitbewerberdichte auf der fünften Seite der Ergebnisliste – mit dem Resultat, dass Sie auf Ihrer Marmelade sitzen bleiben.

Die Wortkombination »Konfitüre bestellen« wird monatlich von 500 Google-Nutzern eingegeben. Sie haben 100 Mitbewerber. Sie optimieren die Seite auf »Konfitüre bestellen« und landen aufgrund der geringen Mitbewerberdichte auf der ersten Seite der Ergebnisliste – mit dem Resultat, dass Sie von den 500 Suchenden einen Großteil in den Shop holen.

Tipp

Die Keyword-Analyse kostet viel Zeit und ist enorm wichtig, weil auf den Keywords die komplette Suchmaschinenoptimierung aufgebaut wird. Wenn Sie kein Risiko eingehen wollen, sollten Sie die Keyword-Analyse besser in erfahrene Hände geben und eine professionelle SEO-Agentur beauftragen. Die Experten haben ganz andere Werkzeuge zur Suchbegriff-Ermittlung zur Verfügung und berücksichtigen alle wichtigen Aspekte, die hier nicht dezidiert aufgeführt werden können.

6.5.1 Keywords festlegen

Wenn Sie es trotzdem selber wagen wollen, hier ein paar Anhaltspunkte: Schnappen Sie sich Stift und Blatt und machen Sie für jede Seite Ihrer Internetpräsenz eine Liste mit möglichen Suchbegriffen und Suchwortkombinationen.

Welche Begriffe nutzen Mitbewerber?

Wenn Ihnen auf Anhieb keine geeigneten Worte einfallen, dann spicken Sie doch einfach bei den Mitbewerbern. Durchforsten Sie die Seiten der Konkurrenz nach Wörtern, die potenzielle Kunden in die Suchmaschine eingeben könnten. Prüfen Sie, ob Sie das jeweilige Wort selber für die Suche verwenden würden. Es ist eher unwahrscheinlich, dass nach »toxikologisch unbedenklichen Naturfarbstoffen« gesucht wird. Die Kunden würden eher die Wortkombination »ungiftige Farben« verwenden.

Synonyme

Auch im Thesaurus der Textverarbeitung oder im Synonym-Wörterbuch finden Sie Umschreibungen, auf die Sie vielleicht nicht gekommen wären. Im Internet gibt es Synonym-Datenbanken und Keyword-Recherche-Tools, die man kostenlos nutzen kann.

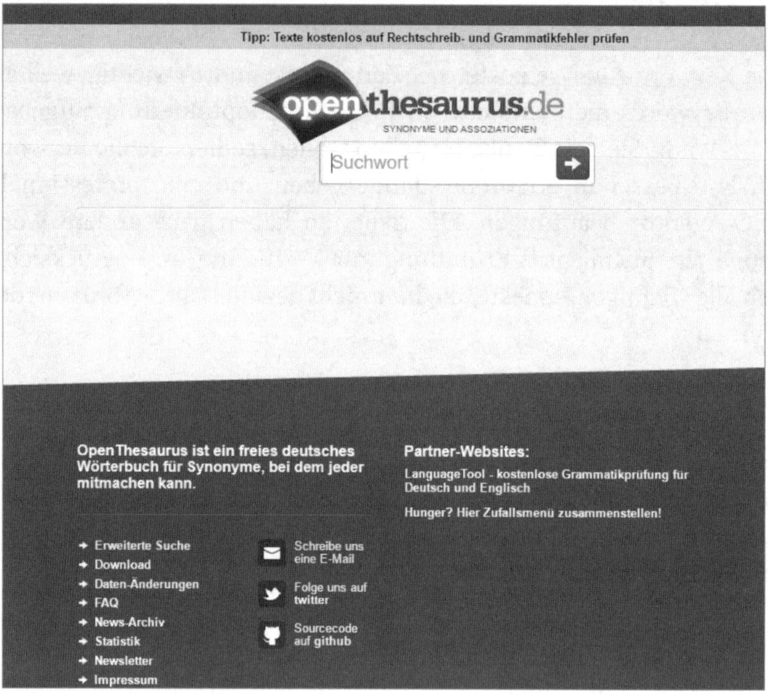

Abb. 6.7: Bei www.`openthesaurus.de` geben Sie einen Begriff ein und erhalten eine Liste mit passenden Synonymen.

Standort für die regionale Suche

Suchmaschinennutzer geben oftmals Ortsnamen ein, um Angebote im näheren Umkreis zu finden. Wenn dieser Aspekt für Ihr Angebot relevant ist, etwa wenn Sie zusätzlich zum Online-Shop ein Ladengeschäft besitzen, sollten Sie die entsprechenden Ortsnamen des Einzugsgebiets mit auf die Keyword-Liste setzen.

Umgangssprache und regionale Begriffe

Insbesondere bei Lebensmitteln und Delikatessen spielen regionale Begriffe eine Rolle. Was für den Niederrheiner das Graubrot ist, ist für den Frankfurter das Mischbrot, Semmel, Brötchen, Schrippen oder

Kartoffelbrei, Kartoffelpüree, Stampfkartoffeln, Kartoffelmus … die Liste lässt sich unendlich fortsetzen. Wenn es sich anbietet, sollten Sie ein wenig in den regionalen Dialekten wühlen.

Absichten berücksichtigen

Denken Sie daran, dass Sie potenzielle Kunden für die Marmelade in den Shop holen wollen und nicht diejenigen, die gerade Erdbeeren geerntet haben. Setzen Sie also Worte wie »Shop, Onlineshop, Online-Shop, kaufen, bestellen, günstig« mit auf die Liste.

Es gibt inzwischen eine Menge Tools mit entsprechenden Tipps, wie Sie die richtigen Keywords für Ihre Seite finden können. Sie können außerdem ablesen, wie viele Mitbewerber Sie für den Begriff haben.

Abb. 6.8: Der Keyword-Planer von Google bietet Einsteigern und Experten umfassende Möglichkeiten, Keywords zu ermitteln.
Quelle: `https://adwords.google.de/keywordplanner`

Überlegen Sie sich für jede Seite Ihrer Internetpräsenz, wonach die Leute suchen könnten, um diese Infos zu erhalten. Bringen Sie diese Suchbegriffe dann jeweils im passenden und sinnvollen Kontext unter.

Tipp

Weitere nützliche Tools zur Keyword-Recherche:

```
http://keywordtool.io/
www.google.de/trends
https://ubersuggest.io/
www.suggestit.de
```

6.5.2 Wohin mit den Keywords?

Im nächsten Schritt werden die Suchbegriffe, die Sie ermittelt haben, in die Webseiten eingebaut. Nicht nur in den Texten, sondern auch an Stellen, die für den Besucher nicht direkt zu erfassen sind, etwa im HTML-Code der Seite, in den Dateinamen, in den Alternativtexten für Links und Bilder, in den URLs und in der Navigation. Bei einem neuen Projekt können Sie sogar noch weiter vorne beginnen und gleich bei der Wahl des Domain-Namens die Keywords berücksichtigen.

Lautet das Keyword für die Startseite »Naturspielzeug«, registrieren Sie beispielsweise die Domain:

`www.abc-naturspielzeug.de`

Wenn Sie bereits eine Domain für den Shop haben, dann belassen Sie es dabei! Es geht auch ohne Keyword in der Domain.

URL

Sie haben eine Liste, auf der für jede einzelne Seite ein bis zwei Keywords oder Keyword-Kombination notiert sind? Passen Sie die URL dementsprechend an. Die Kategorieseite mit dem Keyword »Holzspielzeug« benennen Sie so:

`www.abc-naturspielzeug/holzspielzeug`

Die Produktseite mit dem Keyword »Holzente«, die unter der Kategorieseite »Holzspielzeug« liegt, bekommt folgende URL:

`www.abc-naturspielzeug.de/holzspielzeug/holzente`

Bei Artikeln in Blogs, bei Ratgebern oder redaktionellen Inhalten sollten Sie ebenfalls darauf achten, dass wichtige Suchbegriffe für die Seite in der URL auftauchen. Bei Blogsystemen wird meist die Überschrift automatisch zum URL-Namen. Allerdings können Sie notfalls auch manuell nachbessern.

Menü

Benennen Sie die Links in der Navigationsleiste nach den Keywords für die jeweiligen Seiten. In der Navigation sollte also der Menüpunkt, der zur Kategorie mit dem Keyword »Holzspielzeug« führt, auch »Holzspielzeug« heißen. So haben Sie auf jeder Seite allein durch die Navigationsleiste automatisch wichtige Suchbegriffe für Ihr Angebot erwähnt.

Title

Der Text, den Sie als »Title« eingeben, erscheint als Seitenbeschreibung in der Browserleiste. Auf der Google-Ergebnisliste ist der Title die Überschrift Ihres Angebots. Auch wenn dieser Punkt zunächst nebensächlich erscheint, sollten Sie hier sorgfältig texten. Die Überschrift in der Suchmaschine muss ebenso relevant sein wie jede andere Überschrift auf Ihrer Webseite. Sie zieht die Blicke auf sich und holt die Interessenten auf Ihre Seite. Wenn Besucher die Webseite auf die Favoritenliste setzen, wird sie übrigens mit diesem Title-Kurztext abgespeichert. Der Title ist maximal 70 Zeichen lang und sollte Keywords für die jeweilige Seite beinhalten.

Der Title wird folgendermaßen zwischen `<head>` und `</head>` eingebaut:

```
<title>Geprüftes Naturspielzeug für Babys und Kinder</title>
```

Description

Die »Description« im HTML-Code erscheint auf der Ergebnisliste bei Google als Kurzbeschreibung der Seite. Auch hier gilt: Ein guter Text, der neugierig macht, bringt Besucher auf Ihre Webseite. Die Description ist zwar kurz, aber sehr wichtig. Sie besteht aus etwa 175 Zeichen, sollte erneut das Keyword enthalten und dem Leser das Angebot erläutern.

Die Description wird folgendermaßen zwischen `<head>` und `</head>` eingebaut:

```
<META NAME="Description" CONTENT="In unserem Shop können Sie
Naturspielzeug aus ökologischen Materialien wie Holz oder Filz
kaufen. Geprüfte Qualität zu fairen Preisen!">
```

Bei Google wird das Suchergebnis zu Ihrem Shop nun so angezeigt:

Geprüftes Naturspielzeug für Babys und Kinder

In unserem Shop können Sie Naturspielzeug aus ökologischen Materialien wie Holz oder Filz kaufen. Geprüfte Qualität zu fairen Preisen!

`www.abc-naturspielzeug.de`

Überschrift

Die Überschriften werden von der Suchmaschine als besonders wichtig gewertet, denn sie sind deutlich herausgestellt und geben somit einen Hinweis auf das Thema der Seite. Sie sollten also in der Textüberschrift das Keyword verwenden.

Achten Sie darauf, dass Sie die Headline Tags (H1-H6) verwenden. Es ist zwar möglich, eine Überschrift durch die Schriftgröße und durch Formatierungen darzustellen, für die Suchmaschinenoptimierung ist der andere Weg jedoch sinnvoller.

Die Hauptüberschrift wird mit dem H1-Tag versehen, die Zwischenüberschriften absteigend mit H2 bis H6.

Im HTML-Code sieht das folgendermaßen aus:

```
<H1>Lustige Holzente zum Ziehen </H1>
```

Fließtext

Der Fließtext auf der Seite sollte möglichst in Abschnitte aufgeteilt werden. Das dient der Übersichtlichkeit und der besseren Lesbarkeit (siehe Kapitel 4, »Schreibwerkstatt«). Auch wenn der Text hauptsächlich für den Leser geschrieben wird, sollten Sie die Suchmaschinenoptimierung bei den Formulierungen berücksichtigen und wichtige Keyword-Kombinationen erwähnen. Verzichten Sie auf künstliche Wiederholungen.

Wichtig

Google hat es überhaupt nicht gerne, wenn die Texte ganz offensichtlich für die Suchmaschine statt für den Besucher geschrieben werden. Der Fachmann nennt die übermäßige Erwähnung eines Keywords »Keyword-Spamming«. Für Google ist das ein Grund, Ihre Seite komplett aus dem Index zu entfernen. Tipp: Schreiben Sie den Text ohne Blick auf die Keywords. So entsteht ein Inhalt mit einem normalen Wortumfeld.

Die Suchmaschinen nehmen zwar noch immer Keywords als Basis für die Einordnung der Seite in den Index und als Kriterium fürs Ranking, dennoch kommt es inzwischen auch auf den Sinnzusammenhang und das Wortumfeld der Begriffe an. Die semantische Suche setzt neue Maßstäbe. Google analysiert beispielsweise, ob im Umfeld eines Begriffs auch andere thematisch verwandte Begriffe auftauchen, wie weit diese Begriffe auseinander liegen und in welchem Zusammenhang sie stehen. So kann unterschieden werden, ob es sich beim Keyword »Golf« um das Auto, die Meeresbucht oder den Sport handelt. Die Keyword-Wiederholungen, die in der Vergangenheit über die Maßen eingesetzt wurden, verlieren an Bedeutung.

Texte hinter Bildern

Auf Webseiten gibt es zahlreiche Fotos oder Grafiken. Die Crawler können sich diese Bilder nicht anschauen. Dennoch kann man durch die Alternativtexte (Alt-Text, Alt-Attribut) die Fotos für Google und Co. »sichtbar« machen. Der Alt-Text wird dann angezeigt, wenn der User die Bildanzeige ausgeschaltet hat. Programme für Sehgeschädigte lesen den Alt-Text vor. Es lohnt sich also gleich in vielerlei Hinsicht, diese Möglichkeit zu nutzen. Selbstverständlich muss der Text zum Bild passen und sollte wichtige Keywords enthalten.

Abb. 6.9: So sieht das Bild in der normalen Ansicht aus.

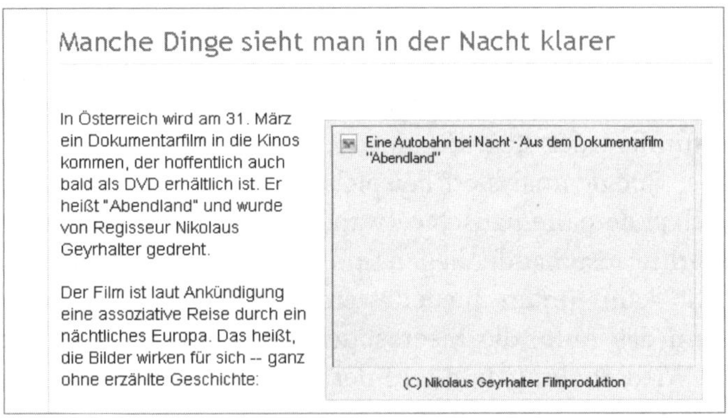

Abb. 6.10: So sieht die Seite mit ausgeschalteter Bildanzeige aus. Der Alt-Text erscheint.

Bild-Title

Der Bild-Title erscheint, wenn man mit der Maus über ein Bild fährt. Während das Alt-Attribut auf jeden Fall gesetzt werden sollte, ist der

Bild-Title ein kleines Extra, in dem sich zudem auch das Keyword unterbringen lässt.

Der Bild-Title wird so eingebaut:

```
<img src="www.abc-naturspielzeug.de/naturspielzeug.jpg"
alt="Naturspielzeug"
title="Naturspielzeug für Babys und Kinder"/>
```

Abb. 6.11: Der Bild-Title erscheint, wenn man mit der Maus über das Bild fährt.

Dateinamen

Benennen Sie die Dateinamen so, dass das Master-Keyword im HTML-Code nochmals erwähnt wird. Das bedeutet, Sie speichern ein Bild nicht als »Bild234.jpg« ab, sondern als »naturspielzeug.jpg«.

Alt-Texte Links

Auch bei den Links auf Ihrer Seite haben Sie eine Möglichkeit der Optimierung. Der Link-Title verrät dem User bei dem Herüberfahren mit der Maus, wohin der Link führt. Dies ist besonders benutzerfreundlich und kann zudem wiederum dazu genutzt werden, die Keywords zu erwähnen.

Für einen Link von der Startseite zu der Rubrik »Holzspielzeug« könnte der Link-Title so aussehen:

Klicken Sie hier, um direkt zu unseren Angeboten aus dem Bereich Holzspielzeug zu kommen!

Im Code wird der Link-Title so eingebaut:

```
<a href="www.abc-naturspielzeug.de/holzspielzeug"
title="Klicken Sie hier, um direkt zu unseren Angeboten aus
dem Bereich Holzspielzeug zu kommen!">Holzspielzeug</a>
```

6.5.3 Saisonale Keywords für Shops

Als Shop-Besitzer sind Sie bereits weit vor Weihnachten, Ostern, Muttertag oder Valentinstag mit dem Einkauf passender Saisonartikel beschäftigt. In diesem Zusammenhang können Sie sich gleich auch um die Suchmaschinenoptimierung kümmern, damit die Angebote rechtzeitig gut gelistet werden.

Nicht nur die Feiertage, auch andere Saisonthemen wie Urlaubszeit, Schulanfang, Sommerbeginn, Frühling, Herbst, Winter, Grillsaison oder aktuelle Themen wie die Grippewelle oder die Pollenflugzeit lassen sich – je nach Angebot – nutzen.

Richten Sie hierfür auf saisonale Keywords optimierte Seiten ein. Die Kunden werden an Weihnachten beispielsweise verstärkt nach »Geschenken« suchen, im Frühling wird die Gartensaison eröffnet und die User suchen nach entsprechenden »Garten«-Artikeln, zur Ferienzeit im Sommer wird alles gesucht, was zu den Themen Reise, Strand, Sonne und Erholung passt.

Beispiel

Sie haben in Ihrem Kinderspielzeug-Shop keine eigene Rubrik für Gartenspielzeug, wohl aber jede Menge Artikel, die sich für den Garten eignen. Stellen Sie diese Produkte zusammen (Murmeln, Kegelspiel, Ringe-Wurfspiel).

Basteln Sie eine Seite für Gartenspielzeug, präsentieren Sie die Produkte, garnieren Sie das Ganze mit ein paar Ratgeber-Tipps für Spiele unter freiem Himmel und optimieren Sie die Seite auf ein saisonales Master-Keyword, beispielsweise auf »Gartenspielzeug«.

Machen Sie sich unbedingt frühzeitig an die Arbeit, denn die Themen und Suchbegriffe müssen gefunden werden, die Texte müssen geschrieben werden, die Seite will ansprechend gestaltet sein und auch die Suchmaschinen brauchen ein wenig, um die neue Unterseite zu finden.

6.6 Mark-ups oder Rich Snippets

Auch Google braucht ab und zu ein wenig Hilfe beim Indexieren. Von alleine kann die Suchmaschine zum Beispiel nur schwer erkennen, ob auf Ihrer Seite eine Veranstaltung angekündigt wird, ob Sie ein Rezept veröffentlichen oder ob Sie eine Playlist zeigen. Es gibt aber die Möglichkeit, genau diese Angaben im Code der Seite zu markieren. Der Vorteil: Ihr Angebot fällt auf der Ergebnisliste viel besser auf.

Abb. 6.12: Bei der Eingabe des Suchbegriffs »Konzerte« werden dank Rich Snippets auf der Ergebnisliste die nächsten Konzerttermine angezeigt.

Die für den Leser unsichtbaren Mark-ups oder Rich Snippets können Sie inzwischen über verschiedene Tools erstellen.

Abb. 6.13: In diesem Rich-Snippets-Generator müssen Sie nur ein Formular ausfüllen und bekommen den Code präsentiert.
Quelle: `http://rich-snippet-generator.de/index.php`

Tipp

Weitere Infos zu Rich Snippets finden Sie auch direkt bei Google unter: `https://developers.google.com/structured-data/rich-snippets`.

6.7 Eingehende und ausgehende Links

Damit Ihre Webseite von den Suchmaschinen als relevant eingestuft und hoch gelistet wird, muss sie gut ins Internet eingebunden sein. Hierbei ist es besonders wichtig, dass möglichst viele andere Webseiten auf Ihren Internetauftritt verlinken. Viele Verweise auf Ihre Webseite bedeuten für Google und Co., dass Sie hochwertigen Content liefern, für den sich die Internetnutzer interessieren.

Die Nachbarschaft

Sie gestalten mit den ein- und ausgehenden Links Ihrer Webseite ein bestimmtes Umfeld. Je besser dieses Umfeld ist, desto hochwertiger wird auch Ihr eigenes Angebot von den Suchmaschinen eingeschätzt. Erhalten Sie also einen Link von einer Webseite, die bei Google und Co.

hoch gelistet wird, ist dieser Link mehr wert als der Link von einer unbedeutenden oder sogar zwielichtigen Seite, die von der Suchmaschine als schlecht bewertet wird.

Auch die ausgehenden Links Ihrer Webseite tragen zum Gesamtbild bei. Wenn Sie also aus Ihren Texten heraus auf andere Webseiten verweisen oder sich aktiv die Mühe machen, Linkpartner zu suchen, sollten Sie immer darauf achten, dass die Nachbarn keinen schlechten Ruf haben. In einer schmuddeligen Umgebung sinkt das Ansehen. Fast wie im richtigen Leben!

Themenrelevanz

Wenn Ihre Webseite bei bestimmten Themen von der Suchmaschine als besonders wichtig eingestuft werden soll, muss sie thematisch ins Netz eingebunden werden. Wenn der Spielzeug-Shop beispielsweise viele Links von anderen Webseiten erhält, die sich vornehmlich mit Familie, Kindern und Freizeit beschäftigen, ist das mehr wert, als wenn er Links von Seiten erhält, die sich mit Börsenkursen oder Styling-Tipps befassen. Wenn die ausgehenden Links auf Spielkasinos und Wein-Shops verweisen, verfälscht sich das Bild ebenfalls. Achten Sie also darauf, dass Sie eine Nachbarschaft aufbauen, die zu Ihrem Angebot passt.

Links auf Unterseiten

Wenn es sich anbietet, sollten Sie immer auch auf die Unterseiten Ihres Webangebots verweisen. Schließlich muss jede wichtige Seite Ihres Internetauftritts in der Gunst der Suchmaschine steigen, damit sie bei Eingabe eines relevanten Suchbegriffs hoch gelistet wird. Achten Sie auch hier auf die Themenrelevanz. Wenn Sie als Inhaber eines Spielzeug-Shops beispielsweise einen Gastbeitrag in einem Kinderferien-Blog schreiben, müssen Sie nicht auf die Startseite Ihres Web-Shops verlinken. Wählen Sie den Ratgeber zum Strandspielzeug im Servicebereich oder die Übersichtsseite, auf der das Outdoor-Spielzeug gelistet ist.

6.8 Do it yourself

- Ermitteln Sie Keywords und Longtail-Anfragen für die wichtigsten Seiten Ihrer Internetpräsenz
- Bauen Sie die Keywords auf der Seite ein
- Denken Sie frühzeitig auch an Keyword-optimierte Seiten für saisonale Aktionen
- Nutzen Sie die Möglichkeit der Rich Snippets, z.B. für Veranstaltungen, Produkte, Rezepte oder Nachrichten
- Verlinken Sie die Seiten, die zu einem Themenbereich gehören, untereinander und bilden Sie so starke Content-Silos
- Binden Sie die Seiten durch eingehende und ausgehende Links ins Internet ein. Achten Sie dabei auf die gute Nachbarschaft!

Teil II

Guter Content für die Webseite

In diesem Teil:

Kapitel 7

Content Marketing

Die Basistexte Ihrer Webseite stehen, sie sind sprachlich ausgefeilt und suchmaschinenoptimiert. Nun können Sie den Kundenfang durch »Content Marketing« in Angriff nehmen. Doch was bedeutet dieses Modewort eigentlich? Ich will mich da mal eines Bildes bedienen: Wenn Ihre Webseite/Ihr Online-Shop ein Auto ist, dann ist »Content Marketing« das Benzin, das Sie einfüllen, damit der Schlitten fährt. Das schönste Auto-Modell nützt ohne Treibstoff nichts.

Weniger bildlich ausgedrückt: Alles, was Sie über die Basistexte der Webseite hinaus an Inhalten anbieten, dient dazu, Kunden anzulocken, Kunden zu begeistern, Kunden zum Kaufen zu bewegen, Kunden langfristig an Ihr Unternehmen oder Ihre Marke zu binden.

Ganz neu wird das Rad hierbei nicht erfunden. Sie kennen Nachrichten, Gewinnspiele, Ratgeber, Kundenmagazine, Berichte, Interviews etc. schon aus Printpublikationen. Beim Content Marketing werden viele klassische Formate fürs Internet adaptiert. Achtung: Sie werden nicht 1 zu 1 übernommen! Einige digitale Content-Möglichkeiten wie Videos oder Podcasts ergänzen den bunten Content-Warenladen.

Beim Content geht es um mindestens einen dieser drei Ansätze:

- Informieren
- Beraten
- Unterhalten

Konkrete Formate stelle ich später in diesem Kapitel vor.

Wichtig

Sie haben keine Zeit, jeden Tag zig Artikel zu veröffentlichen? Müssen Sie auch nicht. Wichtig ist nicht, wie viel Sie veröffentlichen. Wichtig ist, **dass** Sie **regelmäßig** etwas veröffentlichen und bestehende Seiten kontinuierlich überarbeiten und aktualisieren.

7.1 Themen finden

Bevor Sie das richtige Format für Ihren Content auswählen, müssen Sie erst einmal eine inhaltliche Idee haben. Worüber soll man schreiben? Ist nicht schon alles gesagt? Bei Weitem nicht! Zumindest nicht in Ihren Worten, mit Ihrem Ansatz und Ihren Ideen. Es gibt zwei Möglichkeiten, Content-Ideen zu finden: Entweder Sie schauen sich irgendwo ein Thema ab und wärmen es auf, indem Sie es mit eigenen Worten umschreiben, oder Sie werden selber kreativ. Es versteht sich wohl von selbst, dass die erste Option nicht unbedingt zu einem Ergebnis führt, das Kunden und Suchmaschine überzeugt. Bevor Sie auf die Suche nach Themen gehen, sollten Sie sich kurz überlegen, wonach Sie überhaupt Ausschau halten. Was ist denn ein gutes Thema? In erster Linie hat IHR Thema natürlich auch direkt oder indirekt mit IHREM Angebot zu tun. Ein Schuhverkäufer muss nichts über die neusten Entwicklungen auf dem Markt der Babywindeln schreiben, auch nicht, wenn es noch so spektakuläre News dazu gibt. Orientieren Sie sich bei der Suche in Ihrem Fachbereich außerdem an folgenden Kriterien:

Aktualität

Es gibt immer Trend-Themen, die gerade allgegenwärtig in den Medien sind. Finden Sie den richtigen Dreh für Ihr Angebot! Politik, Wirtschaft, Kultur, Unterhaltung.

Durchforsten Sie die Nachrichten nach Aktuellem, das sich als Aufhänger für Ihren Artikel eignet. Und wenn es der neue »Tatort« am Sonntag ist:

Hamburger Morgenpost > Ratgeber > Motor > Wie im „Tatort": Autotür mit Tennisball knacken – geht das wirklich?

Wie im „Tatort" Autotür mit Tennisball knacken – geht das wirklich?

20.04.15, 12:35 Uhr

Abb. 7.1: Im »Tatort« am Sonntag wurde ein Auto mit einem Tennisball aufgebrochen, die Hamburger Morgenpost geht am darauffolgenden Montag der Frage nach, ob das tatsächlich funktioniert. Quelle: `www.mopo.de`

Neuigkeit

Was gibt es Neues bei Ihnen? Hier geht es nicht um ein Thema, das aktuell im Gespräch ist, sondern um Produkte, Informationen, Entwicklungen, die es so noch nicht gegeben hat.

04.03.2016, 11:04 | 00:46 Min. Min. | FOCUS Online

Aldi wird zum Supermarkt

Jetzt gibt es auch noch Marken-Pizza und Marken-Shampoo

Abb. 7.2: Am 4.03.2016 geht der focus auf neue Produkte beim Discounter Aldi ein. Sie können solche Artikel natürlich auch über Ihre eigene Firma oder Ihren Fachbereich schreiben. Quelle: `www.focus.de`

Ja oder nein?

Ja oder nein? Das ist hier die Frage. Groß oder klein, lang oder kurz, laut oder leise, schön oder hässlich, defensiv oder offensiv? Wer sich mit einem Thema auseinandersetzt, findet immer zwei Seiten. Beleuchten Sie sie!

START NACHRICHTEN HANNOVER THEMA BILDER VIDEOS FREIZEIT RATGEBER ANZEIGEN ABO & LESERSERVICE INHALT

Aus der Stadt Aus den Stadtteilen Aus der Region

Wennigsen

Kommentieren Drucken Text

Ganztagsgrundschule - ja oder nein?

Die Politik hat die Diskussion erneut losgetreten. Ganztagsgrundschule - ja oder nein? Viele Eltern brauchen eine Nachmittagsbetreuung für ihr Kind. Mit Hort, Kinderkantine & Co. sei das System gut so wie es ist, sagen die Grundschulen. Die Schulen selbst halten zurzeit wenig davon, ganztags zu werden.

Abb. 7.3: Die »Hannoversche Allgemeine« geht am 02.03.2016 der Frage nach, was für und was gegen eine Ganztagsgrundschule spricht. Quelle: `www.haz.de`

Exklusivität

Dieses Produkt, diese Dienstleistung, diese Information gibt es (fast) ausschließlich bei Ihnen? Dann sollten Sie auf der Stelle darüber berichten.

Abb. 7.4: Als einer der wenigen deutschen Vertriebspartner berichtet Augenoptik Schlattmann über Echtholzbrillen von Rolf. Quelle: `www.optik-schlattmann.de/brillen/echtholzbrillen/`

Wohnort/Region

Was tut sich an Ihrem Standort? Als Unternehmen mit regionalem Kundenkreis können Sie sich ruhig zu aktuellen Themen in der Region äußern und Stellung beziehen. Vielleicht berichten Sie auch einfach darüber, wie sich diese oder jene Entscheidung oder Entwicklung auf Ihr Unternehmen auswirkt.

1 später lesen
17. Februar 2016 | 00.00 Uhr

Düsseldorf

Handel beobachtet Cent-Abschaffung in Kleve

Düsseldorf. Am Niederrhein wird eine Zahlung ohne Kleingeld erprobt, es wird gerundet. Die Sparkasse wünscht sich das auch für Düsseldorf. **Von Thorsten Breitkopf**

Abb. 7.5: Und was sagen Sie als heimischer Einzelhändler zu dieser Idee? Sie müssen nicht zwangsläufig warten, bis ein Journalist Sie nach Ihrer Meinung fragt, wenn Sie selber einen Blog im Internet haben. Veröffentlichen Sie Ihre Meinung selber! Und wer weiß: Vielleicht kommt der Journalist ja danach zu Ihnen, weil er mehr wissen will. Quelle: `www.rp-online.de`

Gefühle

Herz und Schmerz, Angst und Sorge, Mitgefühl, schlechtes Gewissen, Freude, Entspannung, Glück: Gefühle sind immer einen Artikel wert. Sie müssen nur den Dreh zu Ihrem Fachbereich finden.

SOZIALES

Kinderchor Wald freut sich über Spende

Der Erlös des Basars geht an den Nachwuchs und ist auch für das Projekt „Ghana“. Neue Mitglieder im Chor sind willkommen.

Abb. 7.6: Sie haben gespendet? Auch der Bereich »Tue Gutes und rede darüber« sollte auf Ihrer Webseite einen Platz bekommen. Ein solches Thema wie hier in der Mittelbayerischen Zeitung bietet sich auch ein halbes Jahr später noch mal an, wenn man darüber berichtet, was aus dem Projekt geworden ist. Quelle: `www.mittelbayerische.de`

Prominenz

Es ist schon ein Unterschied, ob Max Mustermann von zwei Straßen weiter Ihre Hemden trägt, oder ob Sie mit Ihrem Modedesign einen

Hollywood-Star für sich gewinnen konnten. Oder hat sich vielleicht eine bekannte Persönlichkeit aus Politik und Wirtschaft zu einem Thema geäußert, das Ihren Fachbereich betrifft? Greifen Sie das auf und machen Sie einen eigenen Artikel daraus!

2 3 später lesen
16. Mai 2015 | 00.00 Uhr

Nachhaltigkeit

OB Hans Wilhelm Reiners besucht Coca-Cola in Güdderath

Abb. 7.7: Coca-Cola wird vielleicht nicht unbedingt mit dem Besuch des Mönchengladbacher Oberbürgermeisters angeben wollen. Doch vielleicht hat auch Ihr Bürgermeister eine Betriebsführung bei Ihnen gemacht? Es muss nicht immer ein Hollywood- oder Fußballstar sein, der Prominenz auf die Webseite bringt. Quelle: `www.rp-online.de`

Kuriosität

Dinge gibt es, die gibt es gar nicht. Komische Zufälle, erstaunliche Entwicklungen, ungeahnte Zusammenhänge, witzige Erfindungen, seltsame Ereignisse oder einfach absurde Ideen. Die Aufmerksamkeit Ihrer Leserschaft ist Ihnen jetzt schon sicher!

Kurios: Amazon bringt Wasserkanne mit WLAN auf den Markt

Tuan Le am 04.03.2016 um 14:22 Uhr 8

Gefällt mir Teilen 0 Twittern G+ Teilen 0 Pin it 0 submit

Das Internet der Dinge schlägt wieder einmal zu: Amazon hat in Zusammenarbeit mit dem Unternehmen Brita eine smarte Wasserkanne mit Trinkwasserfilter angekündigt, die sich in das heimische WLAN einloggen kann. Was sich zunächst obskur anhört, hat tatsächlich einen tieferen Sinn.

Abb. 7.8: Was hat die Wasserkanne mit dem Internet zu tun? Sie können es herausfinden, wenn Sie diesen Artikel lesen. Oder noch besser: Schreiben Sie eigene Artikel rund um Ihre Produkte, die Leser neugierig machen. Quelle: `www.giga.de`

Superlative

Am größten, am schnellsten, am besten, auf Platz 1: Das Leben ist ein Wettbewerb – zumindest im geschäftlichen Bereich. Haben Sie Testsieger im Programm? Gab es Studien oder Umfragen, bei denen Sie besonders gut abgeschnitten haben? Sollte Ihnen ein Superlativ vor die Füße fallen, nutzen Sie es für die Berichterstattung.

Schwelm
Ben ist das schnellste Schwelmer Schaltjahr-Baby
04.03.2016 | 05:34 Uhr

Abb. 7.9: Die »Westdeutsche Allgemeine Zeitung« berichtet über drei neugeborene »Schaltjahrbabys« im Helios-Klinikum. Hätte sie das nicht gemacht, hätte die Klinik einen eigenen Bericht dieser Art auf ihrer Webseite veröffentlichen können. So reicht der Link zum Zeitungsartikel. Quelle: `www.derwesten.de`

Fortschritt

Jeder möchte auf dem neuesten Stand sein und vom Fortschritt profitieren. Gibt es in Ihrem Bereich Erfahrungen, Erfindungen oder Erkenntnisse, die dem Fortschritt dienen? Innovative Ideen, Gedanken, Produktvorstellungen? Treiben Sie diese Ideen mit Ihrer Berichterstattung voran!

6. Februar 2016, 22:47 Uhr Kinderspielzeug
Die füllige Barbie ist ein großer Fortschritt

Abb. 7.10: Fortschritt gibt es in Ihrem Online-Shop nicht. Wetten doch? Die »Süddeutsche Zeitung« berichtet über Legomännchen im Rollstuhl und Barbies mit ein paar Kilos mehr auf den Rippen. In Ihrem Online-Shop gibt es sicher auch innovative Produktideen. Quelle: `www.sueddeutsche.de`

Rat und Tat

Ratgeber sollten auch auf Ihrer Webseite nicht fehlen. Sie erfüllen gleich mehrere Funktionen:

- Aktualität und einzigartige Inhalte (Suchmaschinenoptimierung)
- Abdeckung relevanter Keywords und Keyword-Kombinationen (Suchmaschinenoptimierung)
- Positionierung als Experte (Reputation und Kundenbindung)
- Linkaufbau (freiwillige Verlinkung der Artikel durch die Leser)
- Anreiz zur Rückkehr auf die Webseite
- Gelegenheit für Kaufempfehlungen durch Links zu den Produkten im Shop

Für erklärungsbedürftige Produkte empfehlen sich beispielsweise Produktblätter oder (Aufbau-, Bedienungs-)Anleitungen, die zum Download bereitgestellt werden. Auch Artikel mit Tipps und Tricks zum speziellen Produkt werden gerne gelesen: Pflegetipps für Möbel, Rezepte für Lebensmittel, handwerkliche Tipps für Baumarktprodukte oder Verwendungsideen für Dekomaterialien. Ein Gartencenter stellt saisonale Pflanztipps oder Beiträge über nützliche Gartengeräte zur Verfügung, ein Multimedia-Shop veröffentlicht Hintergrundberichte zu technischen Entwicklungen und gibt konkrete Tipps zur Auswahl der richtigen Heimkinoanlage.

RATGEBER
Wie Sie Blattsalat mit einem kleinen Trick länger frisch halten
Blattsalat bleibt länger frisch, wenn er feucht ist. Dazu wickelt man den Salat in ein feuchtes Tuch ein. Doch noch länger hält er sich, mit einer zweiten Zutat im Wasser.

Abb. 7.11: Welche Zutat mag das sein? Selbst der kleinste Trick kann für den Alltag interessant sein. Hier ein Tipp der Augsburger Allgemeine. Quelle: `www.augsburger-allgemeine.de`

Im Gesundheitsbereich werden aktuelle Gesundheitstipps (Grippezeit, Urlaubszeit, Zeckenzeit) veröffentlicht. Wichtig ist hierbei jedoch immer, dass Sie Ihren Lesern nicht die gleichen Informationen vorkauen, die sie schon in hundert anderen Ratgebern präsentiert bekommen haben. Finden Sie eigene Ansätze, lassen Sie Ihre eigenen Erfahrungen einfließen und präsentieren Sie eigene Ideen.

Unterhaltung

Und manchmal ist es einfach Unterhaltung, die interessiert: ein lustiges Bild, ein toller Schnappschuss, ein Filmtipp, ein Witz, ein Gedicht, eine Geschichte, ein Hörspiel, ein Buch, ein Hobby.

Sie haben nun einige Ansätze für die Berichterstattung. Nur das Thema selber fehlt noch. Wie finden Sie etwas Aktuelles, etwas Neues, etwas Kurioses, etwas Gefühlvolles oder etwas Regionales? Versuchen Sie es einmal so:

Hören Sie zu

Die Themen liegen sozusagen auf der Straße. Hören Sie einfach mal nicht höflich weg, sondern besonders gut zu, wenn sich andere Leute im Supermarkt, beim Bäcker, in der Kneipe oder im Bus unterhalten. Oder suchen Sie selbst das Gespräch. Reden Sie mit dem Taxifahrer, mit der Verkäuferin, mit dem Handwerker, dem Wirt und dem Postboten. Sie werden schnell feststellen, welche Themen gerade angesagt sind und die Leute beschäftigen. Wenn der Smalltalk mit Unbekannten nicht Ihr Ding ist, dann nutzen Sie andere Möglichkeiten, den Puls der Zeit zu fühlen. Familienfeiern, Vereinssitzungen, Elternabend, kulturelle Veranstaltungen, das Training im Fitnessstudio: Überall kommen Themen auf den Tisch, die »im Gespräch« sind. Das Ganze funktioniert natürlich auch online, indem Sie Blogs, Foren und die sozialen Netzwerke beobachten, in denen man Diskussionen aufwirft und seine Meinung sagt.

Flugblätter, Plakate, Schwarze Bretter, Kleinanzeigen

In nahezu jedem Geschäft und jedem Lokal, in jedem öffentlichen Gebäude und jeder Dienststelle gibt es eine Ecke, in der Flugblätter, Broschüren, kostenlose Magazine oder Ratgeber ausliegen. Sammeln Sie alles ein, was Ihnen zu einem interessanten Thema verhelfen kann. Gleiches gilt für Plakate. Die sollen Sie natürlich nicht einsammeln, sondern nur gut anschauen. Schwarze Bretter sind noch so ein öffentlicher Fundort für Themen, genau wie Kleinanzeigen in Anzeigenblättern und Zeitungen. Lassen Sie sich inspirieren!

Saison und Events

Im Frühling erwacht der Garten, im Sommer geht`s in den Urlaub, im Herbst ist Pilzsaison und im Winter kommt die Erkältung. Jede Saison bringt klassische Themen mit, die man aufgreifen und für sich interpretieren kann. Nutzen Sie hier auch unbedingt die Feiertage! Bei manchen Produkten bietet es sich sogar an, die Beschreibungen beim Saisonwechsel auszutauschen.

So ist das beworbene Fondueset im Sommer »Ein Riesenspaß für Gartenpartys«, im Winter »Eine tolle Idee für gemütliche Stunden mit Freunden«, an Silvester »Der Partykracher« und an Weihnachten »Ein passendes Geschenk für Freunde und Verwandte«.

Starten Sie beispielsweise zur Urlaubszeit eine Italien-Woche. Bieten Sie den Kunden Ratgeber rund um den Toskana-Urlaub, veröffentlichen Sie italienische Rezepte oder greifen Sie kulturelle Motive rund um Italien auf. Natürlich nur, wenn es zu Ihrem Angebot passt.

FRÜHLINGSBEGINN 06.03.2016, 09:33

Pflegetipps: Der Garten erwacht aus dem Winterschlaf

Abb. 7.12: Ein Klassiker (nicht nur) für Gartencenter. Auch Möbelhäuser, Dekoläden, Landschaftsgärtner und Swimmingpool-Bauer können die Gartensaison redaktionell verwerten. Hier ein Artikel aus der »Berliner Morgenpost«. Quelle: `www.morgenpost.de`

Weitere Aufhänger für Artikel sind Jahrestage, Veranstaltungen, Todestage, Geburtstage und andere Events. Berichten Sie auf jeden Fall auch über Ereignisse in Ihrem Haus. Ein Tag der offenen Tür, der gemeinsame Frühjahrsputz, die Weihnachtsfeier, eine Ausstellung in Ihren Räumen, ein Kongress, ein Vortrag: Lassen Sie Ihre Kunden daran teilhaben!

Abb. 7.13: Ein toller Tipp für die etwas andere Berichterstattung. Nehmen Sie doch einen kuriosen Feiertag zum Aufhänger. Auf dieser Seite finden Sie jede Menge davon.
Quelle: `www.kuriose-feiertage.de`

Messen, Vorträge, Workshops

Hier haben Sie die Wahl: Entweder Sie berichten darüber, welche Messen, Vorträge und Workshops es in Ihrem Fachbereich geben wird oder Sie nehmen selber daran teil und kommen mit vielen neuen Ideen und Themen wieder zurück. Insbesondere Messen, auf denen man jede Menge Infomaterial in die Hand gedrückt bekommt, sind wahre Quellen für die Themenfindung. Werfen Sie außerdem einfach mal öfter einen Blick in die Pressebereiche relevanter Anbieter auf Ihrem Fachgebiet. Auch dort lässt sich oftmals Neues finden, aus dem man ein Thema für die eigene Webseite machen kann.

Die Themen der anderen

Nein, Sie sollen nicht abschreiben! Das ist langweilig und gehört sich außerdem nicht. Holen Sie sich Inspiration und beleuchten Sie die Themen, die Sie finden, von einer anderen Seite – aus Ihrem Blickwinkel. Wenn Sie abgucken gehen, dann nutzen Sie am besten nicht nur die Leitmedien im Bereich Zeitung, Magazin, Radio und Fernsehen, sondern auch unbekanntere Fachmedien (Print und Online) und Blogs. Weitere Quellen zu den Themen anderer:

- RSS-Feeds
- YouTube
- Newsletter
- Wikipedia
- Google News
- Kundenzeitschriften

Tipp

Um einen eigenen Ansatz für die Berichterstattung zu finden, können Sie beispielsweise in den Texten der anderen die Stellen anstreichen, an denen für Sie Fragen offen bleiben. Beantworten Sie diese Fragen in Ihrem Artikel selber.

Themen übersetzen

Manchmal sind die Kollegen im Ausland einfach ein Stück weiter als wir, veröffentlichen Infos und diskutieren Themen, die in Deutschland noch gar nicht angekommen sind. Holen Sie diese Diskussionen über die Grenze! Sprich: Übersetzen Sie die Themen ins Deutsche und würzen Sie das Ganze mit einer persönlichen Note. Hierfür sollten Sie sich natürlich auch auf anderssprachigen Seiten umschauen, entsprechende Blogs und Newsletter abonnieren oder ausländische Fachzeitschriften lesen.

Vorsicht

Beachten Sie bitte immer die rechtlichen Bestimmungen. Erkundigen Sie sich, in welchen Fällen Sie das Urheberrecht anderer Autoren verletzen. Die sicherste Methode ist die, fremde Texte lediglich als Inspiration für eigene Artikel zu verwenden und nicht einfach nur abzuschreiben.

Daten und Studien

Selbst die Auseinandersetzung mit trockenen Daten kann zu einem frischen Thema führen. Schauen Sie sich aktuelle Studien, Statistiken und Umfragen an und schreiben Sie darüber, was die Ergebnisse für Ihr Unternehmen bedeuten. Datensammlungen gibt es im Internet übrigens auch kostenlos, etwa beim Statistischen Bundesamt, bei Forschungsinstituten oder auf Seiten wie `www.govdata.de`.

Studie belegt Schokolade macht schlau!

24.02.16, 10:38 Uhr

Abb. 7.14: Der »Express« berichtet über eine Studie der Universitäten von South Australia. Wenn Sie Schokolade im Sortiment haben, wäre diese Studie auch ein Aufhänger für einen Artikel auf Ihrer Webseite. Quelle: `www.express.de`

Tipp

Stellen Sie doch einfach mal Ihre eigene Statistik zusammen. Welche Produkte waren im letzten Jahr die Bestseller? Woher kamen Ihre Kunden? Wie viele Spam-Mails hatten Sie im Postfach? Wie viele Treppenstufen sind Sie in einem Monat gelaufen? Wie oft haben Sie selber gekocht und wie oft gab es Fastfood? Achten Sie auch hier darauf, dass die Thematik zu Ihrem Angebot passt, interpretieren Sie die Ergebnisse und ziehen Sie im Artikel persönliche Schlüsse.

7.2 »Kreativ schreiben«-Tricks

7.2.1 Freewriting

Ein paar Tricks aus der »Kreativ schreiben«-Schule können auch für die Themenfindung nützlich sein. Das Freewriting beispielsweise ist eine Art Brainstorming, bei dem Sie assoziieren und alle anderen Gedanken durch pure Aktivität verdrängen. Sie schreiben 10 Minuten OHNE UNTERBRECHUNG alles auf, was Ihnen zum Thema einfällt. Wenn Sie gerade nicht weiterwissen, schreiben Sie »oooooooo ...«, bis Sie weiterwissen.

Sie dürfen nicht stocken, nichts löschen, keine Rechtschreibfehler korrigieren, nicht zurückschauen, nicht über Satzbau, Logik, Grammatik oder Sinngehalt nachdenken. Wenn Sie merken, dass Sie vom Thema abweichen, brechen Sie einfach den Gedanken ab und fangen in der nächsten Zeile mit einem anderen Gedanken an. Am besten schauen Sie gar nicht erst auf den Bildschirm.

Wenn die 10 Minuten um sind, schauen Sie auf den Text und markieren alle Gedanken, die Sie so interessant finden, dass Sie ein Thema daraus machen können.

7.2.2 Mind Map

Bei der Mind Map geht es strukturierter, wenn auch nicht weniger kreativ zu. Hier brauchen Sie ein großes Blatt und einen Stift. Nun schreiben Sie eine unausgereifte Themenidee in die Mitte. Listen Sie nun rundherum Assoziationen zum Begriff auf und verbinden Sie diese mit dem Thema.

Ostern – Osterhase, Eier, Farben, Religion

Nun nehmen Sie sich die Assoziationen vor und schreiben jeweils bis zu drei Begriffe auf, die Ihnen dazu einfallen. Verbinden Sie diese wieder durch Striche.

- Osterhase – Geschichte, Eier anmalen, Eier verstecken
- Eier – Hühner, Massentierhaltung, Güteklassen, ausblasen
- Farben – Lebendmittelfarben, Naturfarben, Aufkleber
- Religion – Christentum, Auferstehung, Fastenzeit

Abb. 7.15: Im Internet gibt es zahlreiche Mind-Map-Tools, wie beispielsweise hier unter `www.mindmeister.com/de`

7.2.3 HyperSuggest

Ein weiteres gutes Tool für die Themensuche auf Basis eines Stichworts ist »HyperSuggest«. Hier bekommt man zu einem Stichwort Phrasen angezeigt, mit denen im Internet nach Informationen zum Begriff gesucht wurde.

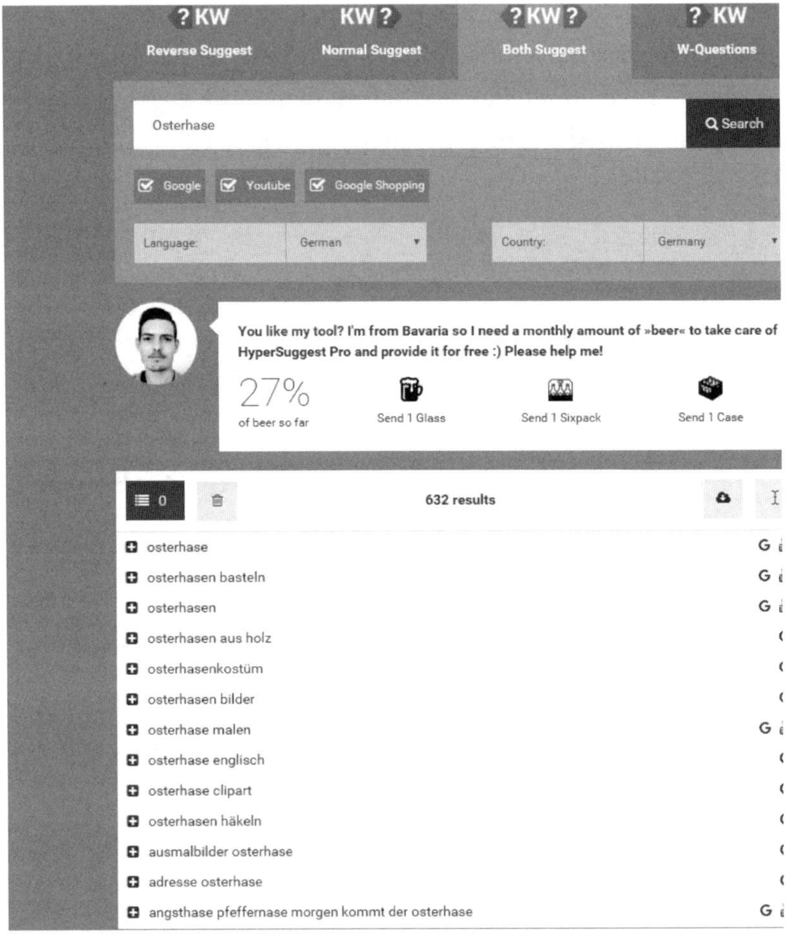

Abb. 7.16: Hier das Ergebnis für das Keyword »Osterhase«.
Quelle: `www.hypersuggest.com`

7.2.4 W-FRAGEN-TOOL

Sie haben sicher schon einmal von den berühmten W-Fragen gehört, die Journalisten benutzen, um Nachrichten oder Pressemitteilungen zu verfassen. Fragen, die mit »Was«, »Wer«, »Wann« und »Wo« beginnen, erklären den Sachverhalt. Fragen, die mit »Wie« oder »Warum« beginnen, liefern Details.

Je nach Thema kann es also sinnvoll sein, sich passende W-Fragen aus Sicht der Kunden zu stellen und die Antworten zu notieren, um die ersten Stichworte für den Text festzuhalten.

In Zeiten von Internet und tollen Tools können die W-Fragen aber noch auf ganz andere Art nützlich sein. Das W-Fragen-Tool beispielsweise spuckt Ihnen nach Eingabe eines Keywords die W-Fragen aus, mit denen Internetnutzer nach Informationen zu diesem Begriff gesucht haben.

Angenommen, Sie wollen passend zu Ostern einen Artikel über den Osterhasen schreiben und geben das Stichwort ins W-Fragen-Tool ein:

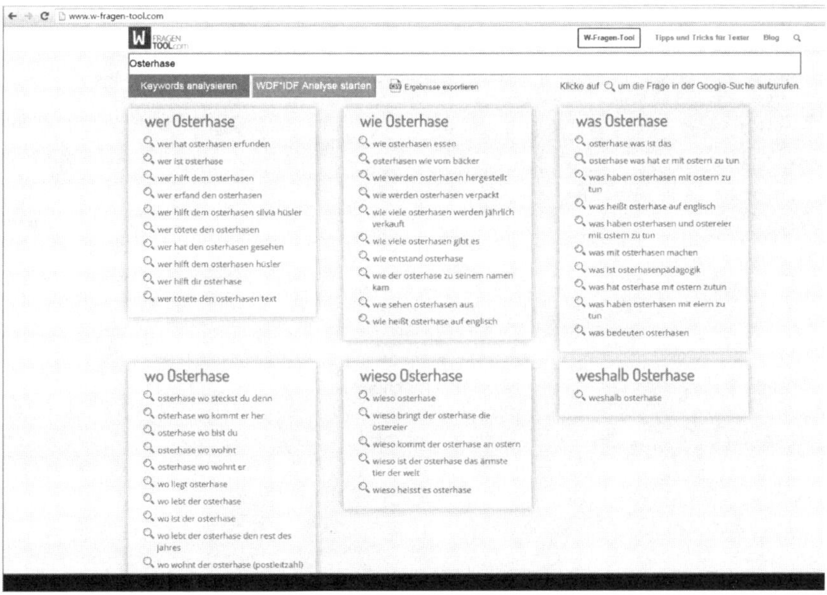

Abb. 7.17: Die Suche nach »Osterhase« unter `www.w-fragen-tool.com`.

Einige Ergebnisse sind nicht so ergiebig, andere liefern gute Ansätze für Ihren Artikel:

- Wer hat den Osterhasen erfunden?
- Wie viele Osterhasen werden jährlich verkauft?

- Wie heißt der Osterhase auf Englisch?
- Was haben Osterhasen und Ostereier mit Ostern zu tun?
- Wo lebt der Osterhase?
- usw.

Bei diesem bunten Thema dienen die Fragen als Inspiration für einen kreativen Ansatz. In anderen Fällen liefert das Ergebnis wichtige Fragen Ihrer Zielgruppe, die Sie im Text beantworten sollten. Angenommen, Sie sind Optiker und wollen über Kurzsichtigkeit schreiben. Das Ergebnis des W-Fragen-Tools:

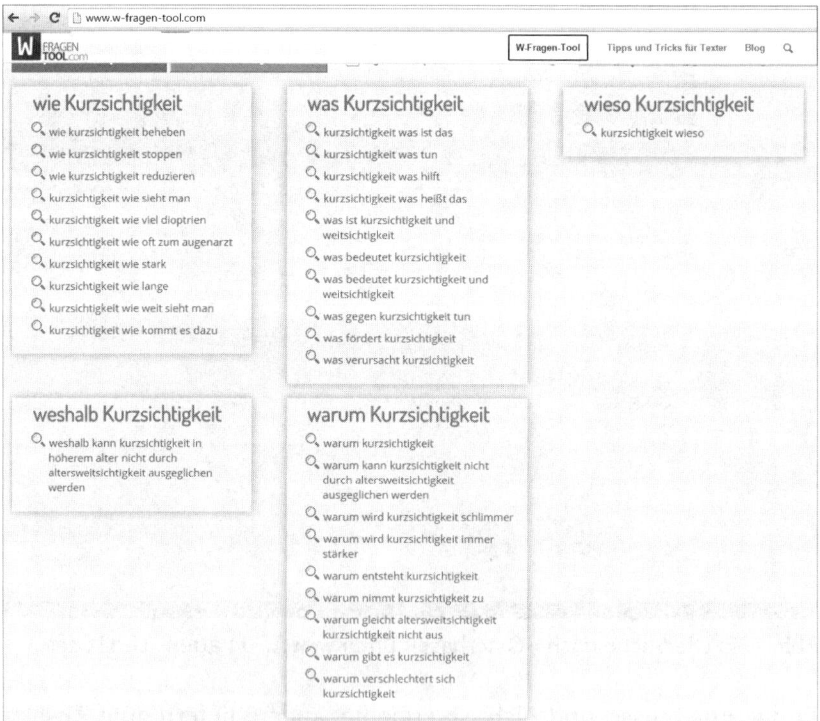

Abb. 7.18: Ergebnis zum Stichwort »Kurzsichtigkeit«

Wichtige Fragen, die Sie beantworten sollten:

- Wie weit sieht man bei Kurzsichtigkeit?
- Wie kommt es zu Kurzsichtigkeit?
- Was fördert die Kurzsichtigkeit?
- Weshalb kann Kurzsichtigkeit in höherem Alter nicht durch Altersweitsichtigkeit ausgeglichen werden?

Abb. 7.19: Sie brauchen Interviewpartner für einen Artikel oder wollen selbst als Fachmann zu einem Thema interviewt werden? Bei Recherchescout finden Sie kostenlos Partner für beide Seiten des Mikrofons. www.recherchescout.com

Kapitel 8

Content-Formate

Ansatz und Thema stehen fest. Nun müssen Sie noch ein geeignetes Format finden. Ich unterscheide grob in fünf Content-Kategorien, aus denen Sie sich bedienen können. Für alle diese Formate brauchen Sie eine Kernaussage, einen roten Faden, der sich durch den Text zieht. Eine große Hilfe ist hierbei der »Küchenzuruf«, den Sie zur Grundlage nehmen können.

8.1 Der Küchenzuruf

Im Prinzip ist der Küchenzuruf die zentrale Aussage eines Textes. Henri Nannen, der langjährige Chefredakteur des Magazins »stern«, hat den Begriff geprägt. Um die Kernbotschaft eines journalistischen Textes zu veranschaulichen, hat er folgende Geschichte erzählt, die mittlerweile jeder Journalist kennt, auch wenn das Rollenverständnis, der Regierungssitz und die Währung lange überholt sind:

> *»Wenn am Donnerstag der Hans mit seiner Frau Grete am Arm zum Kiosk pilgert, dort 2 Mark 50 hinlegt und den neuen STERN käuflich erwirbt und sie beide dann mit dem STERN unter dem Arm wieder gemütlich nach Hause wandern; und Grete sich dann in die Küche verfügt, sich die Schürze umbindet, um sich für den Abwasch vorzubereiten; und der Hans nebenan im Esszimmer Platz nimmt, den neuen STERN aufschlägt und mit der Lektüre der ersten Geschichte im neuen STERN beginnt; und wenn der Hans dann nach beendigter Lektüre dieser Geschichte voller Empörung seiner Frau Grete durch die geöffnete Küchentür zuruft: 'Mensch Grete, die in Bonn spinnen komplett! Die wollen schon wieder die Steuern erhöhen!' – dann sind diese beiden knappen Sätze (...) der so genannte Küchenzuruf des journalistischen Textes.«*

Überlegen Sie sich also vorab, was Hans seiner Grete zurufen soll, nachdem er Ihren Text gelesen hat. Hierbei kann der Blickwinkel auf ein Thema eine besondere Rolle spielen. Denken Sie an Ihre Zielgruppe und wählen Sie im Sinne Ihrer Kunden.

GDL-Streik 20. Mai 2015 12:01 Uhr

Bahn-Mitarbeiter fürchten wegen Ausfällen um Jobs

Eigentlich ist er für die besseren Arbeitsbedingungen der Mitarbeiter gedacht: Laut Bahn-Betriebsratschef Jens Schwarz lässt der Streik einige von ihnen nun aber zittern.

Abb. 8.1: Der Bahnstreik aus Sicht der Mitarbeiter, Artikel aus dem »stern«. Quelle: `www.stern.de`

Deutsche Bahn

Lokführerstreik trifft Millionen Pendler

Die Lokführer haben ihren Streik im Personenverkehr begonnen. Wie lange er dauern wird, ist offen. Die Union spricht von Tyrannei der GDL, Kritik kommt aber auch vom DGB.

Abb. 8.2: Gleiches Thema, andere Perspektive, anderer »Küchenzuruf«, Bericht aus der »Zeit«. Quelle: `www.zeit.de`

Grundsätzlich gibt es unterschiedliche Arten von Content, die alle auf einer Webseite vorkommen sollten, damit es dem Leser nicht langweilig wird. Die Palette reicht von kurzen Infos bis hin zu interaktiven Aktionen. Der Küchenzuruf spielt hier als Orientierungshilfe immer eine große Rolle. Um ihn dreht sich jeder Text, ganz gleich welchen Formats.

8.2 Tatsachenbetonter Content

Beim tatsachenbetonten Content gilt: Bleiben Sie objektiv! Das ist das oberste Gebot bei Meldungen, Nachrichten und Berichten. Hier geht es darum, den Leser sachlich zu informieren.

Meldung

Die kürzeste Form des tatsachenbezogenen Contents ist die Meldung. Sie besteht lediglich aus dem Küchenzuruf. Das sind etwa zwei bis drei Sätze mit maximal 20 Wörtern.

Abb. 8.3: Im oberen Bereich der ntv-Webseite werden die neuesten Meldungen eingeblendet. Sie bestehen lediglich aus dem Küchenzuruf.
Quelle: `www.n-tv.de`

Nachricht

Bei der Nachricht wird es etwas ausführlicher. Man startet mit dem Küchenzuruf und beantwortet dann die W-Fragen. Die Nachricht ist etwa 50 bis 100 Wörter lang.

Was ist geschehen? Wo ist es geschehen? Wer ist betroffen? Wann ist es passiert? Was sind die Folgen? Wer war der Täter?

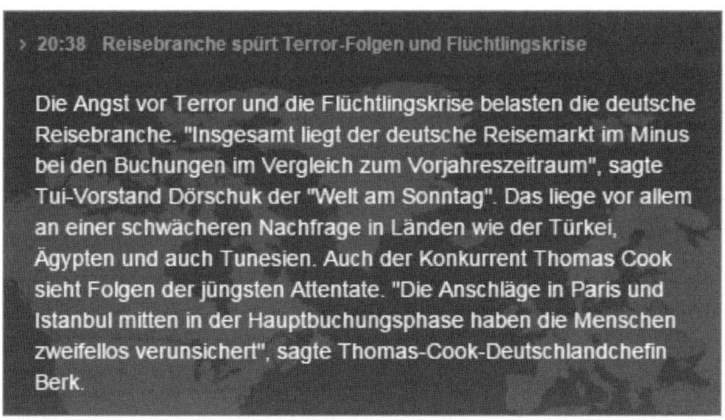

Abb. 8.4: Eine Nachricht auf der »heute«-Seite. Sie beginnt mit dem Küchenzuruf und beantwortet dann die W-Fragen.
Quelle: `www.heute.de`

Die Priorität der Fragen richtet sich nach dem Ereignis. Manchmal sind auch andere W-Fragen von Bedeutung. Das ergibt sich aus dem Zusammenhang.

Bericht

Der Bericht liefert neben dem Küchenzuruf und der Beantwortung der W-Fragen auch noch wichtige Hintergrundinformationen zum Thema. Mit bis zu 500 Wörtern wird der Leser umfassend informiert.

8.3 Nützlicher Content

Auch beim nützlichen Content bleibt die persönliche Meinung im Hintergrund. Der Autor übersetzt einen komplizierten Sachverhalt in einfache Worte, gibt konkrete Handlungsanweisungen und/oder sorgt mit seinem Text dafür, dass irgendwas oder irgendjemand eine Verbesserung erfährt: glücklicher sein, gesünder leben, günstiger einkaufen, ein Problem einfacher lösen, Zeit sparen usw.

Ratgeber

Der Klassiker des nützlichen Contents ist der Ratgeber, eine Anleitung zur Problemlösung mit vielen Hintergrundinformationen, Handlungsvorschlägen und gegebenenfalls einem Überblick über aktuelle Entwicklungen. Eine Länge ist hier nicht vorgegeben. Im Internet bietet es sich an, den reinen Text mit Bildern, Infografiken, Videos und Links zu weiterführenden Informationen zu vervollständigen. Bieten Sie den Ratgeber auf Ihrer Webseite zum Download als PDF an! Vergessen Sie hierbei nicht, die einzelnen Seiten mit Ihrem Logo und einem Link zu Ihrer Webseite zu versehen.

Tipp

Es ist mittlerweile Mode geworden, den Download eines Ratgebers oder Whitepapers kostenpflichtig zu machen. Zumindest könnte man das im übertragenen Sinn so sehen.

Bevor man den Download starten kann, muss man einen Newsletter abonnieren, seine Adresse eintragen oder zustimmen, Werbung vom Anbieter zu erhalten. Ich persönlich halte nichts davon. Es ist nicht ratsam, den Besucher mit solchen Mitteln zur Herausgabe von Daten zu zwingen und ihn damit zu verärgern. Erst wird groß angekündigt, dass es kostenlosen Rat gibt und dann kommt die Barriere. Ärgerlich! Und mal ehrlich. Liest man einen Newsletter, der einem aufgezwungen wurde? Ich glaube, dass es sinnvoller ist, mit einem kostenlosen Ratgeber seine Position als Experte auszubauen und es den Lesern freizustellen, das Dokument als kostenlose Werbung für Sie zu teilen. Daten kann man woanders sammeln.

Whitepaper

Whitepaper sind im Prinzip ebenfalls Ratgeber. Sie werden jedoch meist im B2B-Bereich eingesetzt. Hier geht es um bestimmte Produkte oder Leistungen, die erläutert und aus verschiedenen Blickwinkeln betrachtet werden. Sie sind gespickt mit Konzepten, Fallstudien, Analysen, Tabellen und Vergleichen. Auch hier arbeitet man gerne mit Infografiken und Videos.

Anleitungen

Schritt 1, Schritt 2, Schritt 3, Schritt 4 – Anleitungen beschreiben in zeitlicher Abfolge, was man wie tun soll. Das kann der Aufbau eines Regals sein, die Installation einer Software oder das Stimmen einer Gitarre. Auch Kochrezepte sind Anleitungen, genau wie Schminktipps oder Sprachkurse. Der Anleitung steht meist eine Zutaten- oder Materialliste voran. Im Internet ist es üblich, diese Anleitungen in Form von Videos oder Audiodateien zur Verfügung zu stellen. Es gibt inzwischen sogar YouTube-Stars, die nichts anderes als Schmink-Tutorials oder andere Anleitungen veröffentlichen und damit viel Geld verdienen.

Tipp

Auch wenn Sie Video-Tutorials anbieten, sollten Sie die einzelnen Schritte noch einmal in Wort und Bild zusammenfassen und zum Download anbieten.

Im geschäftlichen Bereich sind Webinare besonders beliebt, bei denen Fachleute Schulungen zu einem bestimmten Thema geben. Bei manchen Themen bietet es sich an, der Anleitung noch ein paar Übungen nachzustellen.

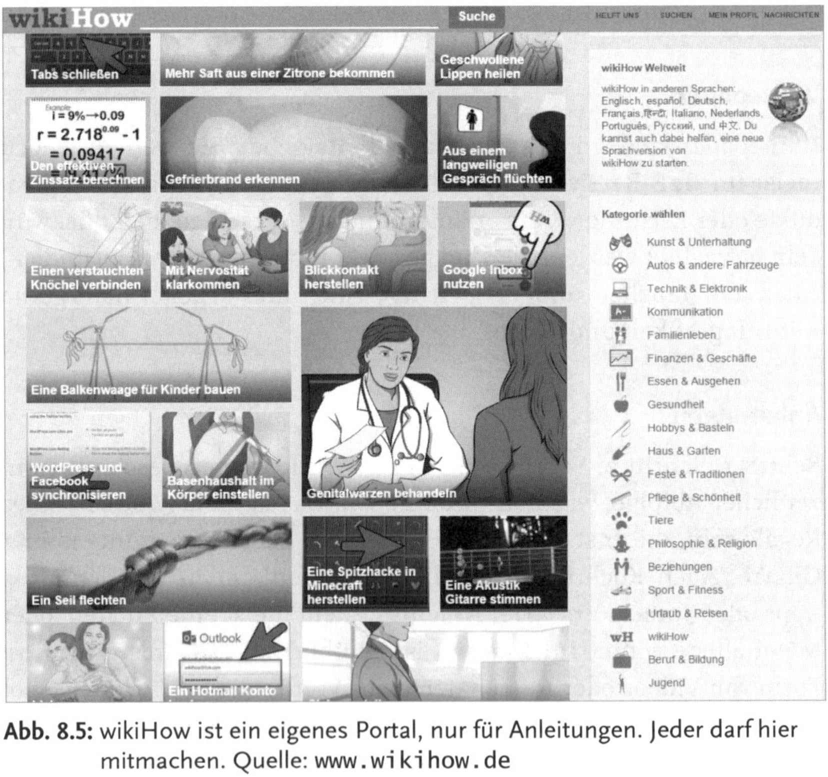

Abb. 8.5: wikiHow ist ein eigenes Portal, nur für Anleitungen. Jeder darf hier mitmachen. Quelle: `www.wikihow.de`

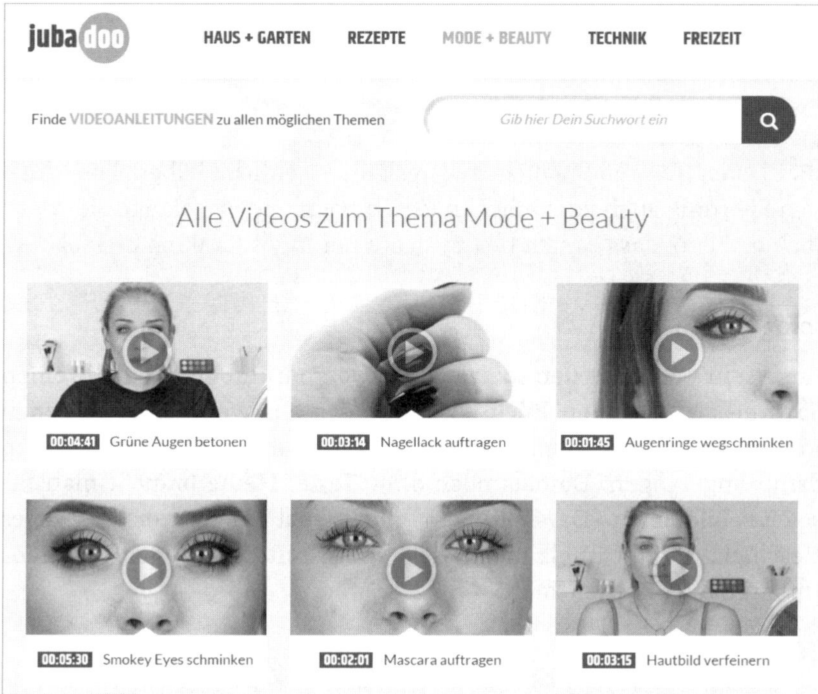

Abb. 8.6: Heute nicht mehr wegzudenken: Anleitungen per Video. Hier das Portal jubadoo in der Rubrik »Kosmetik«. Quelle: `www.jubadoo.de`

Listen/Rankings

Sie kennen das aus den sozialen Netzwerken: 10 Gründe, mit dem Rauchen aufzuhören, die 7 besten Bücher für Kinder, 5 Argumente gegen Milch ...

Hier weiß der Leser schon bei der Überschrift, dass es kurze und übersichtliche Infos gibt, für die man nicht viel Zeit mitbringen muss. Ideal für die sozialen Netzwerke, in denen man im Dauerlauf konsumiert und komprimierte Informationen mit einem Mausklick teilt. Auf der anderen Seite sind solche Listen auch schnell geschrieben. Alles, was Sie brauchen, ist ein Titel, eine kurze Einleitung, die Liste mit Kurzbeschreibungen und der jeweiligen Begründung für die Platzierung und optional ein Fazit.

Hinweis

Bei Listen müssen Sie nicht zwangsläufig sachlich bleiben. Hier dürfen Sie ruhig auch persönlichen Geschmack zeigen, solange Sie deutlich machen, dass es sich nicht um ein neutrales Ranking handelt.

Infografiken

Auch sehr beliebt in den sozialen Netzwerken: Infografiken, die einen Sachverhalt auf einen Blick zusammenfassen. Wenn man es genau nimmt, haben die Steinzeitmenschen mit ihren Höhlenmalereien damit angefangen. Damals noch ohne Texte. Heute braucht man für solche bildlichen Darstellungen nicht mal mehr zeichnerisches Geschick. Es gibt unglaublich viele Tools, mit denen man kostenlos Infografiken erstellen kann.

Wichtig

Die Infografik ist ein hervorragendes Seeding-Mittel. Das bedeutet, sie wird oft geteilt und taucht mit Quellennachweis in Berichten anderer Blogs oder in den sozialen Netzwerken auf. Sie ist also kostenlose Werbung für Ihre Seite. Die Zielgruppe ist somit nicht allein der Leser, sondern auch der Blogger, der Facebooker oder der Journalist, der die Infografik für seinen Artikel nutzt. Versuchen Sie, das Thema der Grafik möglichst allgemein zu halten, so dass sie zu vielen Artikeln passt und verwendet wird.

Für Infografiken gilt:

- Stellen Sie den Nutzen in den Vordergrund
- Bleiben Sie bei einem Thema, sonst wird es zu unübersichtlich
- Halten Sie die Texte kurz
- Denken Sie an Überschrift, Dateinamen, Bildunterschriften und Dateiinfos mit den entsprechenden Keywords

- Binden Sie die Infografik auf Ihrer Seite in eine Geschichte oder einen Ratgeber ein, so dass Interessierte dort weitere Infos und Erläuterungen zum Thema finden
- Machen Sie deutlich, dass die Infografik mit Hinweis auf Ihre Webseite gerne geteilt werden darf

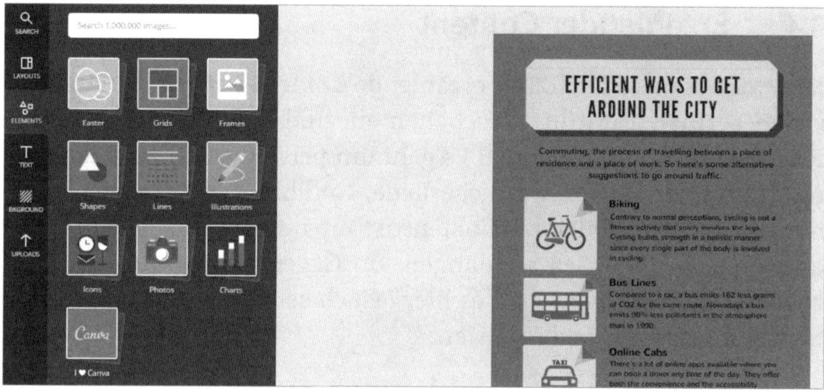

Abb. 8.7: Im Internet gibt es viele kostenlose Tools zum Erstellen von Infografiken, wie hier unter `www.canva.com`.

Tipp

Weitere Adressen im Netz für die Erstellung von Piktogrammen, Diagrammen und Co:

`www.easel.ly`
`http://icharts.net/`
`http://piktochart.com/`
`www.statsilk.com`

Testberichte und Rezensionen

Mit Testberichten und Rezensionen erleichtern Sie dem Leser die Entscheidung. Sie sind der Experte, der vorsortiert, vergleicht, ausprobiert und bewertet. Auch hierbei brauchen Sie eine Überschrift und eine Einleitung. Die Rezension orientiert sich zunächst an Fakten, die bewertet werden, und endet mit einem persönlichen Fazit.

Bei Vergleichen und Tests kann es wichtig sein, die Testbedingungen zu erläutern, die Features vorzustellen und übersichtliche Tabellen zu den Ergebnissen zur Verfügung zu stellen. Auch hier sollte der Artikel mit einem Fazit enden – in diesem Fall aber weniger persönlich, sondern sachlich zusammenfassend.

8.4 Erzählender Content

Jetzt wird es persönlich. Der erzählende Content bezieht den Autor in vielen Formaten mit ins Geschehen ein und stellt fiktive oder reale Personen in den Mittelpunkt. Es geht um persönliche Eindrücke, szenische Schilderungen, wörtliche Rede, Gefühle, Erfahrungen, Handlungen. Auch erzählender Content ist oft informativ, löst Probleme oder gibt Handlungsempfehlungen. Im Gegensatz zum tatsachenbezogenen Content menschelt es hier jedoch sehr. Der Leser wird emotional eingefangen und involviert.

Interview

Beim Interview haben Sie die Möglichkeit, ganz unterschiedliche Formate zu wählen: Text, Video, Audio, und neuerdings gibt es auch gif-Interviews, bei denen die Interviewpartner in bewegten Bildern antworten. Das wirkt in den meisten Fällen lustig, da die Interviewpartner sich ohne Worte ausdrücken müssen (Abbildung 8.8).

Was lässt sich einfach produzieren?

Alle Formate haben ihre Vor- und Nachteile. Ungeübte Interviewer sollten eher die schriftliche Form wählen, da sich hier viele Details einfach korrigieren lassen. Beim Audio-Interview haben Sie noch die Möglichkeit, mit geringem Aufwand lange Passagen zu kürzen oder Teile herauszuschneiden. Sie müssen allerdings auf viele Details achten, etwa darauf, dem Interviewpartner nicht ins Wort zu fallen oder ihn im Redefluss ständig mit lautem »ja, aha, ach so« oder anderen Ausrufen zu bestätigen. Das stört nämlich ungemein beim Zuhören und nervt irgendwann. Außerdem braucht es etwas Übung, um Versprecher herauszuschneiden oder das gesprochene Wort sinnvoll zu kürzen.

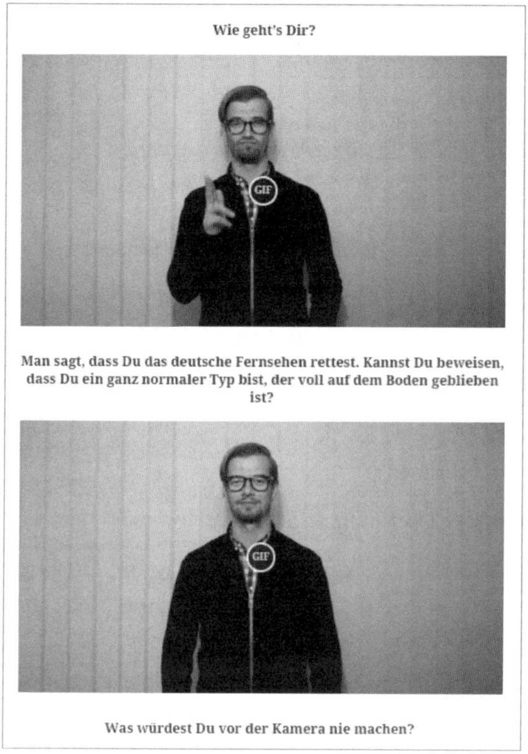

Abb. 8.8: Beim gif-Interview sind die Fragen ausgeschrieben. Die Antworten werden beim Klick aufs Gif pantomimisch gegeben. Hier ein Interview mit Joko Winterscheidt unter: `http://mitvergnuegen.com/`.

Das Videoformat ist die Königsdisziplin. Hier kann man nur schwer Passagen wie Versprecher oder langatmige Erklärungen kürzen, denn dann springt das Bild, oder der Zuschauer wird durch ständige Überblendungen aus der Konzentration gerissen. Auf der anderen Seite ist das Video natürlich die einfachste und anschaulichste Form, bei der auch Mimik und Gestik zur Vermittlung von Inhalten dienen.

Die richtigen Fragen

Achten Sie schon bei der Vorbereitung auf das Interview darauf, dass Sie keine geschlossenen Fragen stellen. Das sind alle Fragen, die man mit »Ja« oder »Nein« beantworten kann. Sie wollen den Interviewpartner zum Erzählen bekommen. Stellen Sie offene Fragen!

Geschlossene Frage:

War es schon immer Ihr Traum, Artist zu werden?

Offene Frage:

Wie sind Sie auf die Idee gekommen, Artist zu werden?

Es gibt allerdings auch Situationen, in denen Sie mit geschlossenen Fragen ans Ziel kommen. Nämlich immer dann, wenn Sie eine verbindliche und konkrete Antwort haben möchten.

Werden Sie die Steuern erhöhen?

Wollen Sie Leute entlassen?

Sind Sie auf der Messe mit einem Stand vertreten?

Ganz wichtig: Stellen Sie keine Doppelfragen! Der Interviewpartner wird in 90 Prozent aller Fälle beim Beantworten einer dieser Fragen die andere wieder vergessen.

Wie sind Sie Artist geworden und gefällt Ihnen der Beruf?

Machen Sie besser zwei Fragen draus!

Tipp

Versetzen Sie sich bei der Vorbereitung auf ein Interview in den Zuschauer, Zuhörer, Leser hinein. Was würde er fragen, wenn er keine Ahnung vom Thema hat? Es mag sein, dass Sie sich später im Gespräch zunächst etwas blöd vorkommen, weil Sie Fragen stellen, die Sie durch die Vorbereitung des Themas eigentlich schon selber beantworten könnten, aber stellen Sie sich trotzdem dumm! Ihre Rolle ist es, stellvertretend fürs Publikum zu fragen und nicht mit Fachwissen zu glänzen. Lassen Sie den Interviewpartner antworten und folgen Sie seinen Eindrücken und Argumenten. Haken Sie nach, wenn Sie etwas nicht verstehen und weichen Sie ruhig von Ihrem Fragenkatalog ab, wenn Ihnen etwas besonders interessant erscheint.

Wichtige Voraussetzungen für ein gutes Interview: Seien Sie neugierig, hören Sie gut zu und lassen Sie dem Gespräch – ohne ständigen Blick auf den Fragenzettel – seinen Lauf. Wenn der Interviewpartner zu weit vom Thema abweicht und dieser gedankliche Ausflug nicht interessant fürs Ergebnis ist, holen Sie ihn freundlich zurück zur Ausgangsfrage.

Tipp

Zeichnen Sie das Gespräch mit einer Diktiergerät-App auf, damit Sie hinterher noch einmal in Ruhe nachhören können. Sie können sich dann auch viel besser auf das Gespräch konzentrieren. Wichtig: Sie müssen sich zunächst die Erlaubnis des Interviewpartners holen, das Gespräch aufzuzeichnen. Stimmt er nicht zu, müssen Sie wohl oder übel mitschreiben.

Nachbearbeitung des Interviews

Nach dem Interview wird erst einmal kräftig gekürzt. Nehmen Sie Ihre Notizen oder das abgetippte Interview und streichen Sie alle Passagen, auf die Sie verzichten können. Es bleibt in der Regel noch mehr als genug über.

Nun müssen Sie die Sätze in Form bringen, denn niemand spricht auf Anhieb druckreif, und jeder Interviewpartner verhaspelt sich, springt mitten im Satz zu einem anderen Thema, fängt Sätze an, ohne sie zu beenden und so weiter. Versuchen Sie bei der Bearbeitung, den Tonfall und die Wortwahl des Interviewpartners nicht zu ändern. Ein junger Tätowierer, der über seinen Laden erzählt, redet anders als ein Arzt, der Ihnen eine Herzoperation erklärt. Bringen Sie die Antworten lediglich inhaltlich und grammatikalisch in Form.

Wichtig

Kommen Sie nicht in Versuchung, das Gesagte zu interpretieren oder zu ergänzen. Bleiben Sie strikt bei dem, was der Interviewpartner gesagt hat. Dichten Sie nichts hinzu!

Bei der Bearbeitung des Interviews kann es sinnvoll sein, die Reihenfolge der Fragen zu verändern und das Ganze so umzustellen, dass ein nachvollziehbarer Gesprächsverlauf entsteht. Hier dürfen Sie ein wenig von der Realität abweichen und die Dramaturgie des Interviews ändern. Wenn es im Text viele Fachbegriffe gibt, die für den Laien unverständlich sind, sollten Sie mit Sternchen und Fußnoten arbeiten. Am besten lassen Sie den Interviewpartner aber direkt im Gespräch diese Begriffe erläutern.

Wenn Sie auf Nummer sicher gehen wollen, lassen Sie den Interviewpartner zum Schluss noch einmal über den fertigen Text schauen. Bitten Sie Ihn um eine schriftliche Freigabe des Interviews – ruhig auch per E-Mail. So können Sie sich im Fall der Fälle darauf berufen, dass das Interview in der vorliegenden Form autorisiert wurde. Es kommt nicht selten vor, dass Interviewpartner kurze Zeit später der Meinung sind, irgendetwas niemals gesagt zu haben.

Interview per Telefon und E-Mail

Es muss nicht immer ein Interview Face-to-Face sein. Sie können auch ein Telefoninterview führen oder Ihren Interviewpartnern die Fragen schriftlich zukommen lassen. Beide Varianten haben aber ihre Tücken. Am Telefon sehen Sie den Interviewpartner nicht und können so nur schlecht eine persönliche Verbindung zu ihm aufnehmen. Außerdem müssen Sie mitschreiben, sofern Sie keine Möglichkeit des Mitschnittes haben.

Das E-Mail-Interview setzt voraus, dass das Gegenüber sich schriftlich gut ausdrücken kann. Problem: Sie können nicht direkt nachfragen, und die reine Schriftsprache wirkt sehr gestelzt, wenn kein Profi am Werk ist. Emotionen bleiben hier meist ganz auf der Strecke oder werden in das Korsett der Schriftsprache gezwängt, so dass sie jegliche Ausstrahlung verlieren. Beispiel:

Antwort im Face-to-Face-Interview:

Ich war total aufgeregt. Nachts bin ich dreimal aufgewacht und hab mir echt Gedanken gemacht, ob ich das schaffe. Und als ich dann auf die Bühne musste, war – zack – die ganze Nervosität mit einem Schlag weg. Ich habe das Publikum gesehen und war zuhause.

Antwort im E-Mail-Interview:

Zunächst war ich ziemlich aufgeregt. Ich habe auch kaum geschlafen. Als ich dann aber die Bühne betreten hatte, habe ich mich wohl gefühlt.

Überlegen Sie sich also gut, wie Sie vorgehen. Ich empfehle, E-Mail-Interviews nur bei sachlichen Themen zu führen.

Tipp

Wenn Ihr Interviewpartner technisch auf dem neuesten Stand ist, empfehle ich ein Skype-Interview. Hier sehen Sie zumindest Mimik, eventuell auch Gestik des Gegenübers, und mit entsprechenden Anwendungen können Sie das Gespräch sogar aufzeichnen. Auch hier gilt: Erst fragen, ob der Interviewpartner einverstanden ist!

Porträt

Ein Porträt stellt eine Person oder ein Unternehmen vor. Es geht dabei nicht nur um Jahreszahlen und Fakten, sondern um die Persönlichkeit, um den Charakter, um Eigenschaften, Beweggründe und Besonderheiten. Die puren Daten hätten auch Platz in einem Infokasten.

Sie müssen beim Porträt nicht zwangsläufig chronologisch vorgehen. Sie können mit einem prägnanten Erlebnis starten, mit einer typischen Situation, einer charakteristischen Verhaltensweise oder mit einem Zitat und später über den Rückblick die Zeit davor einbauen. Die wichtigsten Stationen im Leben oder in der Firmengeschichte sollten natürlich auch im Text auftauchen.

Tipp

Arbeiten Sie beim Porträt mit anschaulichen Ereignissen und mit bildlichen Schilderungen und Metaphern. Der Leser möchte sich ein Bild vom Gegenüber machen, und das darf man in Teilen ruhig wörtlich nehmen.

Beschreiben Sie die Person, um die es geht, möglichst lebendig: Mimik, Gestik, Haltung. Wie klingt die Stimme? Laut oder leise, entschlossen oder einfühlsam?

Arbeiten Sie ruhig mit Zitaten und mit eigenen Beobachtungen. Erzählen Sie Geschichten und Begebenheiten, die sinnbildlich für das Wesen der Person oder den Charakter der Institution stehen. Suchen Sie sich außerdem einen roten Faden, den Küchenzuruf, um nicht zu weit vom Thema abzuweichen. Kommen Sie immer wieder auf diesen roten Faden zurück.

Das Porträt schließt mit einer Einschätzung, einem Ausblick, einem Zitat oder einer Handlung ab, die die Kernaussage des des Textes unterstreicht. Ein Familienunternehmen will seinen Kunden auch künftig mit kleiner Mannschaft in persönlicher Atmosphäre zur Seite stehen. Der expansionswillige Firmenchef plant bereits seine nächsten Geschäftsreise ins Ausland. Der zielstrebige Jungunternehmer hat schon die nächste innovative Idee, die es zu verwirklichen gilt.

Wichtig

Sie sollten zwar Ihre eigenen Beobachtungen schildern, Ihre ganz persönliche Meinung ist beim Porträt jedoch nicht gefragt. Dass der Geschäftsführer XYZ einen lockeren Gesprächsstil mit seinen Mitarbeitern pflegt und gerne auch die Azubis um ihre Meinung zu wichtigen Entscheidungen bittet, darf und soll erzählt werden. Was Sie persönlich von dieser Art der Unternehmensführung halten, hat im Porträt aber nichts zu suchen.

Reportage

Bei der Reportage steht zunächst einmal der Reporter im Vordergrund. Er ist vor Ort und schildert, was er erlebt. Das bedeutet nicht, dass er sachlich informiert und berichtet. Der Reporter erzählt, was er sieht, fühlt, schmeckt, hört, riecht.

Beispiel

Bericht:

Auf dem Boden in der fensterlosen Halle lag ein Seil, das zwei Pfeiler miteinander verband.

Reportage:

Es war dunkel in der Halle, nirgendwo ein Fenster, keine Lampen an der Decke. Es roch nach altem Fisch, und ein kalter Wind pfiff durch die Ritzen der Dachkonstruktion. Durch eine kleine Luke etwa zwei Meter vor mir fiel ein schmaler Lichtstrahl. Ich tastete mich vorsichtig vorwärts und stolperte. Ein etwa 10 Zentimeter dickes Hanfseil auf dem Boden hatte mich beinahe zu Fall gebracht. Offensichtlich verband es zwei Eisenpfeiler miteinander. Das wollte ich mir näher anschauen.

Der Reporter nimmt den Leser mit auf eine Reise und lässt ihn am Geschehen teilhaben. Formulieren Sie vorab, was »das Geschehen« überhaupt sein soll. Eine Reise durch den Urwald? Ein Tag im Leben von Bäckermeister XYZ? Ein Bungee-Sprung? Bleiben Sie die ganze Reportage über bei diesem Küchenzuruf. Besonders wichtig ist bei einer Reportage eine gute Beobachtungsgabe mit dem Blick für Details. Die Reportage kann natürlich auch die Handlung anderer Menschen beschreiben, wenn man beispielsweise einen Bauarbeiter bei seiner Arbeit am Neubau des Einkaufszentrums begleitet oder eine Lehrerin beim Ausflug mit den Schülern.

Hinweis

Auch bei der Reportage gilt: Ihr persönliches Urteil über das Geschehen ist nicht relevant. Sie können Ihre Gefühle schildern, aber Sie sollten nicht werten. Auch Ihre eigene Persönlichkeit steht nicht im Mittelpunkt. Sie sind als Reporter das Werkzeug, mit dem der Leser sieht, hört, schmeckt, fühlt und riecht. Ein Stellvertreter vor Ort. Dichten Sie auch bei dieser Textform nichts hinzu.

Im Internet werden sehr gerne Multimedia-Reportagen veröffentlicht. Das bietet sich einfach an, denn Videos, Audios, Bilder und Text bieten zusammen umfassende Möglichkeiten, ein Ereignis zu schildern. Durch entsprechende Links gibt es dann sogar noch nützliche Hintergrundinformationen.

8.5 Meinungsbildender Content

Beim meinungsbildenden Content können Sie nun endlich so richtig Ihre Meinung sagen. Hier ist Subjektivität gefragt, wenn Sie auch die Fakten nicht ganz außer Acht lassen dürfen.

Kommentar

Um einen Kommentar schreiben zu können, brauchen Sie zunächst ein aktuelles Thema, das polarisiert, und vor allem eine klare Meinung. Erklären Sie kurz, worum es geht, deuten und werten Sie Fakten, argumentieren Sie schlüssig und ziehen Sie ein persönliches Fazit.

Wichtig

Bei einem Kommentar geht es nicht darum, jemanden zu beleidigen oder wild seine Befindlichkeiten in die Welt zu tröten. Es geht um ein Sachthema, das man durch Argumente bewertet. Voraussetzung ist es deshalb, dass Sie sich mit dem Thema eingehend beschäftigt haben und die Fakten kennen.

Würzen Sie den Kommentar ruhig mit einer provokanten Headline. Hinweis: Persönliche Beleidigungen sind hiermit natürlich nicht gemeint!

Glosse

Die Glosse braucht nicht unbedingt einen aktuellen Aufhänger. Sie kann ein kurioses Erlebnis schildern oder einen Sachverhalt auf die Schippe nehmen. Charakteristisch ist die Portion Humor, die hier mitschwingt. Das erreichen Sie zum Beispiel dadurch, dass Sie eine Schilderung deutlich überziehen. Stellen Sie sich eine Karikatur der Situation vor und versuchen Sie diese mit Worten zu beschreiben. Auch eine lockere Ausdrucksweise trägt zum witzigen Charakter der Glosse bei. Im Gegensatz zur Reportage dürfen Sie hier ruhig Ihre Fantasie spielen lassen. Tun Sie beispielsweise so, als ob Sie eine in Ihren Augen dumme Aussage eines Politikers wörtlich nehmen, und erfinden Sie die darauf folgenden Ereignisse.

Wichtig

Weder Kommentar noch Glosse sind Werkzeuge, um Personen oder Gruppen bloßzustellen. Durch eine Glosse karikiert (überzeichnet) man Situationen, Erlebnisse und Gedankenspiele. Ein Kommentar dreht sich um die persönliche Meinung zu einem Sachverhalt.

8.6 Interaktiver Content

Das Internet ist keine Einbahnstraße. Der Besucher Ihrer Webseite oder Ihres Shops möchte mitmischen, seine Meinung sagen, sich beteiligen, aktiv sein, Teil einer Community werden. Er möchte Sie kennenlernen, und das klappt am besten dann, wenn man etwas miteinander unternimmt.

Leserbeiträge

Fordern Sie Ihre Leser doch einfach mal auf, Geschichten oder Erlebnisse zu einem Thema aufzuschreiben. Es ist klar, dass Sie hier keine druckreifen Journalistenstücke abgeliefert bekommen. Dafür wird Ihre Seite aber durch authentische Schilderungen bereichert.

Geben Sie Ihren Lesern eine ungefähre Textlänge vor, bitten Sie konkret um passende Bilder oder Videos und stellen Sie vielleicht eine kleine Belohnung in Aussicht. Bearbeiten Sie die eingereichten Texte in Zusammenarbeit mit den Verfassern. Vielleicht müssen Sie hier und da noch einmal nachfragen oder ein paar Sätze streichen bzw. ergänzen.

Kunden testen

Authentische Empfehlungen und gute Bewertungen sind im Internet Gold wert. Wer sich unsicher ist, ob ein Angebot gut ist, hört auf diejenigen, die es schon ausprobiert haben. Allerdings ist es Arbeit, eine Bewertung zu verfassen, und deshalb machen sich meist nur diejenigen die Mühe, die unzufrieden sind und ihrem Ärger Luft machen wollen. Holen Sie sich die Kunden ins Boot, die Ihnen grundsätzlich positiv gegenüberstehen: Ihre Stammkunden. Suchen Sie aktiv über die Webseite, die sozialen Medien oder den Newsletter nach Teilnehmern für einen Test mit kostenloser Produktprobe.

Gehen Sie bei eventuellen Kritikpunkten im Ergebnis unbedingt auf die Anmerkungen ein. Sie haben den Test ja schließlich gemacht, um die Meinung der Kunden zu hören und Verbesserungsvorschläge umzusetzen. Ein Kunde, der sich ernstgenommen fühlt, kommt gerne wieder.

Umfragen

Apropos die Meinung der Kunden: Hier ist natürlich die Umfrage das Mittel der Wahl. Sie ist schnell erstellt und ein ideales Instrument für den Dialog. Sie erfahren mehr über die Bedürfnisse Ihrer Kunden und stärken gleichzeitig die Bindung. Das funktioniert natürlich nur, wenn Sie auf die Ergebnisse eingehen und öffentliche Konsequenzen ziehen. Die müssen nicht spektakulär sein, aber zumindest das Gefühl geben, dass die Teilnahme an der Umfrage etwas bewirkt hat. Wenn beispielsweise Ihr Weingummi zur liebsten Süßigkeit im Shop gekürt wurde, ist das vielleicht Anlass für eine Weingummi-Sonderaktion.

Foto-Aktionen

Auch bei Produktaktionen können Sie die Kunden mit ins Boot holen. Sehr beliebt sind Foto-Aktionen, bei denen dank Smartphone und Tablet fast jeder unkompliziert teilnehmen kann. »Bauen Sie einen Zoo aus unseren Weingummi-Tieren! Der schönste Tierpark gewinnt einen Monatsvorrat«.

Test

Wetten, dass Sie auch schon mal getestet haben, welcher Star-Wars-Charakter Sie sind, in welches Zeitalter Sie besonders gut passen oder welcher Flirt-Typ Sie sind? Jeder weiß, dass die Ergebnisse einer Prüfung durch geschulte Psychologen sicher nicht standhalten, und trotzdem ist man neugierig, wie das eigene Ergebnis aussieht. Es muss nicht immer todernst auf Ihrer Seite zugehen. Wenn es zu Ihrem Angebot passt, können Sie den Online-Quiz-Generator anschmeißen und loslegen. Solche »Psychotest« werden auch gerne in den sozialen Netzwerken geteilt, vor allem, wenn die Antworten lustig sind.

Quiz

Das klassische Quiz ist etwas aus der Mode gekommen, funktioniert aber auch online. »Suchen Sie die Unterschiede auf den beiden Bildern, wie viele Bären haben wir in dem Bild versteckt? Testen Sie Ihr Wissen!« Besonders gut funktioniert die Leserbeteiligung, wenn es etwas zu gewinnen gibt.

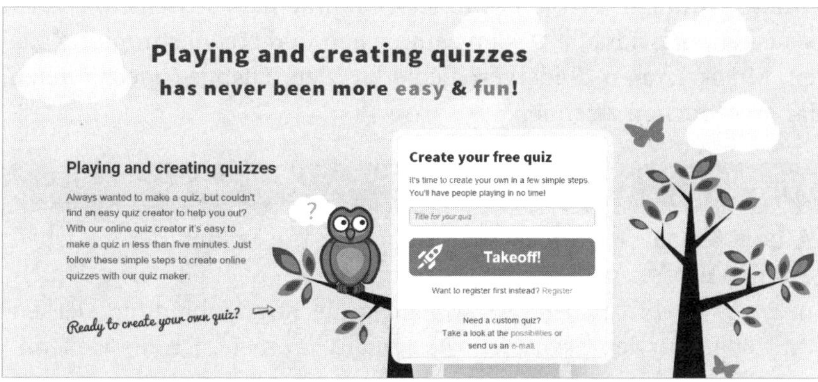

Abb. 8.9: Auch zum Erstellen eines Quiz' gibt es online kostenlose Hilfe. Hier zum Beispiel unter `www.onlinequizcreator.com`

Gewinnspiel

Damit wären wir auch schon beim nächsten Klassiker. Gewinnspiele sind der Renner im Netz, vor allem, seit es die sozialen Netzwerke gibt.

Ein Gewinnspiel bei Facebook, bei dem die Leser ein Like hinterlassen sollen und das Gewinnspiel teilen müssen, bringt viele neue Follower und somit potentielle Kunden. Dafür muss der Gewinn natürlich entsprechend attraktiv sein.

Vorsicht

Achten Sie bei Gewinnspielen wie auch bei allen anderen Aktivitäten im Internet auf die rechtlichen Bestimmungen!

Spiele

Der Mensch spielt gerne, auch im Internet. Sie müssen allerdings nicht gleich das nächste »World of Warcraft« erfinden. Auch kleine Spiele finden Anklang. Zunächst brauchen Sie einen Anreiz. Das kann der erste Platz auf einer Rangliste sein, eine Auszeichnung (Kunde des Monats), ein anderes Level (mehr Vergünstigungen) oder natürlich ein handfester Gewinn für den Sieger.

Beim Spiel selber haben Sie ebenfalls zahlreiche Möglichkeiten: Punkte sammeln, Figuren sammeln, Kommentare schreiben, Filialen besuchen, individuelle Designs einreichen und zur Abstimmung stellen, Musik erraten, Bildergeschichte knipsen, Lustige Videos drehen, das Maskottchen zeichnen.

Wichtig

Achten Sie bei Gewinnspielen darauf, dass die Teilnehmer Aufgaben erfüllen müssen, die unmittelbar mit dem Produkt oder dem Unternehmen zu tun haben. Sie wollen ja die Kundenbindung stärken und/oder Kunden gewinnen. Bestenfalls müssen sich die Gewinnspiel-Teilnehmer zur Lösung der Aufgabe intensiv mit Ihrem Angebot beschäftigen oder konkret als Kunden in Erscheinung treten. Eine pure Teilnahme ohne Bezug zum Produkt oder zur Firma erfüllt den Zweck nicht.

8.7 Videos

Die technische Erstellung von Videos soll hier nicht das Thema sein. Ein paar Worte zu den Texten rund um die bewegten Bilder sind jedoch möglich. Ganz gleich, ob Sie ein Webinar auf Ihrer Webseite anbieten oder ein Firmenvideo auf YouTube hochladen: Es gibt textlich einiges zu beachten.

Dateiname und Titel des Videos sollte wieder Begriffe enthalten, nach denen User suchen können, wenn sie diesen Inhalt sehen wollen. Fassen Sie in einer Kurzbeschreibung unter dem Video den Inhalt – inklusive wichtiger Suchbegriffe – zusammen. Bei YouTube sollten Sie zu Beginn der Beschreibung einen Link zu Ihrer Webseite einfügen und die Möglichkeit der Tags (Stichworte) voll ausnutzen. Beantworten Sie Kommentare immer sofort. Eine aktive Kommentarliste erhöht auch das Ranking bei YouTube.

Untertitel

Bei der Erstellung von Untertiteln müssen Sie zwei Dinge beachten: die Lesegeschwindigkeit und den Platz. Normalerweise haben Sie zwei Zeilen mit etwa 35 Zeichen zur Verfügung. Das entspricht im Schnitt etwa zehn Wörtern. Die durchschnittliche Lesegeschwindigkeit liegt bei drei Wörtern pro Sekunde.

- Markieren Sie, an welchen Stellen im Video Untertitel eingeblendet bzw. gewechselt werden sollen.
- Zwischen den einzelnen Einblendungen sollte ein Abstand liegen, damit man den Wechsel registrieren kann.
- Gehen Sie der Einfachheit halber davon aus, dass ein Untertitel von zwei Zeilen etwa 3-4 Sekunden stehenbleiben muss.
- Fassen Sie den gesprochenen Text zwischen Ihren Markierungen mit einfachen Worten auf zwei Zeilen (zehn Wörter) zusammen.
- Richten Sie den Textblock zentriert am unteren Bildrand aus.

Abb. 8.10: Die Bundesregierung untertitelt ihre Videos. So kann man beispielsweise bei Facebook auch einer Rede folgen, ohne dass der Ton eingeschaltet ist. Ein großer Vorteil für unterwegs! Hier der Nachruf auf Hans-Dietrich Genscher, den alleine bei facebook über 35.000 Menschen verfolgten.

8.8 Audio-Podcast

Audio-Podcasts kann man auf dem Weg zur Arbeit im Auto hören, bei der Hausarbeit, beim Malen, Stricken oder in allen Situationen, in dem man nur die Ohren frei hat. Sie sind also noch immer eine prima Alternative zum Video, bei dem man zwingend hinschauen muss.

Sie haben auch beim Audio-Format verschiedene Herangehensweisen. Sie können klassische Nachrichten und Radiobeiträge veröffentlichen, Vorträge halten, Gespräche mit Kollegen oder Interviewpartnern aufzeichnen oder ganze Sendungen mit verschiedenen Elementen und Musik anbieten. Sie kennen die Formate aus dem Radio.

Das Schreiben fürs Sprechen unterscheidet sich allerdings ein wenig vom Schreiben fürs Lesen. Vergessen Sie alle stilistischen Regeln, die

Sie in der Schule über Aufsätze oder Berichte gelernt haben. Schreiben Sie natürlich!

Tipp

Stellen Sie sich beim Schreiben fürs Sprechen immer vor, Sie würden gerade mit einem Freund oder Bekannten reden. Würden Sie diese Worte benutzen? Sind die Ausdrücke überhaupt in Ihrem aktiven Wortschatz? Würden Sie beim Erzählen so lange Sätze bilden? Lesen Sie den Text laut vor und überlegen Sie, ob das Gegenüber Ihren Text als natürlich oder als aufgesetzt und gestelzt empfindet. Streichen Sie außerdem rigoros alles weg, was nicht unbedingt nötig ist. Sie wollen nicht langweilen, sondern unterhalten oder informieren.

Beachten Sie beim Konzept, dass der Zuhörer auf Anhieb verstehen muss, was Sie sagen. Man kann einen Podcast zwar zurückspulen, aber das macht ja niemand. Verwirren Sie also nicht mit zu vielen Namen, zu langen Sätzen, Fremdwörtern oder zu vielen Zahlen. Sagen Sie zum Beispiel besser »knapp ein Viertel« statt »24,8 Prozent«.

Tipp

Nutzen Sie die Vorteile des Formats. Versuchen Sie, Bilder im Kopf des Zuhörers zu erzeugen, indem Sie Sprache mit Musik, typischen Geräuschen oder Tönen untermalen und ergänzen. Sie müssen nicht mit Worten beschreiben, wie eine Tür quietscht, wenn Sie auch das entsprechende Geräusch einspielen können. Wenn Sie die Atmosphäre in einer Fabrikhalle vermitteln wollen, geht das besser mit der Geräuschkulisse dort als mit Worten über Größe und geschäftige Betriebsamkeit.

Hinweis

Einen guten Überblick über Podcasts im Netz finden Sie unter `www.podcast.de`. Vergessen Sie nicht, Ihren eigenen Podcast ebenfalls in die Verzeichnisse im Internet einzutragen.

8.9 Content-Recycling

Wenn es schnell gehen muss und die Zeit für die Recherche fehlt, können Sie ganz einfach Content recyceln. Das bedeutet, Sie verwerten die vorhandenen Themen noch einmal. Machen Sie aus dem Bericht eine Infografik, aus der Reportage einen Ratgeber, aus dem Video eine Liste mit Tipps.

Kapitel 9

Rund um den Blog

Der Blog gehört noch immer zur Standardausstattung einer erfolgreichen Webseite. Er erfüllt gleich mehrere wichtige Funktionen. Blog-Leser sind Nachrichtenmultiplikatoren, die ihre Meldungen verlinken und in den sozialen Netzwerken weitertragen.

Wer glaubt, dass man nur ein Facebook-Profil braucht und keinen eigenen Blog, der sollte kurz an Myspace und andere Netzwerke zurückdenken, die heute auf dem Markt keine Rolle mehr spielen. Das Internet ändert sich so rasend schnell, dass es sinnvoll ist, in den eigenen vier virtuellen Wänden etwas Bleibendes zu schaffen. Wenn Facebook untergeht, geht Ihre Facebook-Seite mit unter. Die Arbeit von Jahren ist futsch. Ihr Blog aber bleibt. Schreiben Sie also vornehmlich dort! In welchen Netzwerken Sie die Blogbeiträge dann teilen, können Sie flexibel entscheiden.

Mit einem Blog wird Ihre Webseite außerdem auch über Blog-Suchmaschinen und Blog-Verzeichnisse im Netz gefunden.

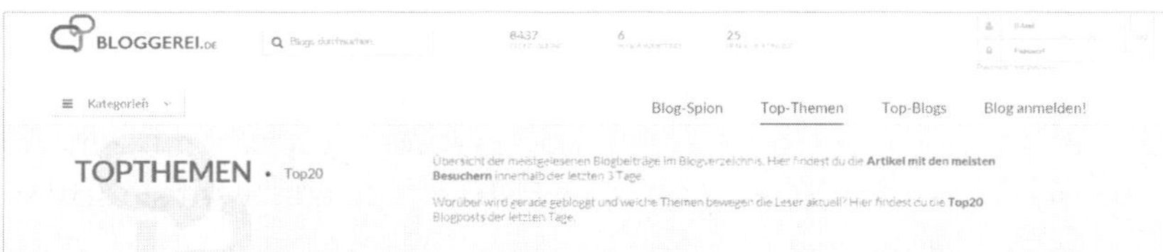

Abb. 9.1: Eines der bekanntesten Blog-Verzeichnisse ist Bloggerei.de. Hier können Sie Ihren Blog eintragen und gleichzeitig spionieren, was in anderen Blogs los ist und was die Top-Themen sind.
Quelle: `www.bloggerei.de`

Blogs dienen dem Dialog mit dem Kunden, der Marktforschung und der Markenbildung. Über fundierte Artikel im Blog können Sie den

Lesern Ihre Kompetenz in Ihrem Fachgebiet beweisen und sich einen Ruf als Experte aufbauen. Auch mit Blick auf die Suchmaschinenoptimierung ist der Blog ein wichtiger Bestandteil des Webauftritts. Da hier ständig neue Artikel erscheinen, bleibt die Webseite aktuell. Darüber hinaus können Sie in die Artikel – je nach Thema – wichtige Keywords rund um Ihr Angebot einbauen und sogar auf Produkte und Dienstleistungen verweisen. Sie liefern den Kunden durch News, Ratgeber, Testberichte, Interviews, Gewinnspiele, Berichte und Hintergrundinfos kontinuierlich Gründe, Ihre Seite erneut zu besuchen.

Tipp

Weitere Blog-Verzeichnisse im Netz:
`www.blogtotal.de`
`www.topblogs.de`
`www.blogoscoop.net`
`www.blogtraffic.de`

Hinweis

Beachten Sie, dass der Blog kein Werbeprospekt ist, sondern ein Raum für Begegnungen, in dem Sie sich präsentieren, Besucher empfangen, Kunden kennenlernen und Geschäftsbeziehungen aufbauen. Mit dem Blog geben Sie Ihrer Präsenz im Internet eine persönliche Note. Das Argument, dass man über den Blog nicht verkauft und er deshalb nicht so wichtig ist, ist Blödsinn. Sie legen Ihre Produkte ja auch nicht wortlos im kahlen Ladengeschäft mit einem Preisschild auf den Boden und sagen: »Irgendjemand wird sie schon finden und kaufen.«

Doch worauf sollten Sie beim Aufbau des Blogs achten, damit Sie viele Stammleser gewinnen? Auch hier brauchen Sie zunächst ein Konzept. Der Blog sollte ein Thema in den Vordergrund stellen, so dass die Leser wissen, was sie erwartet. Sie haben die Möglichkeit, ein Fachgebiet zum Kernthema zu machen, die Firma selber, ein bestimmtes Produkt, einen Service.

Der zweite wichtige Punkt: Blogs müssen authentisch sein und sollten nicht zur reinen Werbeveranstaltung ausarten. Die Artikel müssen den Lesern einen Mehrwert bieten – sei es durch Informationen oder durch Unterhaltung.

Benennen Sie ein Blogautoren-Team, das mit Fotos und Namen vorgestellt wird. Blogs leben von den Kommentaren und von Diskussionen. Klar, dass der Besucher lieber mit einer Person als mit einer anonymen Firma redet. Die Interaktivität sollten Sie stets fördern, denn ein Blog ist kein Nachrichtenmagazin, sondern ein Treffpunkt im Netz, an dem Erfahrungen und Meinungen ausgetauscht werden. Reagieren Sie also zeitnah auf Kommentare und halten Sie die Diskussionen so in Gang. Nur ein »lebendiger« Blog wird gerne und oft besucht.

9.1 Gastartikel

Sehr viele themenbezogene Blogs arbeiten mit Gastartikeln. Das Prinzip ist ähnlich wie bei den Interviews, nur dass hier der Gastautor einen Artikel zu einem bestimmten Thema veröffentlicht. Sie können das Thema selber vorgeben oder dem Autor freie Hand lassen. Bei Gastartikeln handelt es sich meist um Ratgeber, Studien oder Erfahrungsberichte. Der Vorteil: Wer Gastbeiträge veröffentlicht, kann davon ausgehen, dass im Blog des Gastautors auf den Beitrag verwiesen wird. Zudem knüpfen Sie wichtige Kontakte und können im Gegenzug meist auch im Blog des Gastautors einen Fachbeitrag aus Ihrer Feder platzieren. Schreiben Sie in einem ersten Schritt einfach mögliche Gastautoren an oder bieten Sie sich selber als Gastautor an. Auf manchen Webseiten finden Sie sogar entsprechende Buttons und Kontaktformulare, mit denen gezielt nach Gastautoren gesucht wird.

9.2 Stöckchen

Sie sind ein wenig (okay: sehr!) aus der Mode gekommen, aber es gibt sie noch: die Blogstöckchen. Sie funktionieren nach dem Schneeballprinzip und dienen dazu, den Blog mit thematisch verwandten anderen Blogs zu verlinken. Das Stöckchen besteht aus einem Fragenkatalog zu einem bestimmten Thema oder es wird eine kreative Aufgabe formuliert. Die Antworten und/oder Lösungen bieten in Ihrem Blog Information, Unterhaltung und die Grundlage für Diskussionen. Zum Zweck der Vernetzung setzen Sie in Ihrem Beitrag zum Thema einen Link auf denjenigen, von dem Sie das Stöckchen erhalten haben, und reichen es am Ende des Beitrags an andere Blogs weiter. Dazu verlinken Sie diejenigen, die aufgerufen sind, mitzumachen. Eine Art Staffellauf im Netz!

Nicht jedes Stöckchen eignet sich für Blogs mit geschäftlichem Hintergrund. Suchen Sie also im Netz nach Stöckchen mit thematisch passenden Inhalten. Alternativ dazu können Sie auch ein eigenes Stöckchen entwerfen und in Umlauf bringen.

9.3 Blogparaden

Blogparaden behandeln ein spezielles Thema, das in den teilnehmenden Blogs diskutiert wird. Jeder Teilnehmer verweist unter dem Ausgangsartikel der Parade auf seinen Beitrag. Im Gegensatz zum Stöckchen ist die Blogparade meist zeitlich begrenzt. Nach dem Ablauf der Frist veröffentlicht der Initiator der Parade eine Zusammenfassung der Beiträge und ein Fazit. Dabei verweist er nochmal auf alle Blogs, die teilgenommen haben.

Auch bei den Blogparaden gibt es solche, die sich eher für private Blog eigenen, und andere, die durchaus auch für geschäftliche Blogs interessant sind.

Kommen Sie jedoch bloß nicht auf die Idee, im Artikel Ihre Produkte anzupreisen oder anderweitig Werbung zu platzieren. Stellen Sie lieber Ihre Fachkompetenz in den Vordergrund. Sie können sich durch die Blogparade auch ohne Werbung auf neue Besucher freuen.

Tipp

Aktuelle Blogparaden gibt es hier:

`http://blog-paraden.blogspot.de/`
`www.blogparaden.de`
`http://internetblogger.biz/`

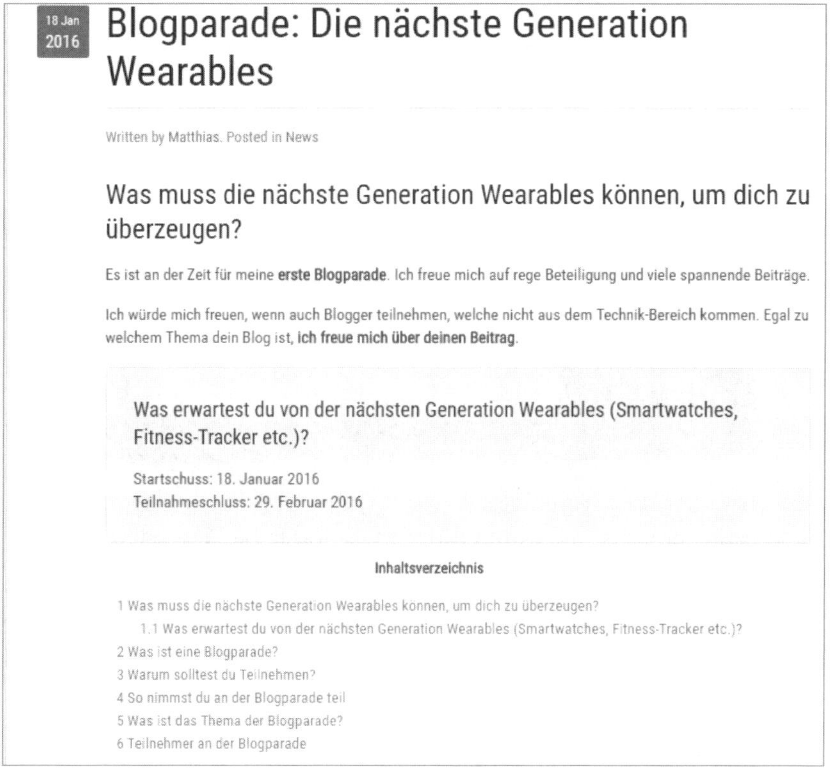

18 Jan 2016

Blogparade: Die nächste Generation Wearables

Written by Matthias. Posted in News

Was muss die nächste Generation Wearables können, um dich zu überzeugen?

Es ist an der Zeit für meine **erste Blogparade**. Ich freue mich auf rege Beteiligung und viele spannende Beiträge.

Ich würde mich freuen, wenn auch Blogger teilnehmen, welche nicht aus dem Technik-Bereich kommen. Egal zu welchem Thema dein Blog ist, **ich freue mich über deinen Beitrag**.

Was erwartest du von der nächsten Generation Wearables (Smartwatches, Fitness-Tracker etc.)?

Startschuss: 18. Januar 2016
Teilnahmeschluss: 29. Februar 2016

Inhaltsverzeichnis

1 Was muss die nächste Generation Wearables können, um dich zu überzeugen?
1.1 Was erwartest du von der nächsten Generation Wearables (Smartwatches, Fitness-Tracker etc.)?
2 Was ist eine Blogparade?
3 Warum solltest du Teilnehmen?
4 So nimmst du an der Blogparade teil
5 Was ist das Thema der Blogparade?
6 Teilnehmer an der Blogparade

Abb. 9.2: Matthias ruft in seinem Blog zur Blogparade mit dem Thema »Die nächste Generation Wearables auf«. `http://internetblogger.biz/blogparade-zum-thema-smartwatches-und-wearables/`

Tipp

Greifen Sie in Ihrem Blog auch ruhig eine Blogparade auf und schreiben Sie zu einem Thema, das zu Ihrem Angebot passt. Der Vorteil: Sie werden auf der Startseite der Blogparade verlinkt und erreichen so Leser, die Sie sonst vielleicht nicht erreicht hätten. Andersherum funktioniert es natürlich auch: Starten Sie selber eine Blogparade! Vergessen Sie dann aber nicht, sie auch in die Blogparade-Portale einzutragen.

JANUAR 20, 2016 / ALEX L / 5 COMMENTS

Hallo liebe Leser! Nach kurzem Hin-und-Her habe ich beschlossen, dass ich mich an der Blogparade von Matthias beteiligen möchte. **Das Thema diese guten Blogparade sind Smartwatches und Wearables**.

Was genau eine Smartwatch ist, kann man in der deutschen Wikipedia nachlesen und es ist eine Armbanduhr mit Computerfunktionen und hat ein eigenes Betriebssystem. Diese Uhr ist so cool und dabei kann man auch Apps installieren. Es ist auch so, dass wenn ihr ein iOS nutzt, so muss man dann eine Apple Watch kaufen und bei Android Betriebssystem gibt es mehrere

Abb. 9.3: Ein Ergebnis der Blogparade: Der Artikel von Alex L. unter `http://you-big-blog.net/blog/wie-sehe-ich-es-mit-der-smartwatch-blogparade/`. Er hat die Smartwatches zum Thema gemacht.

9.4 Content-Partner

Wer sich die Arbeit ein wenig erleichtern möchte, kann sich Content-Partner bzw. Gastautoren suchen, die regelmäßig Artikel liefern. Wie wäre es mit Tipps vom Kochprofi, »Experte XYZ beantwortet Leserfragen«, »Tiere suchen ein Zuhause« in Zusammenarbeit mit dem Tierheim oder Veranstaltungstipps von der Event-Firma nebenan. Auch hier gilt: Sinnvoll ist, was zum eigenen Angebot passt.

9.5 In anderen Blogs kommentieren

Im ersten Moment kommt man vielleicht nicht auf die Idee, dass auch Forenbeiträge und Blogkommentare Webtexte sind, die dazu dienen können, Ihre Webseite besser ins Netz einzubinden. Doch bei jedem Kommentar, den Sie in einem Forum oder in einem anderen Blog hinterlassen, wird unter Ihrem Namen ein Link auf Ihre Webseite gesetzt. Sofern die Einstellung der Kommentarfunktion es zulässt, wird dieser Link von der Suchmaschine als Verweis auf Ihre Webseite gewertet. Darüber hinaus locken Sie natürlich auch Leser auf Ihre Webseite, die Ihren Forumseintrag oder Ihren Kommentar interessant finden und wissen wollen, wer sich dahinter verbirgt. Es lohnt sich also, an Diskussionen in thematisch verwandten Blogs und Foren teilzunehmen. Hierbei sollten Sie jedoch eins unbedingt bedenken:

Werbung und Einträge, die allein dazu dienen, einen Link zu generieren, werden gar nicht gerne gesehen. Viele Webmaster löschen solche Beiträge direkt und sperren die IP-Adresse. Schreiben Sie also nur einen Kommentar, wenn Sie wirklich etwas zum Thema zu sagen haben. Lesen Sie sich den Blogartikel sorgfältig durch und bleiben Sie beim Thema. Versuchen Sie, neue Aspekte in die Diskussion zu bringen oder widerlegen Sie Aussagen mit fundierten Argumenten. Es gibt so viele Blogs und Foren im Internet, dass Sie garantiert Artikel finden, zu denen Sie eine ehrliche Meinung haben. Die Mühe lohnt sich allemal, denn der Linkaufbau wird damit kontinuierlich vorangetrieben, und Sie wecken das Interesse der Blogbetreiber und Leser. Keine Werbung machen! Ganz wichtig!

Hinweis

Es versteht sich von selbst, dass Sie auch in Ihrem Blog auf Kommentare antworten müssen. Wenn sich jemand die Mühe macht, zu Ihrem Artikel etwas zu sagen, will er auch eine Reaktion. Kommt die nicht, wird er künftig in einem weniger toten Umfeld seine Meinung sagen. Wenn es sich anbietet, sollten Sie die Kommentarfunktion aktiv im Artikel bewerben.

Schließen Sie mit einem Aufruf oder einer Frage ab: »Was meinen Sie dazu?«, »Wie sind Ihre Erfahrungen?«, »Und was habt Ihr an Weihnachten gemacht?«

Mit dem Ansatz, dem Thema und dem Format können Sie nun loslegen und Ihren neuen Content erstellen.

9.6 Content-Plan

Wenn Sie immer nur Interviews, immer nur Umfragen oder immer nur Nachrichten auf Ihrer Seite veröffentlichen, wird es schnell langweilig. Sorgen Sie also für einen angenehmen Mix aus tatsachenbetontem, nützlichem, erzählendem, meinungsbildendem und interaktivem Content. Damit Sie hier den Überblick nicht verlieren, empfiehlt sich ein Content-Plan. Ansatz und Format können Sie dabei schon im Vorfeld festlegen. Das Thema sollten Sie allerdings kurzfristig bestimmen, um aktuell zu bleiben.

Schreiben Sie für eine Woche oder einen Monat im Voraus auf, wann Sie was veröffentlichen wollen und wie lang die Artikel in etwa werden sollen. Wenn Sie ein Redaktionsteam haben, legen Sie auch direkt fest, wer welchen Content erstellen soll. Wenn Sie den Content über ausgewählte soziale Kanäle verbreiten wollen, können Sie im Content-Plan vermerken, welche Kanäle das sein sollen. So haben Sie ständig den richtigen Mix im Blick und wissen, was noch an Inhalten ansteht.

9.7 Blogger-Reisen

Im Zuge der neuen Wege im Internet entstehen auch ganz neue Arten der Öffentlichkeitsarbeit. Oder besser: Klassische Arten werden fürs Internet adaptiert. So sind zum Beispiel die Blogger-Reisen entstanden. Blogger eines bestimmten Genres (Mode, Reise, Food, Freizeit) werden zu einem gemeinsamen Ausflug oder einer gemeinsamen Veranstaltung eingeladen. Die Programmpunkte sind genau auf ihre Zwecke abgestimmt. Im Ergebnis gibt es eine Berichterstattung aus unterschiedlicher Perspektive, denn jeder tickt (bloggt) anders.

Abb. 9.4: Die Kunsthalle Karlsruhe spricht in ihrem PR-Bereich auch die Blogger explizit an. `www.kunsthalle-karlsruhe.de/de/presse-blogger.html`

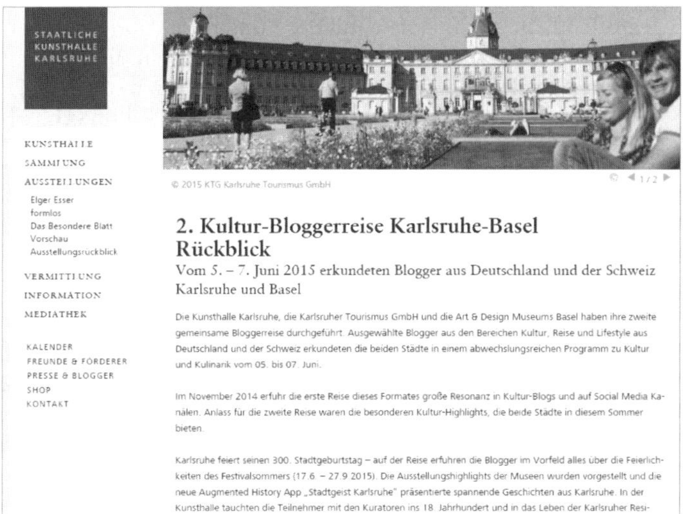

Abb. 9.5: Die Kunsthalle organisiert regelmäßig Blogger-Reisen. Bei dieser hier kamen Blogger aus Deutschland und der Schweiz. `www.kunsthalle-karlsruhe.de`

Blogger-Relations für Museen – die Kunsthalle Karlsruhe macht es vor

Neulich flatterte eine Einladung für eine **dreitägige Bloggerreise nach Karlsruhe und Basel** in mein E-Mail-Postfach. Ich bin zwar kein Reiseblogger, aber allein die Idee und das Konzept interessieren mich sehr und ich freue mich, im Verteiler gelandet zu sein.

Museen entdecken eine neue Zielgruppe

Die meisten Museen wenden sich (hoffentlich) regelmäßig mit Pressemitteilungen und Newslettern an potentiell interessierte Journalisten, das ist etabliert und gehört dazu. Aber sollten sie sich nicht auch langsam um die stetig wachsende Bloggergemeinde kümmern? – Eine Frage, die ich schon mehrmals über Twitter mit verschiedenen Kulturbloggern – darunter **Tanja Praske, die auch schon zum Thema gebloggt hat**, diskutiert habe.

Interview mit der Kunsthalle Karlsruhe: Blogger Relations

Abb. 9.6: Und so kann das Resultat über die Berichte der Teilnehmer hinaus aussehen: Eine Bloggerin berichtet über die Einladung und veröffentlicht ein Interview mit der Kunsthalle. Übrigens sehr lesenswert! Es geht um die Zusammenarbeit mit Bloggern, um Blogger-Relations. `www.marlenehofmann.de/blog/2014/11/27/blogger-relations-fuer-museen-die-kunsthalle-karlsruhe-macht-es-vor`

Und wie finden Sie nun einflussreiche Blogger, die Sie zu Ihrer Blogger-Reise einladen können? Entweder Sie suchen nach Stichwort über die Suchmaschine, oder Sie werfen einen Blick auf Blog-Portale.

Hinweis

Stellen Sie IHRE EIGENEN Blog-Inhalte unbedingt auch als RSS-Feed zur Verfügung. In den meisten Blogsystemen ist diese Funktion ohnehin vorgesehen. Der Vorteil: Kunden, Journalisten und andere Blogger, die mit Feed-Readern arbeiten, bekommen Ihre neuen Veröffentlichungen sofort geliefert. Tragen Sie Ihren RSS-Feed auch in die entsprechenden Portale ein, damit Sie gefunden werden.

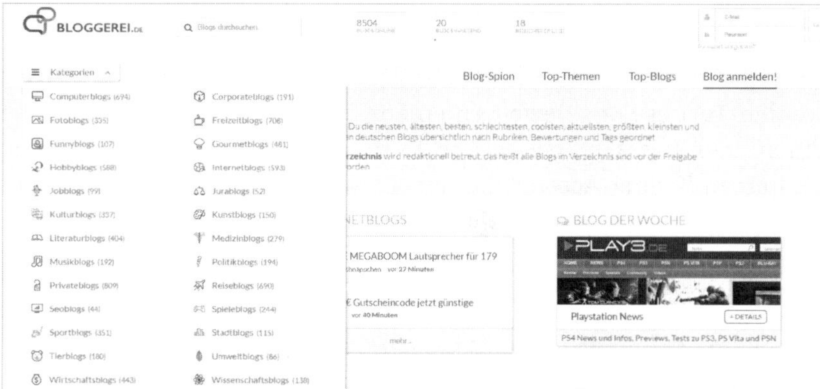

Abb. 9.7: Hier sind die Blogs nach Kategorie geordnet. Es gibt außerdem einen Überblick über Top-Themen und Top-Blogs. `www.bloggerei.de`

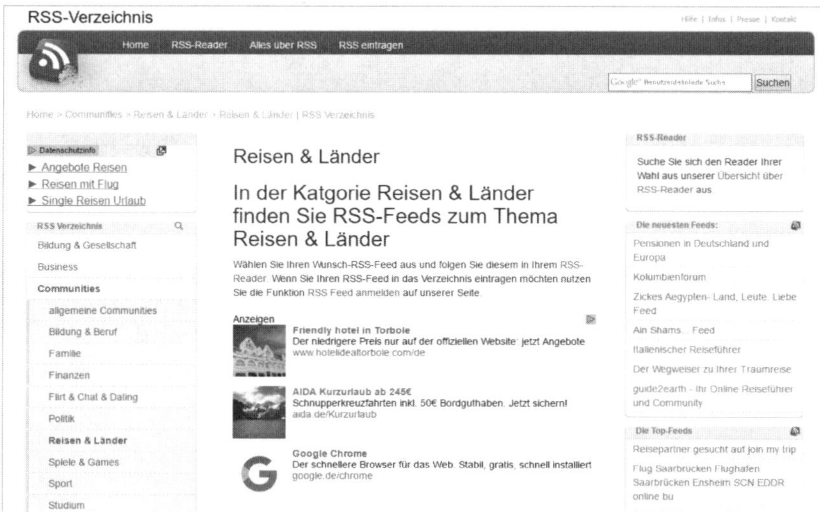

Abb. 9.8: Ein Beispiel für ein RSS-Verzeichnis. Es gibt noch viele weitere im Netz. Auf dieser Seite finden Sie außerdem weitere Infos zu RSS im Allgemeinen. `www.rss-verzeichnis.de`

9.8 TweetUps

Ähnlich wie die Blogger-Reise funktioniert ein TweetUp. Entweder werden Twitter-Stars gezielt zu einem Event eingeladen, oder es gibt ein offenes TweetUp, bei dem jeder mitmachen kann, der ein Handy und einen Twitter-Account besitzt. Es wird ein Hashtag vorgegeben, unter dem alle Teilnehmer live über die Veranstaltung berichten, die sie gemeinsam erleben.

Abb. 9.9: Das Beethovenfest Bonn und die Sparkasse KölnBonn berichten über ihr TweetUp mit 20 Twitterern und 1500 Tweets zur Oper »Fidelio«: `https://storify.com/Beethovenfest/tweetup-befespark-zur-live-ubetragung-der-oper-fid`

Kapitel 10

Storytelling

Was ist eigentlich dieses ominöse Storytelling, von dem neuerdings alle reden? Geschichten erzählen? Kann man damit wirklich Produkte oder Dienstleistungen verkaufen? Direkt sicher nicht. Aber Geschichten sind bestens dazu geeignet, Werte zu vermitteln, Erfahrungen weiterzugeben, Sachverhalte einfach zu verpacken und Wissen zu vermitteln. Schon vor Jahrhunderten hat man sich aus diesen Gründen Geschichten erzählt, und es funktioniert noch immer, selbst wenn man nicht um ein Lagerfeuer sitzt.

Was finden Sie spannender? Die schlichte Aussage »*Wir legen großen Wert auf die Work-/Life-Balance unserer Mitarbeiter*« oder die Geschichte einer Mitarbeiterin, die erzählt, wie ihr Arbeitgeber ihr den Traum einer einjährigen Auszeit ermöglicht hat und was sie in diesem Sabbatical alles auf ihrer Reise durch die Welt erleben durfte? Die Story bleibt garantiert besser im Gedächtnis und wird vielleicht sogar weitererzählt.

Was animiert Sie eher zum Kauf? Die Aussage »*Dieser rote Stuhl lässt sich einfach transportieren und ist überall schnell aufgestellt*« oder die Geschichte eines Rentners, der keine Lust hat, mit den anderen Senioren auf einer Parkbank zu sitzen und die Tauben zu füttern. Er kauft sich besagten roten Stuhl und reist damit durch die Welt (siehe Abbildung 10.5).

Was rührt Sie mehr? Die appellierende Aussage: »*Denken Sie auch an die vielen Hunde, die im Tierheim auf ein neues Zuhause warten, wenn Sie sich einen Vierbeiner ins Haus holen wollen*« oder die Geschichte eines diabeteskranken Mannes, der berichtet, wie die Ärzte ihm nur noch wenig Lebenszeit prognostizierten. Er erfüllte sich einen letzten Traum und holte sich einen Hund aus dem Tierheim. Fortan waren die beiden viel an der frischen Luft unterwegs. Der Mann fasste neuen Lebensmut, bewegte sich viel mehr als vorher, nahm viele Kilos ab, lebte gesünder und verantwortungsvoller, bekam die Krankheit in den Griff. Der Hund aus dem Tierheim hatte ihm das Leben gerettet.

Abb. 10.1: Das gemeinsame Leben mit seinem Hund ließ den Protagonisten aktiver werden und abnehmen. Ziel des bewegenden Spots: Werbung für Hunde in Tierheimen. Quelle: `www.hssv.org/betterfuture/mutual-rescue/about.html`

Gute Geschichten reißen mit, begeistern, lassen mitfiebern und mitfühlen. Die Botschaft wird dabei beinahe nebensächlich transportiert. Und doch bleibt sie lange im Gedächtnis, weil die Story einen berührt hat. Erinnern Sie sich an den alten Mann im EDEKA-Spot, der seine eigene Todesanzeige aufgibt, um seine Familie am Weihnachtstisch zusammenzubringen?

Abb. 10.2: Die »Heimkommen«-Geschichte von EDEKA hat sich eingeprägt, ganz egal, ob man sie für genial oder für geschmacklos hält.

Abb. 10.3: Das ganze Image einer Firma kann auf einer Geschichte aufgebaut sein. Wie zum Beispiel das des Männermode-Labels Fynch-Hatton, das sich eng am Leben des Abenteurers Denys Finch-Hatton orientiert. Das Afrika-Thema zieht sich durch alle Stores und Werbemittel. Sogar das Logo wurde entsprechend gewählt. `www.fynch-hatton.de`

Mit guten Geschichten, die im Gedächtnis bleiben und weitererzählt werden, können Sie:

- die Unternehmensgeschichte erzählen
- Mitarbeiter vorstellen
- zufriedene Kunden zu Wort kommen lassen
- die Auswahl/Entstehung Ihrer Produkte veranschaulichen
- Verwendungszwecke für Ihre Produkte vorstellen
- ein Image aufbauen
- Unternehmensphilosophien vermitteln
- zum Handeln animieren
- uvm.

Auch Sie können Aussagen in Form von Geschichten vermitteln. Dafür brauchen Sie – Sie ahnen es schon – zunächst ein Konzept.

10.1 Das Ziel der Geschichte

Im ersten Schritt legen Sie das Ziel fest. Wollen Sie die Verkaufszahlen für ein bestimmtes Produkt in die Höhe treiben? Wollen Sie ein Image prägen? Wollen Sie etwas erklären? Wollen Sie ein Gefühl vermitteln? Wollen Sie den Kunden vom Sinn einer Sache überzeugen? Formulieren Sie Ihre Mission! Wer kein Ziel hat, kann auch nicht ankommen.

10.2 Die Art der Geschichte

Welche Art von Geschichte passt besonders gut zu Ihrem Produkt und Ihrem Ziel?

Heldenhaft

Sie schicken einen starken, mutigen Helden in die Welt, der ein Abenteuer besteht und trotz aller Widerstände siegt. Wahlweise kann der Held auch zu Anfang noch keinen Heldenstatus haben und sich im

Laufe der Geschichte entwickeln. Mit so einer Geschichte vermitteln Sie Durchsetzungsvermögen, Energie und Schaffenskraft.

Abb. 10.4: Johnny Walker erzählt die heldenhafte Geschichte von ... John Walker!

Sensationell

Während der klassische Held Stärke und Tatkraft ausstrahlt, traut man es dem Protagonisten dieser Geschichte nicht zu, ein Ziel zu erreichen. Er wirkt klein und schwächlich und steht vor einer vermeintlich unlösbaren Aufgabe. Doch allen Unkenrufen zum Trotz erreicht er sein Ziel und lässt den Leser staunend zurück. Diese Geschichte vermittelt: Auch du kannst etwas erreichen! Selbst dann, wenn die Aufgabe schwierig erscheint!

Von ganz unten nach ganz oben

Einen ähnlichen Ansatz verfolgt das Cinderella-Prinzip. Man ist ganz unten und landet ganz oben. Vom Tellerwäscher zum Millionär. Vielleicht ist hier ein bisschen Glück im Spiel oder ein besonders ehrenwerter Charakter, der sich bezahlt macht. Die Botschaft: Halte an deiner

Überzeugung und an deinen Träumen fest. Bleib dir treu, und du wirst belohnt werden!

Lustig

Mit Humor geht alles besser. Humor öffnet die Herzen und ist quer durch alle Branchen eine willkommene Abwechslung im geschäftlichen Alltag. Ob die Geschichte nur mit einem Augenzwinkern erzählt wird oder die ganze Palette des Slapsticks vereint, kann man dabei frei wählen. Wichtig ist, dass der Leser, Zuhörer, Zuschauer zumindest schmunzelt und somit ein positives Gefühl zurückbehält. Ideal, um weniger positive Dinge wie Krankheiten oder das Altwerden zu thematisieren.

Abb. 10.5: In diesem IKEA-Spot wird auf humorvolle Art vermittelt, dass ein Stuhl maßgeblich zu einem aktiveren, bunteren Leben beitragen kann. Erzählt wird die Geschichte eines älteren Mannes, der nicht mit den anderen Senioren auf der Parkbank sitzen möchte, um Enten zu füttern.

Phantastisch

Wer träumt nicht manchmal von einer Welt, in der Dinge möglich sind, die gar nicht möglich sind? Vielleicht gibt es doch mehr zwischen Himmel und Erde, als wir uns zugestehen? Spiritualismus, Phantasie, Träume, Sehnsüchte – all das kann man in einer phantastischen Geschichte zum Ausdruck bringen. Entweder, um einer Marke einen besonderen Charakter zu verleihen, oder um ein trockenes Thema mit Leben zu füllen und mit Geheimnissen spannender zu machen.

Gefühlvoll

Gefühle sind ein starkes Motiv für eine Geschichte. Allen voran die Liebe. Es muss nicht einmal die Liebe eines Paares sein. Ebenso ergreifend sind Kurzgeschichten über Geschwisterliebe, die Liebe zu den Eltern oder zu den Kindern, die freundschaftliche Liebe, die Liebe zu einem Haustier oder auch nur zu einem Kuscheltier. Liebe, Freude, Leidenschaft, Begeisterung, Freundschaft, Treue: Diese Gefühle berühren und machen die Welt für einen Moment schöner.

Abb. 10.6: Hornbach wirbt mit der Geschichte eines Vaters, der aus Solidarität und Liebe zu seiner Gothic-Tochter, die von der Gesellschaft abgelehnt wird, sein Haus schwarz streicht.

10.3 Der Held

Wer ist der Held Ihrer Geschichte? Wen schicken Sie auf die Reise? Denken Sie daran, dass die Geschichte mit diesem Protagonisten steht und fällt. Er muss authentisch und überzeugend sein. Mit ihm identifiziert sich der Leser, Zuschauer, Zuhörer.

Der Chef als Held

Bei der Unternehmensgeschichte ist es in der Regel der Unternehmensgründer, dessen Geschichte erzählt wird. Er ist der Held, der aus dem Nichts etwas erschafft. Es geht natürlich auch kleiner. Wie löst der Chef dieses oder jenes Problem? Wofür setzt er sich persönlich ein? Welche Prioritäten setzt er?

Ein Mitarbeiter als Held

Ihr Unternehmen baut auf sein Team? Sie fördern die einzelnen Mitarbeiter individuell? Bei Ihnen kommt es auf das menschliche Miteinander an? In Ihrer Firma haben auch Leute eine Chance, die sonst durchs Raster fallen? Erzählen Sie davon, indem Sie die Geschichten Ihrer Mitarbeiter erzählen.

Ein Kunde als Held

Was hat der Kunde davon, dass er Ihre Firma beauftragt, Ihre Marke liebt, Ihr Produkt kauft? Wenn Sie die Geschichte eines Kunden erzählen, erzählen Sie vor allem, wie sein Leben mit Ihrem Angebot zusammenhängt.

Das Produkt als Held

Auch ein Produkt kann in Ihrer Geschichte zum Held werden. Wenn es sich nicht ohnehin um eine Figur handelt, wie bei LEGO, dann können Sie es personalisieren. Denken Sie nur an »Den kleinen Hunger« oder die »M & M`s«. Wenn Sie gleich eine ganze Marke auf Abenteuerreise schicken wollen, können Sie stellvertretend ein Maskottchen nehmen, das eine Aufgabe meistert.

Abb. 10.7: Ein ganzer Film voll Storytelling mit dem Produkt als Held: Screenshot aus dem Trailer zum LEGO-Movie

Eine Person als Held

Leonardo da Vinci, Gandhi, Goethe, Franz Beckenbauer: Echte Personen werden gerne herangezogen, um Geschichten zu erzählen, die man mit einem Unternehmen oder einem Produkt verbindet.

Abb. 10.8: Die Telekom erzählt in einem Spot die wahre Geschichte von Bob und Linda Carey, in der Bob mit einem rosa Tutu bekleidet seine an Krebs erkrankte Frau aufheitern möchte.

Eine erfundene Person als Held

Wer keine echte Person findet, deren Geschichte passt, der erfindet eben eine. Denken Sie noch einmal an die »Heimkommen«-Geschichte von EDEKA, in der ein älterer Mann seinen Tod vortäuscht, damit seine Familie sich am Weihnachtstisch zusammenfindet. Der Mann ist erfunden. Aber vielleicht hätte es ihn so oder so ähnlich geben können.

Eine Figur als Held

Das Gleiche funktioniert natürlich auch mit erfundenen Charakteren: Sherlock Holmes, Darth Vader, Don Quichote, dem Teufel, einem Engel: Sie alle können Abenteuer erleben, die direkt oder indirekt mit Ihrem Unternehmen zu tun haben.

Abb. 10.9: Auch Schere, Stein und Papier können in Ihrem Namen Geschichten erleben. So wie in diesem Android-Spot, in dem Freundschaften entstehen, obwohl man unterschiedlich ist.

Ein Tier als Held

Was Tiere wohl denken, wenn sie mit uns zusammenleben und mit den Dienstleistungen und Produkten konfrontiert werden, die die Menschen erschaffen? Dabei muss es nicht um Katzen- oder Hundefutter gehen. Auch zu Autos und Ähnlichem können die Fellnasen eine Meinung haben.

Abb. 10.10: In diesem lustigen Spot von Toyota verletzt sich eine Katze immer wieder selber, damit sie mit Frauchen im COROLLA zum Tierarzt fahren darf.

10.3.1 So bekommt Ihr Held ein Profil

Ganz gleich, wie kurz Ihre Geschichte ist und welches Format Sie wählen: Sie sollten Ihren Helden ganz genau kennen, um seine Geschichte erzählen zu können. Er muss eine Persönlichkeit haben, ein Profil, Tiefe. Ist Ihr Held eine echte Person, dann haben Sie es leicht. Sie können alle wichtigen Details einfach aufschreiben. Bei erfundenen Charakteren wird es schwieriger. Es braucht ein wenig Vorarbeit, um eine Figur authentisch erscheinen zu lassen. Was macht Ihren Helden aus?

Charaktertyp

Was für einen Typ von Figur wollen Sie erschaffen? Ist es der Abenteurer, der Außenseiter, der Dummkopf, der Idealist, der Intellektuelle, der Kämpfer oder vielleicht der Kreative? Schreiben Sie auf, welche Rolle Ihr Held spielen wird und welche Eigenschaften im Großen und Ganzen damit verbunden sind. Wer hier auf Klassiker und Klischees setzt, spart Zeit für Erklärungen. Der gestresste Manager, der naturverbundene Öko-Bauer, der akkurate Beamte, die gefühlvolle Hebamme, die gutmütige Oma: Wir alle wissen sofort, was gemeint ist. Individualisieren können wir den Charaktertyp später noch.

Ein Beispiel:

Wir erschaffen einen Helden namens Erasmus Einstein, der die Rolle des altmodischen Intellektuellen spielt. Haben Sie es gemerkt? Sogar der Name suggeriert dem Leser schon etwas. Mit dem Namen Kalle Kuskowski wäre das Bild gleich schief. Unser Erasmus Einstein ist sehr belesen, kultiviert, konservativ, legt nicht viel Wert auf moderne Kleidung. Dafür liebt er Museen. Kein Wunder, denn er ist ein Professor, der Kunstgeschichte an der Universität lehrt. Erasmus Einstein ist 62 Jahre alt, nicht verheiratet und wohnt in einem kleinen Backstein-Haus, das außer einigen kunstgeschichtlichen Kleinoden nicht viele Highlights bietet. Erasmus besitzt einen alten Computer, weil er ihn für die Arbeit braucht. Einen Fernseher, ein Smartphone und andere moderne technische Geräte sucht man bei ihm vergeblich. Soziale Kontakte hat er kaum.

Körper

Bedenken Sie, dass Sie dem Charakter schon mit der Statur eine Ausstrahlung verpassen. Hagere, ältere Menschen mit blasser Haut und großer Nase wirken streng, altmodisch, diszipliniert, ernst, während ein wohlgenährter Senior mit roten Wangen und runder Stupsnase lebensfroh, heiter, gesellig und unternehmungslustig wirkt. Wie mag Erasmus Einstein wohl aussehen? Er ist kein Lebemann und nicht sehr gesellig. Genuss ist ihm ein Fremdwort, er geht mit dem Verstand an Dinge heran. Er ist also unseren Überlegungen nach eher hager und blass. Wir geben ihm lockiges, volles Haar, das noch Spuren der früheren schwarzen Haarfarbe zeigt, ansonsten aber grau ist. Er trägt einen ebenfalls ergrauten, gepflegten Vollbart. Seine Finger sind lang und knochig, sein Mund ist schmal, seine Ohren sind klein und liegen eng am Kopf an. Er hat stahlblaue Augen, einen sehr geraden Gang und wirkt mit seinem sprunghaften Blick immer etwas gehetzt.

Charaktereigenschaft

Haben Sie schon ein ungefähres Bild von Erasmus Einstein? Nun wird es konkreter. Geben Sie ihm Charaktereigenschaften und sehen Sie, welches Verhalten sich daraus ableitet. Wir legen fest, dass Erasmus Einstein ein **ungeduldiger** Mensch ist. Erasmus Einstein ...

- ... verlangt, dass Dinge sofort erledigt werden
- ... hat kein Verständnis für Leute, die Dinge locker sehen und langsam angehen lassen
- ... ist leicht reizbar, greift andere oft verbal an und schimpft.
- ... hat einen schnellen Laufschritt
- ... nervt Kollegen, weil er ständig nach dem Fortschritt eines Projekts fragt
- ... beschwert sich lautstark, wenn irgendwas zu lange dauert oder nicht sofort klappt
- ... übernimmt ungefragt Aufgaben anderer, damit es schneller geht
- ... trommelt mit den Fingern oder guckt nervös auf die Uhr
- ... trifft unüberlegte Entscheidungen, die im Endeffekt noch mehr Arbeit machen
- ... hat ständig schon die nächste Aufgabe im Blick
- ... missachtet die Privatsphäre anderer und stört, um zu betonen, wie dringend etwas ist
- ... nimmt anderen Leuten Handgriffe ab, damit es schneller geht, egal, ob sie das wollen oder nicht
- ... lässt Leute nicht ausreden, unterbricht sie, vervollständigt ihre Sätze
- ... ist ruhe- und rastlos

Positiver Aspekt der Eigenschaft

Erasmus denkt vorausschauend, behält stets den Überblick und hat für alles eilige Lösungen parat.

Negativer Aspekt der Eigenschaft

Erasmus hat Schwierigkeiten damit, innezuhalten, etwas zu genießen oder sich über etwas zu freuen.

Herausforderung – bedingt durch die Eigenschaft

Erasmus muss lernen, zufrieden zu sein, statt sich selbst durchs Leben zu jagen. Der Schlüssel dazu ist die Dankbarkeit. Er muss erkennen, dass der Augenblick einen Wert besitzt und dass das Aktuelle ihn glücklich machen kann, wenn er es zulässt.

Sie können Ihrer Figur natürlich auch eine positivere herausragende Eigenschaft auf den Leib schreiben, ganz so, wie es zu Ihrem Vorhaben passt.

Talente

Jeder Mensch hat Talente. Auch Erasmus Einstein. Er kann hervorragend feilschen. Das macht er nicht nur gut, sondern auch besonders gerne. Ganz egal, ob er auf dem Flohmarkt nach alten Schätzen sucht, im Antiquariat einkauft oder mit der Politesse über die Strafzettel-Summe verhandelt. Sein wacher Verstand und seine schnelle Kombinationsgabe kommen ihm dabei zu Gute. Erasmus nutzt auch die kleinste Gelegenheit, um sein Talent unter Beweis zu stellen.

Ängste

Man glaubt es kaum, aber Erasmus Einstein hat Angst, einsam zu sterben. Er merkt, dass er älter wird und sieht bei Nachbarn und Kollegen, dass es sich einfacher zu zweit lebt, wenn man Freude und Leid teilen kann, Aufgaben auf zwei Schultern verteilt und sich gegenseitig den Rücken stärkt. Sich selber sieht er alleine zum Greis werden. Niemand, der ihn darauf hinweist, dass er seine Tabletten noch nehmen muss, niemand, der später an seinem Grab weint oder überhaupt merkt, dass es ihn nicht mehr gibt.

Schicksal

Erasmus Einstein ist über 60 Jahre alt. Er hat also schon eine bewegte Vergangenheit mit zahlreichen Schicksalsschlägen hinter sich. Besonders einprägsam war für ihn der Tag, an dem er durch einen banalen Fehler die Liebe seines Lebens an einen anderen Mann verlor: Er hatte sich im zarten Alter von 20 nach langem Zögern endlich getraut, sie ins Theater einzuladen. Sie wollte ihn abends in seiner ersten eigenen Studentenbude abholen. Aufgeregt hatte er sich ausgehfein gemacht, das Appartement aufgeräumt, Kaffee gekocht und ihre Lieblingsmusik aufgelegt. Doch sie kam nicht. Erasmus lief unruhig immer wieder ans Fenster, doch sie war nicht zu sehen. Was er nicht wusste: Seine Angebetete stand längst unten und suchte vergeblich nach dem richtigen Klingelschild im Studentenwohnheim. Er hatte vergessen, seinen Namen darauf zu schreiben. Er sah durchs Fenster nur noch, wie seine große Liebe mit einem Kommilitonen, den sie zufällig vor der Tür getroffen hatte, in Richtung Innenstadt spazierte. Ihn hat sie wenige Jahre später auch geheiratet. Erasmus blieb alleine.

Motiv

Jeder Mensch hat etwas, das ihn antreibt. Kennen Sie noch diesen Spruch aus der Volksbank-Werbung? Ein guter Spruch, denn genau so ist es! Was treibt Erasmus Einstein an? Was lockt ihn vom Sofa, wenn er es sich gemütlich gemacht hat? Was weckt ihn auf, wenn er müde ist? Was lässt ihn aktiv werden und weitermachen? Wir geben unserem Charakter ein Motiv: Wissen! Wann immer es eine Möglichkeit gibt, sein Wissen auf dem Gebiet der Kunstgeschichte zu vergrößern und dieses Wissen seinen Studenten weiterzuvermitteln, ist Erasmus ganz vorne mit dabei. Hierin sieht er einen Sinn, hierauf ist er stolz, dies ist sein Interesse, sein Motor.

Jetzt haben Sie eine genauere Vorstellung von Ihrem Charakter, den Sie ins Abenteuer schicken. Machen Sie sich nun ein paar Notizen zur Handlung.

Schauplatz

Wo soll Ihre Geschichte spielen? Es gibt natürlich bei langen Geschichten sehr viele Settings. Hier müssen Sie gegebenenfalls für jede Szene ein eigenes Stichpunkte-Blatt anfertigen. Angenommen, wir verfrachten Erasmus Einstein auf einen Flohmarkt. Er steht am Stand einer älteren Dame, die Antiquitäten und Bücher verkauft.

Was sieht er?

Er sieht Tapeziertische voll mit Vasen, Puppen, Spielzeug, Kleinkram, Kisten voll mit Büchern. Überall hängen und liegen Kleidungsstücke und Kleiderstapel. Kinder hocken auf ihren Decken am Boden, haben Heldenfiguren, Tauschkarten und Gesellschaftsspiele vor sich ausgebreitet. Er sieht Kastenwagen, vor denen alte Stühle, Schränke und andere Antiquitäten zum Verkauf ausgestellt wurden. Verkäufer sitzen in Decken gehüllt in Klappstühlen hinter ihren Ständen, essen Pommes, schütten sich Kaffee aus Thermoskannen ein, streicheln ihre Hunde, rufen ihre Kinder, diskutieren mit Kunden. Zwischen den Flohmarktständen gibt es Speis und Trank. Aus Verkaufswagen werden Crêpes, Pommes und Wurst gereicht. Die Feuerwehr bietet aus einer großen Suppenterrine Erbsensuppe an. Menschen zwängen sich durch die schmalen Gänge, Kinderwagen werden durch die Menge manövriert, Menschen wühlen in Kisten, heben einzelne Stücke hoch, fragen nach dem Preis. Andere stehen wartend am Rand des Geschehens und rauchen.

Was hört er?

Er hört Stimmengewirr. Einige Verkäufer rufen marktschreierisch ihre Angebote in die Menge, während im Hintergrund ein Murmeln und Rufen vorherrscht. Kinder weinen, Kinder lachen. Die Geräusche der vorbeifahrenden Autos auf der Straße neben dem Flohmarktgelände mischen sich in die Geräuschkulisse. Ein paar Stände weiter schallt ein Beatles-Song aus einer Anlage. Ein Hund bellt, der Kaffeeautomat am Nebenstand spuckt ächzende Töne aus.

Was riecht er?

Der Duft der Feuerwehr-Erbsensuppe hängt in der Luft und vermischt sich mit dem Bratgeruch der Würstchen auf der anderen Seite. Das süße Parfüm der älteren Dame, die mit am Stand steht, zieht ihm aufdringlich in die Nase. Die alten Bücher auf dem Tisch vor ihm verströmen den angenehmen Geruch von altem Papier.

Was fühlt er?

Erasmus hält ein altes in Leder gebundenes Buch in der Hand. Seine Finger fahren prüfend über den weichen Einband, während er es von allen Seiten betrachtet. Das Kunstgeschichte-Buch ist schwer, wiegt mindestens ein Kilogramm und ist durch sein viereckiges Großformat etwas unhandlich. Als er es durchblättert, bemerkt er Zeichnungen mit leichtem Relief. Immer wieder wird er von Flohmarktbesuchern angestoßen, die sich an ihm vorbeizwängen.

Was schmeckt er?

Das ist in diesem Fall irrelevant, kann aber bei Settings in Restaurants oder an anderen Orten, an denen man etwas schmeckt, wichtig sein. Wenn man Erasmus unbedingt schmecken lassen will, dann lutscht er vielleicht gerade ein Eukalyptus-Bonbon.

Wetter

Es regnet und der Himmel ist grau. Alles in allem eine eher ungemütliche Atmosphäre. Ein kalter Wind fegt an diesem Frühlingsmorgen über den Platz. Einige Verkäufer haben Regencapes an, andere sind gerade dabei, wasserempfindliche Objekte wie Bücher und technische Geräte mit Planen abzudecken. An einigen Orten haben sich bereits Pfützen am Boden gebildet.

Symbole

Erasmus schlägt den Kunstband in seiner Hand wahllos auf und sieht ein Bild von einem einzelnen alten Baum auf einem Hügel. Er betrachtet es etwas länger als die anderen Seiten. Spüren Sie die Einsamkeit, die dieses Symbol in unserer Geschichte erzeugt?

Gefühl

Erasmus möchte den Kunstband kaufen und hält nach der Verkäuferin Ausschau. Die ältere Dame lächelt ihn an, widmet sich dann aber einem anderen Interessenten. Sie ist modern gekleidet, trägt die Haare offen und ihr Lächeln erinnert ihn an seine große Liebe. Was fühlt er? Erasmus merkt schon wieder die Ungeduld in sich aufsteigen. Er will das Buch und die Verkäuferin ist nicht verfügbar. Außerdem ist er unsicher. Er räuspert sich und tut so, als müsse er noch etwas nachschauen, obwohl er eigentlich den Kauf abschließen will. Er legt das Buch hin, nimmt es wieder auf, reibt sich den Nacken, sucht den Blick der Dame und schaut wieder weg, als sie reagiert. Er zeigt verhalten mit dem Finger auf, um gleich wieder eine Faust zu machen. Schließlich spricht er sie an – schroffer als er es eigentlich geplant hatte.

Abb. 10.11: In meinem Storytelling-Handbuch im Internet finden Sie ein riesengroßes Lexikon, in dem Sie alle Details zu Figuren, Schauplätzen und Handlungen einfach nachschlagen können. So setzen Sie im Handumdrehen Ihre Figuren, Settings und Plots zusammen. Die Geschichte müssen Sie allerdings selber schreiben ;-) `www.storytelling-handbuch.de`

Sie haben nun einen Helden mit Charaktereigenschaften, Talent, Ängsten, Schicksalsschlägen, einem Aussehen, Gefühlen und einem Motiv. Sie haben einen Schauplatz, wissen, wie das Wetter ist, und sehen Symbole. Nun müssen Sie nur noch Ihre Geschichte schreiben. Halten Sie dabei das Ziel, das Sie zu Beginn formuliert haben, fest im Blick.

10.4 Die Heldenreise

Es gibt natürlich wahnsinnig viele Möglichkeiten, eine Geschichte aufzubauen. Ich stelle hier beispielhaft eine typische Heldenreise mit sechs Stationen vor. Sie ist eine der kürzesten Varianten.

Der Alltag

Ihre Geschichte startet mit einer typischen Situation des Alltags. Sie müssen den Helden zunächst dem Publikum vorstellen und ihn in seinem gewohnten Umfeld mit gewohnten Handlungen zeigen. Wo lebt er? Was macht er? Was ist er für ein Typ?

Das Abenteuer ruft

Plötzlich wird der Alltag empfindlich gestört. Irgendetwas passiert. Irgendetwas fehlt, irgendetwas geht verloren, irgendetwas taucht auf, irgendetwas ist anders als sonst. Der Held muss etwas tun, das er noch nie zuvor gemacht hat. Zuerst hadert er noch und weigert sich. Doch der Druck steigt. Schließlich lässt er sich auf die Aufgabe ein.

Der erste Schritt

Der Held geht den ersten Schritt in eine neue Richtung. Dabei muss er etwas wagen, innere und äußere Hürden überwinden, Tabus brechen oder ganz eigene Wege erfinden. Nun gibt es kein Zurück mehr.

Rückschläge und Hindernisse

Irgendwas ist ja immer. Die Mission droht zu scheitern. Hindernisse und Gefahren tauchen auf, der Held wird auf den Prüfstand gestellt. Was so zuversichtlich begann, gerät ins Wanken. Der Protagonist muss beweisen, dass er zu Recht die Hauptperson in Ihrer Geschichte ist. Je nach Umfang der Geschichte kann es auch einen Gegenspieler geben und/oder Leute, die dem Helden behilflich sind.

Der Sieg

Es hat funktioniert! Der Held hat gesiegt. Die Mission ist erfüllt. Er hat sich die Belohnung redlich verdient. Und auch das Publikum hat nicht umsonst mitgezittert.

Zurück im Alltag

Und die Moral von der Geschicht'? Der Held hat sich verändert. Er ist um eine Erfahrung reicher, die ihn größer, stärker, weiser, zuversichtlicher, fröhlicher, gesünder, wohlhabender etc. gemacht hat. Das Abenteuer hallt nach und ist nun Teil des Lebens.

10.5 Die Erzählperspektive

Sie können Ihre Geschichte aus ganz unterschiedlichen Perspektiven erzählen: Entscheiden Sie, ob der Leser die Geschichte gerade live miterlebt oder ob er Ihnen in die Vergangenheit oder in die Zukunft folgt.

Der auktoriale Erzähler

Der auktoriale Erzähler ist allwissend. Er gehört nicht selber zur Geschichte, sondern erzählt sie – inklusive der Gedanken und Gefühle der handelnden Personen. Er kennt ihre Vergangenheit und ihre Zukunft und kann an vielen Orten gleichzeitig sein.

Personale Erzählsituation

Aus dieser Perspektive betrachtet der Erzähler das Geschehen durch die Hauptperson. Er spricht zwar in der Er/Sie/Es-Form und hat Einblick in die Gefühle und Gedanken des Protagonisten, weiß aber nicht mehr als seine Hauptfigur. Die Gefühle und Gedanken der anderen Charaktere bleiben ihm verborgen. Ihm ist von der Vergangenheit nur bekannt, was die Hauptperson selber erlebt hat.

Ich-Erzählsituation

Hier sind Erzähler und Protagonist die gleiche Person. Er kann in der Geschichte als Hauptfigur selber aktiv sein, oder aber als Nebenfigur ein Geschehen beobachten. Liegt die Geschichte in der Vergangenheit, hat das Erzähler-Ich die Erfahrung, über die es berichtet, schon gemacht. Es ist also älter, erfahrener und weiser als das handelnde Ich.

Die Anrede

Es kommt in der Werbung öfter vor, dass der Kunde direkt angesprochen wird. Der Erzähler tut so, als ob der Leser, Zuschauer, Zuhörer die Geschichte gerade erlebt.

»Sie gehen durch die Stadt, hetzten von Termin zu Termin und plötzlich sehen Sie diesen Straßenmusiker, der das Lied spielt, das Sie als Kind so geliebt haben ...«

10.6 Die Kanäle zur Veröffentlichung

Grenzen Sie nun die Kanäle und Seiten ein, auf denen die Geschichte veröffentlicht werden soll. Wenn Sie beispielsweise auf YouTube setzen, muss Ihre Geschichte zum Video werden. Wenn Sie die Firmengeschichte auf Ihrer Webseite erzählen, darf es die Textform in beliebiger Länge sein. Selbstverständlich können Sie die gleiche Geschichte auch mehreren Kanälen anpassen und/oder crossmedial berichten.

Abb. 10.12: Bei Pageflow, einer Art Content-Management-System können Sie einfach Audios, Videos, Bilder und Texte zu einer Geschichte vereinen. Es gibt einen kostenlosen Trial-Account. `http://pageflow.io/de`

10.7 Do it yourself

- Legen Sie das Ziel/die Absicht Ihrer Geschichte fest
- Wählen Sie die Art Ihrer Geschichte
- Wählen Sie eine Erzählperspektive
- Erschaffen Sie Helden und Protagonisten
- Schicken Sie die Hauptfigur auf eine »Heldenreise«
- Wählen Sie die Kanäle zur Veröffentlichung und passen Sie das Format Ihrer Geschichte dementsprechend an

Teil III

Social Media und Marketing

In diesem Teil:

Kapitel 11

Social Media

Sie haben eine optimale Webseite, einen Blog, gute Geschichten und jede Menge Content, den Sie mit den Usern im Internet teilen wollen. Nun ist es also an der Zeit, sich den sozialen Netzwerken zu widmen. Hier haben Sie die Möglichkeit, Ihre Inhalte in Umlauf zu bringen, Besucher auf Ihre Seite zu locken und eine eigene Community aufzubauen. Die sozialen Medien funktionieren dabei allerdings ganz anders als die klassische Werbung, die immer schon eine Einbahnstraße war. Bei Flyern, Imagebroschüren, Werbeanzeigen und Kundenmagazinen haben Sie nie eine direkte Reaktion auf Ihre Veröffentlichungen bekommen. Im Internet wird das aber umgehend geschehen, und Sie müssen in einen Dialog treten, zuhören, antworten, mitreden und am Ball bleiben. Ungewohntes Terrain für viele kleine und mittelständische Unternehmen.

Social Media funktioniert nur, wenn Sie präsent sind und sich den Spielregeln der Kanäle unterwerfen. Es reicht nicht, ab und zu mal reinzuschauen und irgendwas zu posten.

Tipp

Wenn Sie nur wenig freie Kapazitäten und Leute haben, dann beschränken Sie sich auf EIN soziales Netzwerk und bedienen Sie diesen Kanal dafür regelmäßig. Beschäftigen Sie sich mit den Gepflogenheiten dort und nehmen Sie aktiv am Geschehen teil! Ich empfehle für den Anfang immer Facebook, da es Gewerbetreibenden die meisten Möglichkeiten bietet.

Es wird Reaktionen auf Ihre Postings geben. Einige davon werden sicher keine Jubelschreie sein. Sie haben hier die großartige Chance herauszufinden, was Ihre Kunden mögen, wünschen, brauchen, aber auch, was sie kritisieren. Hören Sie Ihren Followern zu. Sie würden sich nicht die Mühe machen, etwas zu schreiben, wenn Ihre Firma ihnen egal wäre.

Reagieren Sie auf die Kommentare und treten Sie in einen Dialog. Gehen Sie dabei direkt auf die einzelnen Anmerkungen ein. Machen Sie Ihren Standpunkt klar, geben Sie ruhig auch Fehler zu und stellen Sie Dinge richtig, die vielleicht falsch verstanden wurden. Über die sozialen Medien nehmen Sie einen engen Kontakt zu den Usern auf, der gepflegt werden will.

Abb. 11.1: Die Bundesregierung hat eine Facebook-Seite angelegt, bei der man die Netiquette nachlesen kann. Sprich: Hier wird erklärt, wie man sich in Diskussionen verhalten soll. `www.facebook.com/Bundesregierung/app/1569895639915365`

Bundesregierung Guten Abend Thomas Goebel und Pea Trab, gerne diskutieren wir hier mit Ihnen - allerdings bitte immer themenbezogen, wie es in unserer Netiquette steht: https://www.facebook.com/Bundesregi.../app/1569895639915365/ In diesem Post geht es um das Gedenken der Opfer des Germanwings-Absturzes. Unter den entsprechenden Posts zum EU-Türkei-Gipfel, die wir hier letzte Woche veröffentlicht haben, haben wir diese Fragen mehrfach beantwortet. An der genauen Ausgestaltung des EU-Türkei-Pakts wird derzeit auf EU-Ebene gearbeitet. Schöne Grüße aus der Redaktion

Gefällt mir · Antworten · 5 · 24. März um 21:03 · Bearbeitet

Abb. 11.2: Laufen Diskussionen aus dem Ruder, verweist die Social-Media-Redaktion auf diese Netiquette.

Do Uz Im ersten Augenblick dachte ich, unsere Kanzlerin traut sich zu einer neuen Frisur. Respekt. Laß dann lieber nochmal nach. 😊 Berufsorientierung. Super Sache.

Gefällt mir · Antworten · 2 · 29. März um 18:52

Bundesregierung 😊

Gefällt mir · Antworten · 1 · 30. März um 08:10

Abb. 11.3: Wie es in den sozialen Medien üblich ist, herrscht selbst bei der Bundesregierung ein lockerer Ton mit Emoticons.

Polizistin klagt: "Wir haben uns Kriminalität importiert"

Ersin Jemand hat mal behauptet, die wurde von ihrem "Migrantenfreund" geschlagen und dann verlassen. Eine verschmähte Liebhaberin, die jetzt um sich schießt?

Gefällt mir · Antworten · 34 · 1 Std · Bearbeitet

DIE WELT Hat das die Friseurin des Schwagers deiner Nachbarin behauptet? Wir haben vom Metzger unseres Supermarktkassiers so etwas ähnliches gehört.

Gefällt mir nicht mehr · Antworten · 161 · 1 Std

Abb. 11.4: Auch die »Welt« ist für ihren lockeren Umgangston und ihre schlagfertigen Kommentare in den sozialen Medien bekannt.

Abb. 11.5: Es gibt sogar eine eigene Facebook-Seite, die nur die lustigen Kommentare der Social-Media-Redaktion aus der »Welt« sammelt. `www.facebook.com/weltpraktikant`

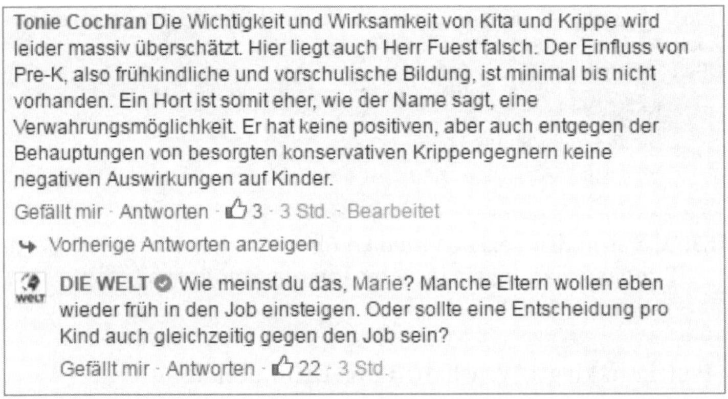

Abb. 11.6: Natürlich gibt es auch »normale« Antworten der Redaktion, die hier beispielsweise versucht, eine Diskussion am Laufen zu halten.

Wichtig

Bieten Sie Ihren Followern exklusive Informationen, Rabatte, Gewinnspiele, Einblicke, die sie sonst nirgendwo bekommen. Es muss sich lohnen, Ihnen über die sozialen Netzwerke zu folgen. Verbinden Sie Gewinnspiele mit der Bedingung, dass sie »geteilt« werden. Beziehen Sie die Follower außerdem aktiv mit ein. Fordern Sie Verbesserungsvorschläge, starten Sie Umfragen, gehen Sie auf die Ergebnisse ein und geben Sie Antworten, wenn etwas gefragt wird.

11.1 Sprechen Sie Social Media?

Es ist gar nicht so einfach, die gut gemeinten Ratschläge zum Dialog umzusetzen, wenn man nicht einmal kapiert, was die Leute da eigentlich in den Kommentaren sagen. Oft höre ich von älteren Semestern: »Das ist doch nichts für uns und unsere Kunden. Das sollen die jungen Leute machen.« Gestandene Unternehmer, die seit Jahren erfolgreich ihre Firma führen, kapitulieren vor ein paar Buchstaben und Zahlen. Machen Sie sich die Mühe, die Internet-Sprache zu lernen! Die User sind bei Weitem nicht so jung, wie Sie glauben. Ich selber bin Mitte Vierzig und spreche jeden Tag mit zahlreichen gleichaltrigen Freunden und Bekannten »Social Media«.

Es gibt viele Zeichen, Symbole, Kürzel, denen Sie in den sozialen Netzwerken begegnen, denn die Netzsprache ist darauf ausgerichtet, etwas möglichst schnell auszudrücken. Da es sich um schriftliche Gespräche handelt, werden Mimik und Gestik auf symbolische Art und Weise gleich mitgeliefert, damit man nicht falsch verstanden wird. Mittlerweile ist es sogar so, dass Sie online lieber keinen Scherz machen sollten, ohne ein Smile-Emoticon ☺, ein Zwinker-Emoticon ;-) oder ein anderes Symbol dieser Art zu verwenden. Sie würden garantiert für Verwirrung sorgen. »Wie meint der das jetzt? Meint der das ernst?«

Emoticon ;-), Kaomoji (-.-), Emoji ☺

Emoticons sind mittlerweile so bekannt, dass große Firmen wie Coca-Cola sie für Werbekampagnen einsetzen.

Große Unternehmen entwickeln inzwischen schon eigene gebrandete Emojis. Es gibt also keine Entschuldigung mehr: Sie müssen Emoticons/Emojis lernen.

Hinweis

Bei den **Emoticons** werden mit ASCII-Zeichen Schriftbilder gezeichnet. Wenn Sie den Kopf ein wenig nach links drehen, erkennen Sie das jeweilige Bild.

Kaomojis sind japanische Emoticons, bei denen man den Kopf nicht auf die Seite drehen muss, um die Gesichter zu erkennen. **Emojis** sind kleine Unicode-Grafiken.

Abb. 11.7: Screenshot aus dem Video zur Emoticoke-Kampagne von Coca-Cola. Das Happiness-Emoticon wurde sogar in der Webadresse verwendet. `www.emoticoke.com`

Search blog...

Announcing the Oxford Dictionaries "Word" of the Year 2015

17 November 2015, Oxford, UK:

Today Oxford Dictionaries announces the emoji , commonly known as 'Face with Tears of Joy', as its "Word" of the Year for 2015.

The Oxford Dictionaries Word of the Year is a word or expression chosen to reflect the passing year in language. Every year, the Oxford Dictionaries team reviews candidates for word of the year and then debates their merits, eventually choosing one that captures the ethos, mood, or preoccupations of that particular year. This year, instead of choosing a traditional word, Oxford Dictionaries has chosen a pictograph, the 'Face with Tears of Joy' emoji, to reflect the sharp increase in popularity of emoji across the world in 2015.

Although emoji have been a staple of texting teens for some time, emoji culture exploded into the global mainstream over the past year. Whether it was Hillary Clinton soliciting feedback in emoji or on-going debates about the skin tone of smiley faces, emoji have come to embody a core aspect of living in a digital world that is visually driven, emotionally expressive, and obsessively immediate.

Abb. 11.8: Das Oxford Dictionary kürte das Freudentränen-Emoji 😂 zum Wort des Jahres 2015. `http://blog.oxforddictionaries.com/2015/11/word-of-the-year-2015-emoji/`

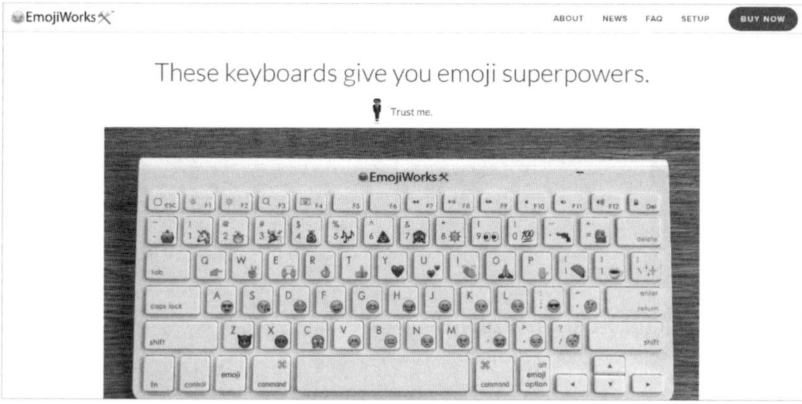

Abb. 11.9: Das US-Unternehmen EmojiWorks hat eine neue Tastatur für den Computer erfunden, auf der man zusätzlich zu den Buchstaben, Zahlen und Satzzeichen auch direkt Emojis tippen kann. `http://emojiworks.co/`

Beispiele:

:-) Lächeln, Glücksgefühl, freudige Zustimmung, »gefällt mir«

Alternativen: :) =) :] :>

Kaomoji: (^.^)

Emoji: ☺

:-D Lachen, laut lachen

Alternativen: :D =D xD

Kaomoji: (^_^)

Emoji: 😄

:'-) Vor lauter Lachen weinen

Alternative: :,)

Kaomoji: \(^_^)/ (Banzai! Hurra!)

Emoji: 😂

:-(Ärger, Enttäuschung, traurig sein, »gefällt mir nicht

Alternativen: :(=(:[:<

Kaomoji: (ó_ò)

Emoji: 😒

:'-(Weinen, ich bin sehr traurig

Alternative: :,(

Kaomoji: (;_;)

Emoji: 😢

;-) Zwinkern, ist nicht ernst gemeint, wir verstehen uns

Alternativen: ;) ;]

Kaomoji: (^_~)

Emoji: 😉

:-o Überraschung, ich bin erstaunt, das hätte ich nicht gedacht, ich kann es nicht fassen

Alternativen: :o =O :o

Kaomoji: (O_O)

Emoji: 😮

:-* ein Kuss

Alternativen: :* =*

Kaomoji: (˘ 3˘)

Emoji: 😚

Tipp

Nein, Sie kennen nun leider noch lange nicht alle Vokabeln dieser Fremdsprache. Schauen Sie einmal hier nach `www.smileybedeutung.com`. Hier finden Sie Kaomojis: `http://cutekaomoji.com/`. Wer Emojis verwenden möchte, kommt hier per Copy und Paste schnell ans Ziel: `http://getemoji.com/`.

Sie haben keine Ahnung, wie Ihnen dieses Wissen im Unternehmen weiterhelfen könnte? Ganz einfach: Emoticons, Kaomojis und Emojis sind das, was Sie draus machen! Hier zwei Beispiele für lukrative Verwendungsmöglichkeiten:

Abb. 11.10: Das »Aloft«-Hotel in Manhattan bietet seinen Gästen eine »Text it, Get it«-Funktion (TiGi). Per Emoji-Message kann man beim Zimmerservice bestellen. `www.alofthotelshub.com/news/aloft-hotels-launches-worlds-first-emoji-only-room-service-menu`

Abb. 11.11: Auch der amerikanische Pizza-Lieferservice »Domino's Pizza« macht das Bestellen per Emojis möglich. `https://anyware.dominos.com/`

Sternchen + Inflektiv *rennweg

Wer gerne Comics liest, der kennt den Inflektiv. »Seufz«, »Ächz«, »Stöhn«, »Schwitz« – Erika Fuchs, die Übersetzerin der Micky-Maus-Comics hat die grammatische Form des Infinitivs ohne Endung (-e oder -en) bekannt gemacht. Im Spaß sagt man deshalb manchmal »Das ist der Erikativ!«

In den sozialen Medien wird der Inflektiv mit einem Sternchen (Asterisken) eingeleitet und abgeschlossen:

seufz, *ächz*, *stöhn*

Neben den typischen Comic-Ausrufen und Lautmalereien wird so auch kurz und knapp beschrieben, was man macht. Leerzeichen zwischen den Wörtern fallen dabei weg:

duckweg, *knuddel*, *allesvonrechtsnachlinksräum*, *zitter*, *stotter*, *lach*, *such*, *kopfkratz*, *heul*

Die Königsdisziplin in diesem Bereich ist die »Sternchen + Abkürzung«-Kombination:

- *lol* = laugh out loud = laut lachen

- *g* = grins = grinsen
- *momtel* = Moment, ich telefoniere / das Telefon klingelt

Abkürzungen – Wtf?

Mit den Sternchen (Asterisken) drückt man vornehmlich Gefühle und Tätigkeiten aus. Es gibt aber auch jede Menge Abkürzungen (Akronyme), die im Internet verwendet werden, um nicht so viel tippen zu müssen:

- cu = See you = Tschüss
- wtf = What the Fuck? = Was, zum Teufel, soll das?
- sry = Sorry = Entschuldigung
- thx = Thanks = Danke
- btw = by the way = übrigens
- afaik = As far as I Know = Soweit ich weiß

Leetspeak – 4u

Das war es noch nicht ganz mit der Fremdsprache. Es gibt auch noch eine Art Netzsprache für Fortgeschrittene, die Ihnen aber bei Facebook und Co. selten bis gar nicht begegnen wird: Leetspeak (von engl. elite, »Elite«). Sie ersetzt Buchstaben durch ähnlich aussehende Ziffern und Sonderzeichen:

- 5P34K = Speak
- 5k!11z = Skills
- k3wl = cool
- h4ll0 l13b3 l353r = Hallo liebe Leser
- Manche Zahlen stehen für ganze Wörter oder Wortteile:
- »sum1« = someone = jemand
- 2 = to, too / me2 = me, too = ich auch
- 4 = for / 4u = for you = für dich
- 8 = acht / eight / -ite / -ate / m8 = mate = Kumpel, w8 = wait = warte, gn8 = good night = Gute Nacht

Leetspeak wird hauptsächlich in Chats von Online-Games verwendet. Sie sollten auf solche Experimente verzichten, da es sich um eine Art »Geheimsprache« handelt, die längst nicht jeder versteht.

Tipp

Eine Übersicht über Asterisken, Akronyme und Leetspeak gibt es zum Beispiel auf `www.chatiquette.de/abkuerzungen.htm` oder unter `www.chatiquette.de/leetspeak.htm`.

Vielleicht verstehen Sie manche Antworten auf Ihre Postings in den sozialen Netzwerken nun etwas besser.

Hinweis

Vorsicht Ironie! ... nicht!

Je älter das Internet wird, desto deutlicher zeigt sich, wo man sich etwas einfallen lassen muss, um Missverständnisse auszuräumen. Besonders schwierig ist die Ironie.

Die hängt weniger vom Kontext ab als vielmehr von der Betonung. Wenn man sich schriftlich unterhält, gibt es aber keine Betonung. »Um Ironie deutlich zu machen, ist man in den sozialen Netzwerken dazu übergegangen, einfach ein »... nicht!« an den Satz zu hängen. »Find ich super ... nicht!«

Facepalm, Popcorn, Tee

Es müssen nicht immer Wörter sein, mit denen man im Internet viel Zeit spart. Wenn Ihre Kunden plötzlich scheinbar zusammenhanglos Bilder posten, die Popcorn, Tee oder Captain Picard von »Star Trek« zeigen, dann ist das kein Versehen.

Neben dem »facepalm«-Motiv sind auch Popcorn und Tee wiederkehrende Symbole. Popcorn heißt im Prinzip: »Das, was Ihr Euch hier in den Kommentaren liefert, ist kinoreif. Ich setze mich hin und beobachte, was so passiert.« Der Tee wird gerne als »Abwarten und Tee trinken« verwendet oder aber, wenn man eine Debatte angestoßen hat und nun teeschlürfend zuschaut, was daraus entsteht. Auch gerne verwendet: *Mimimimi*. Das bedeutet so viel wie: unnötig rumjammern.

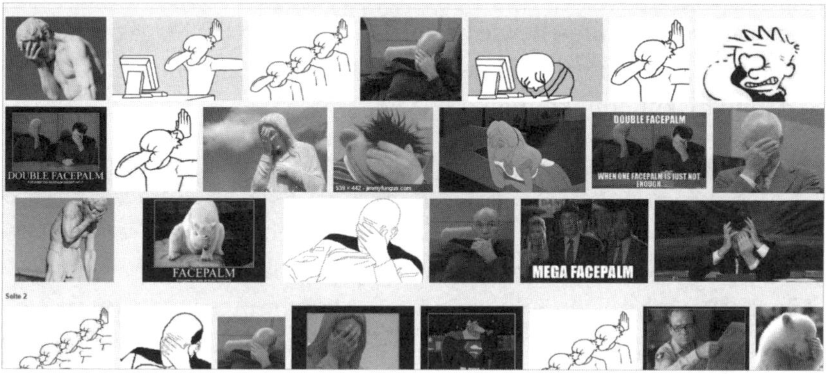

Abb. 11.12: Ein Ausschnitt aus der Google-Bildersuche nach »facepalm«. All diese Bilder könnten Ihnen im sozialen Netzwerk begegnen. Sie bedeuten: Ich fasse es nicht. Das ist so bescheuert, dass man es kaum glauben kann.

Tipp

Kennen Sie sich ein bisschen mit HTML aus? Falls nicht, ist das auch nicht so schlimm. Vermutlich werden Sie die Bedeutung von Fake-Code trotzdem verstehen. »<Ironie> Das hat Herr X ja ganz wundervoll hinbekommen, Besser geht es nicht. </Ironie>« Statt der HTML-Zeichen werden auch manchmal die Begriffe *Ironie* und *Ironie Ende* verwendet.

11.2 Hashtags

Hinter Postings oder Kommentaren finden Sie außerdem manchmal die Hashtags, mit denen der Beitrag einem bestimmten Thema zugeordnet wird. Innerhalb eines Netzwerks (Facebook, Twitter, Pinterest, YouTube, Instagram, Google+) kann man so nach Beiträgen und Kommentaren zu einem bestimmten Stichwort suchen. Der Hashtag wird dazu mit einer Raute eingeleitet: #

Große Firmen fahren hin und wieder Hashtag-Kampagnen, bei denen sie Aktionen ins Leben rufen, die Follower zum Austausch und zur Interaktion unter einem bestimmten Stichwort animieren sollen.

Auch Fernsehsendungen, wie beispielsweise das NEO Magazin Royale, geben den Zuschauern Hashtags an die Hand, unter denen sie über die Sendung diskutieren können.

Tipp

Probieren Sie es mal aus! Geben Sie in die Suchleiste bei Twitter #Tatort ein. Am besten, wenn der Tatort gerade läuft. Schon haben Sie Live-Kommentare zum Film aus allen Richtungen des Internets. Wenn Sie selber mitmischen wollen, können Sie Ihre Kommentare ebenfalls mit #Tatort ergänzen.

Abb. 11.13: Der »stern« fügt in seiner allwöchentlichen Tatort-Kritik auch immer Meinungen der Zuschauer ein, die unter dem Hashtag #Tatort bei Twitter veröffentlicht wurden. `www.stern.de`

11.3 BRÜLL MICH NICHT AN !!!!!!

Noch ein Wort zum geschriebenen »Ton« im Internet: Wenn Sie Ihr Gegenüber nicht anbrüllen wollen, sollten Sie sparsam mit Ausrufezeichen umgehen. Auch ganze Wörter oder Sätze in Großbuchstaben wirken extrem laut. Das gilt auch für EINMALIGE ANGEBOTE, die man nicht so gerne in dieser Lautstärke lesen möchte. Man ist ja schließlich nicht »schwerlesig«.

Der inflationäre Gebrauch von Ausrufezeichen hat sogar schon symbolischen Wert. »Wacht auf!!!!!!!!!11!!!!!!!!!1!!« könnte ironisch gemeint sein, denn hier wurde die 1 eingebaut, die oft versehentlich mit reinrutscht, wenn man die Taste mit dem Ausrufezeichen hält. Die Kombination aus Ausrufezeichen und 1ern ist mittlerweile ein Running Gag im Netz und nimmt Verschwörungstheoretiker und »Brüller« auf die Schippe.

Wer seinen Followern nicht das Gefühl geben möchte, dass sie bescheuert oder schwer von Begriff sind, spart sich auch alle überflüssigen Fragezeichen.

Klemmt Deine Taste ?????????????????

Es sollen schon Streits vermieden worden sein, nur weil man auf die Wiederholung von Ausrufe- und Fragezeichen verzichtet hat.

;-)

11.4 Social-Media-Plattformen

Bitte beachten Sie: Eine veraltete, nicht aktive Seite in den sozialen Medien ist schlimmer als gar keine Seite in den sozialen Medien – und das ist schon schlimm. Suchen Sie Ihren Kanal danach aus, wo sich Ihre Zielgruppe befindet. Das zweite Kriterium sollte die Form der Veröffentlichungen sein. Was fällt Ihnen leichter? Was passt besser zu Ihnen? Bilder bei Pinterest? Videos bei YouTube oder Texte bei Facebook? Werfen wir einen Blick auf die Eigenheiten der wichtigsten deutschen Social-Media-Plattformen.

> **Wichtig**
>
> Bitte denken Sie immer daran, dass die sozialen Netzwerke keine Vertriebskanäle sind. Sie sind vielmehr Plattformen, auf denen Sie in den Dialog mit Ihren Kunden treten und auf denen Sie an Ihrem Image arbeiten.

11.4.1 Facebook

An Facebook geht kein Weg vorbei. Für Unternehmen ist diese Plattform einfach ideal. Sie können Bilder, Texte, Videos und Dateien teilen, zu Veranstaltungen einladen, persönliche Nachrichten empfangen und versenden, Gruppen beitreten, Gruppen gründen und vieles mehr. Die Administration des Firmenprofils ist sogar auf mehrere User ausgerichtet. Das bedeutet, mehrere Mitarbeiter können sich die Betreuung der Seite teilen. Es ist hierbei sogar möglich, ihnen unterschiedliche Rechte einzuräumen. Die Veröffentlichung von Beiträgen kann zeitlich vorausgeplant werden, und es gibt detaillierte Statistiken, die Aufschluss über Likes und Besucherzahlen geben. Auch kostenpflichtige Werbemöglichkeiten sind gegeben, einmal durch Werbeanzeigen und einmal durch die Möglichkeit, einzelne Beiträge in einer bestimmten Zielgruppe anzupreisen.

> Bei Facebook können Sie alle Arten von Texten und Inhalten mit Ihren Freunden und Followern teilen.

11.4.2 Twitter

Bei Twitter sind es die Promis und Sternchen, die besonders aktiv sind. Die Nachrichten sind extrem kurz – maximal 140 Zeichen –, so dass der Smalltalk hier im Vordergrund steht. Bilder kann man anhängen. Über eine App ist es jetzt auch möglich, kurze Videos aufzunehmen und zu teilen. Unternehmen nutzen Twitter vornehmlich, um live von Events zu berichten. Um hier erfolgreich zu sein, sollten Sie sehr aktiv sein und mindestens zwei Nachrichten pro Tag veröffentlichen, besser aber mehr. Über die Tweetdeck-Teams kann man den Account auch mit mehreren Leuten betreuen. Mit den Twitter-Ads ist Werbung auf der Plattform möglich.

Twitter eignet sich besonders für die Live-Berichterstattung und den schnellen Dialog mit den Followern. Gehen Sie unbedingt zeitnah auf Fragen, Kritik oder Anregungen ein. Die Kunden erwarten bei Twitter schnelle Reaktionen.

11.4.3 Instagram

Bei Instagram geht es um Bilder und Videos. Hier können Sie mit visuellem Storytelling punkten. Lange Texte sind bei Instagram nicht gefragt, allerdings sind die Bildbeschreibungen wichtig. Wo ist das Foto aufgenommen worden? Wer oder was ist zu sehen? Welche Zutaten sind im abgebildeten Gericht? Zu atmosphärischen Bildern passen vielleicht auch stimmungsvolle, kreative Kurztexte. Sortiert wird das Ganze durch Hashtags. Die App ist auf mobile Endgeräte ausgelegt. Das bedeutet, man kann nur über Smartphone oder Tablet Beiträge veröffentlichen. Zu einem richtigen Dialog kommt es hier allerdings kaum. Der Kanal dient eher der Imagepflege und der Vermittlung eines bestimmten Lebensgefühls.

Instagram ist insbesondere für Firmen mit interessanten Produktbildern geeignet. Texte sind hier nicht relevant.

11.4.4 YouTube

Jeder kennt YouTube. Handy-Clips, Tutorials, Werbespots, Tests, Gebrauchsanweisungen, Firmenvorstellungen, Einblicke in den Arbeitsalltag, Videos von Veranstaltungen und Messen, Interviews – die Möglichkeiten bei YouTube sind unerschöpflich. In Kooperation mit den Youtube-Stars können Unternehmen hier sogar Produkte einer breiten Öffentlichkeit vorstellen (siehe Abschnitt 12.2.1, »Öffentlichkeitsarbeit und Influencer«). Über Links in der Bildbeschreibung kann man die Videos mit weiterführenden Informationen und Webseiten verbinden. Über die Kommentarfunktion tritt man in den Dialog. Darüber hinaus hat YouTube eine eigene Dynamik entwickelt, etwa wenn man mit einem Video auf ein Video antwortet. YouTube-Videos werden auch in den anderen sozialen Netzwerken gerne geteilt.

Texte sind bei YouTube insofern wichtig, als die Videos ordentlich beschrieben und die Kurztexte mit Suchbegriffen versehen werden müssen. Auch Untertitel sind in vielen Fällen ratsam (siehe Kapitel 8, »Content-Formate«). Mit Videos kann man hervorragende Geschichten erzählen (siehe Kapitel 10, »Storytelling«).

11.4.5 Pinterest

Pinterest ist eine visuelle Linksammlung, mit der man – ähnlich wie bei Instagram – durch Fotos ein Gesamtbild schafft. Es geht um Inspiration (Deko, Hobby), um Ideen (Do It Yourself), um Atmosphäre und Emotionen. Jedes Bild auf der virtuellen Pinnwand, die man sich schafft, ist mit einer Webseite verbunden. Wenn Ihre Bilder Anklang finden, werden sie besonders oft auf Pinnwände geheftet. Sie erhalten also besonders viele Links zu Ihrer Webseite.

Auch bei Pinterest spielen Texte keine Rolle. Wer allerdings mit Produktfotos Stimmungen erzeugen und Anregungen geben möchte, ist hier gut aufgehoben.

11.4.6 Snapchat

Snapchat ist gerade groß auf dem Vormarsch. Es handelt sich hierbei um einen Messenger, mit dem man Fotos an Freunde senden kann. Diese Fotos kann man mit einem Text und Zeichnungen versehen. Dann gibt man ein, wie lange der Empfänger das Bild sehen darf. Je nachdem, wie viele Sekunden man hier eingibt, löscht es sich nach kurzer Zeit von alleine wieder. Eine Alternative sind die Snapchat-Stories, die 24 Stunden sichtbar sind.

Wie jeder Messenger ist auch Snapchat für den direkten Dialog gedacht. Snapchat setzt hierbei auf die visuelle Kommunikation und weniger auf Texte.

11.4.7 WhatsApp

Der Messenger WhatsApp wird von Unternehmen (Telekom, Zalando, Notebooksbilliger) hauptsächlich als Kundenservice-Tool benutzt. Kunden stellen über die App Fragen, und das Serviceteam antwortet auf direktem Weg. Per WhatsApp kann man neben Textnachrichten auch Dokumente, Videos und Fotos versenden. Inzwischen gibt es einige Marketing- und Kommunikationsmodelle für Messenger wie beispielsweise Chats mit bekannten Persönlichkeiten.

WhatsApp dient dem direkten schriftlichen Kontakt mit dem Kunden. Hier geht es darum, zeitnah auf Fragen zu antworten oder schriftlich Nachrichten und Neuigkeiten weiterzugeben.

11.4.8 XING

Auf dem B2B-Markt ist XING das soziale Netzwerk der Wahl – zumindest in Deutschland. Im Business-Netzwerk tauscht man sich fachlich aus. Herzstück ist hierbei das eigene Profil mit einem beruflichen Lebenslauf und einem umfassenden Portfolio. Man kann eintragen, was man sucht und was man bietet. Ähnlich wie bei Facebook gibt es auch auf XING offene und geschlossene Gruppen zu verschiedenen Themen. Man kann persönliche Nachrichten übermitteln und öffentlich Beiträge posten. Es gibt die Möglichkeit, zu Veranstaltungen einzuladen und Anzeigen zu schalten. Durch die Anbindung an kununu, einer Plattform, auf der Arbeitgeber bewertet werden, kann man als Premium-Mitglied (kostenpflichtige Mitgliedschaft) auch noch auf einer zweiten Plattform für ein gutes Image sorgen.

XING eignet sich – genau wie Facebook – zur Verbreitung aller Texte und Formate. Der Fokus liegt hier allerdings auf geschäftlichen Inhalten und/oder Inhalten zum Business-Fachbereich.

11.4.9 LinkedIn

LinkedIn bietet nahezu die gleichen Möglichkeiten wie XING. Hier tummelt sich allerdings ein internationales Publikum. Darüber hinaus hat man es in diesem Business-Netzwerk überwiegend mit Führungskräften zu tun.

LinkedIn eignet sich – genau wie Facebook – zur Verbreitung aller Texte und Formate. Der Fokus liegt – wie bei XING – auf geschäftlichen Inhalten und/oder Inhalten zum Business Fachbereich, gerne auch auf Englisch.

11.5 Do it yourself

- Machen Sie sich mit der Netzsprache vertraut
- Nutzen Sie Hashtags für Veröffentlichungen und Kampagnen
- Wählen Sie Ihre Social-Media-Plattformen
- Bedienen Sie Ihre Plattformen regelmäßig, antworten Sie auf Kommentare und treten Sie in den Dialog mit den Followern

Kapitel 12

Werbe- und PR-Texte

Da war doch noch was im Internet? Vergessen Sie nicht das klassische Online-Marketing und die Online-PR. Diese eigentlich recht jungen Disziplinen gehen bei den Social-Media-Bemühungen schnell mal unter. Dennoch sollte man sich diese Chancen, die Zielgruppe zu erreichen und letztlich auch eingehende Links zu sammeln, nicht entgehen lassen. Online-Marketing wird in Agenturen in drei Bereiche aufgeteilt: Paid Media, Owned Media und Earned Media.

Mit **Paid Media/Content** sind die Maßnahmen gemeint, die man bezahlt. Im Internet sind das vornehmlich Werbeanzeigen bei Google (AdWords), in den sozialen Netzwerken oder auf Webseiten. Hinzu kommen Advertorials, also bezahlte Text-Anzeigen, oder längere PR-Texte, die man kaum noch von redaktionellen Inhalten unterscheiden kann. Dieser Bereich der bezahlten Werbung nennt sich auch Native Advertising.

Mit **Owned Media/Content** ist alles gemeint, was einem selber gehört: Webseiten, Blogs, Social-Media-Profile, Kundenmagazine zum Download usw. Hier setzt man die eigene Manpower langfristig für gute Ergebnisse ein.

Hinweis

Sie können natürlich auch Blogtexte und andere Artikel bei freien Textern oder in Agenturen einkaufen. Der Blog und die Webseite gehören trotzdem Ihrem Unternehmen und sind deshalb OWNED Content.

Mit **Earned Media/Content** bezeichnet man das, was man sich an Öffentlichkeit »verdient« hat, also Veröffentlichungen ohne Auftrag.

Um die zu erhalten, spielen guter Owned Content, Öffentlichkeitsarbeit, Pressearbeit und Empfehlungen eine große Rolle.

Während wir uns in diesem Buch bis hierher hauptsächlich dem **Owned Content** gewidmet haben, werfen wir in diesem Kapitel einen Blick auf die anderen beiden Bereiche.

12.1 Online-Werbung

Sie haben im Prinzip zwei Möglichkeiten, Produkte und Dienstleistungen im Internet kostenpflichtig zu bewerben: Sie schalten Werbeanzeigen, oder Sie buchen Advertorials, PR-Anzeigen oder PR-Artikel, die in Form und Umfang redaktionellen Artikeln ähneln.

12.1.1 Werbeanzeigen

Die Rahmenbedingungen für Werbeanzeigen im Netz sind von Plattform zu Plattform unterschiedlich. Pauschal gilt jedoch: Sie müssen hier mit nur wenigen Worten Aufmerksamkeit erregen, damit der potentielle Kunde die Anzeige anklickt. Dazu haben Sie drei Schritte und wenige Zeichen lang Gelegenheit. Die drei Schritte gelten für alle Anzeigen, egal, welche Plattform und Anzeigengröße Sie wählen:

- Überschrift
- Kurztext
- Call to Action

Auch bei Anzeigen gibt es Muster, denen Sie folgen können:

Frage

Anzeigen tauchen mit AdWords dann auf, wenn man bei Google ein bestimmtes Keyword eingibt. Oder es werden Anzeigen eingeblendet, wenn eine Plattform anhand verschiedener Kriterien der Meinung ist, dass man sich für das Beworbene interessieren könnte (Facebook und Co.). Es gibt in beiden Fällen Anhaltspunkte, wonach der User sich umguckt. Hier können Sie einhaken. Setzen Sie einfach ein Fragezeichen hinter einen relevanten Suchbegriff und gehen Sie im Kurztext näher darauf ein.

Giftfreies Spielzeug für Babys?

Bei uns selbstverständlich. Alle Produkte mit Gütesiegel.

Jetzt reinklicken und zugreifen!

Zeitdruck

Warum sollte der User jetzt auf Ihr Angebot klicken? Zum Beispiel, weil es dieses Angebot morgen schon nicht mehr zu diesem Preis gibt.

Nur heute: Spielzeug zum Sonderpreis

Holen Sie sich dicke Rabatte bei unserem Tagesangebot.

Greifen Sie jetzt zu!

Verknappung

Ähnlich wirkt das Stilmittel der Verknappung. Der User hat Angst, dass er eine gute Chance verpasst.

Limitierte Schuh-Designs von XYZ

Das ist Ihre Chance auf individuelle High-Heels zum Sonderpreis.

Schnell bestellen, bevor es ein anderer tut!

Hinweis

Bitte informieren Sie sich bei allen Aktionen im Internet, ob Ihr Vorgehen rechtlich unbedenklich ist. Es ist nicht erlaubt, Verbraucher in die Irre zu führen. Ihre Aussagen müssen der Wahrheit entsprechen.

Preis

Ein Preisnachlass ist wahrscheinlich immer noch eines der besten Argumente, um auf eine Anzeige zu klicken.

Holzspielzeug: Jetzt 60 % billiger.

Profitieren Sie von unserer Sonderaktion.

Jetzt Schnäppchen sichern!

Reputation

Alles, was dazu dient, die Qualität Ihrer Produkte zu beweisen, eignet sich für die Werbung. Hier bieten sich offizielle Testergebnisse und Studien an.

Bäcker Nr. 1 am Niederrhein

Wir sind laut Radio-Umfrage von September 2016 die beliebteste Bäckerei in der Region.

Probieren Sie uns aus!

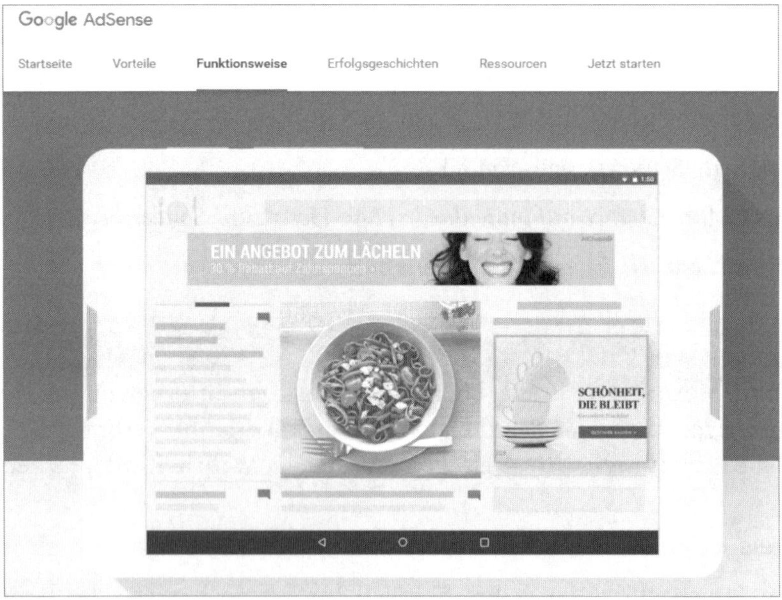

Abb. 12.1: Während man bei Google AdWords Anzeigen für die Suchergebnis-Seite schaltet, kann man mit Google AdSense Werbeanzeigen auf anderen Webseiten buchen. www.`google.de/adsense`

Tipp

Denken Sie daran, dass Sie Ihre wichtigsten Suchbegriffe für das jeweilige Angebot in den Anzeigen unterbringen.

12.1.2 Landingpages

Noch immer verlinken viele Unternehmen ihre Werbeanzeigen mit der Startseite ihres Internetauftritts. Machen Sie das nicht! Legen Sie eigene Unterseiten, sogenannte Landingpages, für Ihre Anzeigen an. Wenn jemand auf Ihre Holzspielzeug-Anzeige klickt, dann will er genau dorthin, wo es dieses Holzspielzeug gibt. Er möchte nicht auf einer Startseite landen, auf der er sich mühsam zur richtigen Kategorie durchkämpfen muss.

Sie sollten folgende Fragen der Besucher auf der Landingpage beantworten:

Ist es das, was ich gesucht habe?

Wenn Sie Holzspielzeug bewerben, dann zeigen und thematisieren Sie auf der Landingpage auch genau dieses Holzspielzeug.

Ist der Anbieter seriös?

Bringen Sie auf der Landingpage unbedingt Beweise dafür unter, dass Sie ein vertrauenswürdiger Geschäftspartner sind. Das kann beispielsweise durch Gütesiegel, Testergebnisse oder Kundenmeinungen erfolgen. Vergessen Sie nicht, sich vorzustellen. Für eine Kurzbeschreibung mit Logo, Adresse und Kontaktmöglichkeit ist immer Platz.

Überzeugt mich das Produkt?

Beantworten Sie in der Beschreibung des Produkts alle Fragen, die der Kunde haben könnte (siehe Produktbeschreibungen im Kapitel 3, »Basistexte für Shops und Webseiten«).

Wie kann ich das Produkt bestellen?

Verraten Sie dem Kunden schon an dieser Stelle, wie es weitergeht. Wie kann er bestellen? Wie kann er bezahlen? Ist das Produkt vorrätig? Wie lange dauert der Versand? Wie hoch sind die Versandkosten? Kann er das Produkt kostenlos zurücksenden, wenn es nicht seinen Vorstellungen entspricht?

Nach der Bestellung gibt es dann noch eine Frage, die Sie zwingend beantworten sollten:

Habe ich alles richtig gemacht?

Bestätigen Sie dem Kunden schon auf der Seite, dass seine Bestellung eingegangen ist. Es versteht sich von selbst, dass Sie in der Bestätigung der Bestellung (Mail oder Postweg) noch einmal alle wichtigen Details zusammenfassen, sich für die Bestellung bedanken und Ansprechpartner für eventuelle Nachfragen nennen.

12.1.3 Native Advertising

Native Advertising bedeutet, dass die Werbung auf einer Webseite so eingebunden ist, dass sie in Form und Umfang den redaktionellen Inhalten ähnelt. Sie fügt sich also »natürlich« ins Gesamtbild ein.

Vorsicht

Schleichwerbung ist in Deutschland verboten! Alle bezahlten Artikel, Werbeträger oder Werbeplätze müssen deutlich als Anzeige gekennzeichnet sein. Die Kennzeichnung lautet zum Beispiel »Sponsored Post«, »Anzeige« oder »Bezahlter Inhalt«.

Teaser-Anzeigen

Die kleine Variante des Native Advertising ist die Teaser-Anzeige. Sie besteht aus einer Überschrift, einem Teaser-Text und einem Bild. Die Teaser-Anzeige ist dabei im Hauptteil der Seite in den redaktionellen Bereich eingebunden.

Abb. 12.2: Auf den ersten Blick sieht diese Anzeige aus wie ein Teil des redaktionellen Inhalts. Quelle: `http://t3n.de/news/kickoff-snapchat-gif-sticker-692519/`

> **Hinweis**
>
> Tipps zum Texten von guten Überschriften und Teasern finden Sie im Abschnitt 4.5, »Texten in 5 Schritten«. Alternativ können Sie natürlich auch Produkte bewerben. Dann schauen Sie bitte im Abschnitt 3.9, »Produktbeschreibungen für Onlinehändler«, nach verkaufsstarken Texten.

Advertorials

Die große Variante des Native Advertising ist das Advertorial, das Sie eventuell schon aus der Zeitung kennen – ein bezahlter Text, der dazu dient, auf das Unternehmen aufmerksam zu machen. Das muss nicht direkt ein Firmenportrait sein. Es kann sich beispielsweise auch um einen Ratgebertext handeln, der am Ende auf das zahlende Unternehmen verweist.

Abb. 12.3: Hier wird ein Advertorial beworben. Die Markierung lautet hier nicht »Anzeige«, sondern »Sponsored Feature«. Schon dieser Teaser fügt sich natürlich ins Gesamtbild ein. `www.huffingtonpost.de`

SPONSORED POST

Was uns kreativ macht: Genialität im Selbsttest

Dass Kreativität eine Grundvoraussetzung für Genialität ist, würde kaum jemand bestreiten. Der bekannte italienische Arzt und Kriminologe Caesare Lombroso hat sich im 19. Jahrhundert mit der Frage beschäftigt, anhand welcher Eigenschaften kreative Genies zu beschreiben sind. Er fand dabei folgende Merkmale: Impulsivität, Unfähigkeit zur Anpassung, starke emotionale Reaktionen und unmoralisches Verhalten. Bei der Analyse seiner Ergebnisse stellte er erstaunt fest, dass diese Eigenschaften auch auf Verbrecher zutreffen. Ist es also nur ein schmaler Grat zwischen Museum und schwedischen Gardinen? Oder ist es lediglich ein Mythos, dass ein Hauch Wahnsinn eine Grundvoraussetzung für Kreativität ist?

Was macht kreative Leistung aus?

Zunächst ist es wichtig zu definieren, was Kreativität bedeutet. Die Wissenschaft spricht von „kreativer Leistung", wenn diese zwei Komponenten erfüllt sind:

Abb. 12.4: Auch auf der angeschlossenen Seite merkt man nicht direkt, dass dieser Text ein Werbetext ist. Er wirkt wie ein ganz normaler Bericht. `www.huffingtonpost.de`

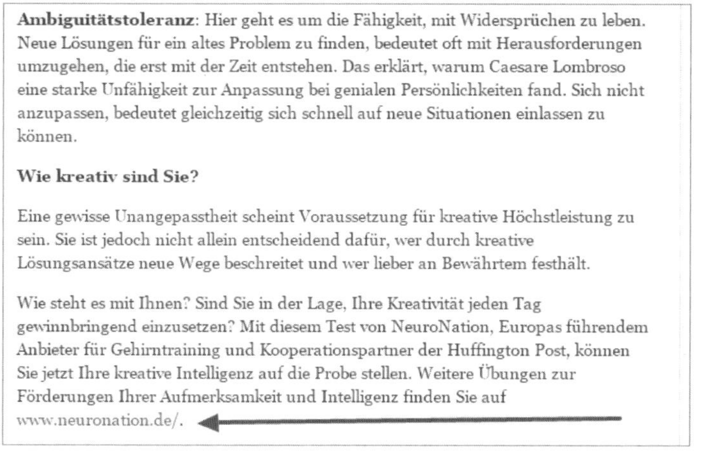

Ambiguitätstoleranz: Hier geht es um die Fähigkeit, mit Widersprüchen zu leben. Neue Lösungen für ein altes Problem zu finden, bedeutet oft mit Herausforderungen umzugehen, die erst mit der Zeit entstehen. Das erklärt, warum Caesare Lombroso eine starke Unfähigkeit zur Anpassung bei genialen Persönlichkeiten fand. Sich nicht anzupassen, bedeutet gleichzeitig sich schnell auf neue Situationen einlassen zu können.

Wie kreativ sind Sie?

Eine gewisse Unangepasstheit scheint Voraussetzung für kreative Höchstleistung zu sein. Sie ist jedoch nicht allein entscheidend dafür, wer durch kreative Lösungsansätze neue Wege beschreitet und wer lieber an Bewährtem festhält.

Wie steht es mit Ihnen? Sind Sie in der Lage, Ihre Kreativität jeden Tag gewinnbringend einzusetzen? Mit diesem Test von NeuroNation, Europas führendem Anbieter für Gehirntraining und Kooperationspartner der Huffington Post, können Sie jetzt Ihre kreative Intelligenz auf die Probe stellen. Weitere Übungen zur Förderungen Ihrer Aufmerksamkeit und Intelligenz finden Sie auf www.neuronation.de/.

Abb. 12.5: Erst am Schluss des Artikels wird deutlich, dass er der Werbung diente. `www.huffingtonpost.de`

Hinweis

Beim Advertorial können Sie sich im Prinzip aller Textformate bedienen. Vom Ratgeber bis zur Firmenvorstellung oder dem Storytelling ist alles möglich. Schauen Sie sich hierzu bitte die Kapitel 8, »Content-Formate« und 10, »Storytelling« an.

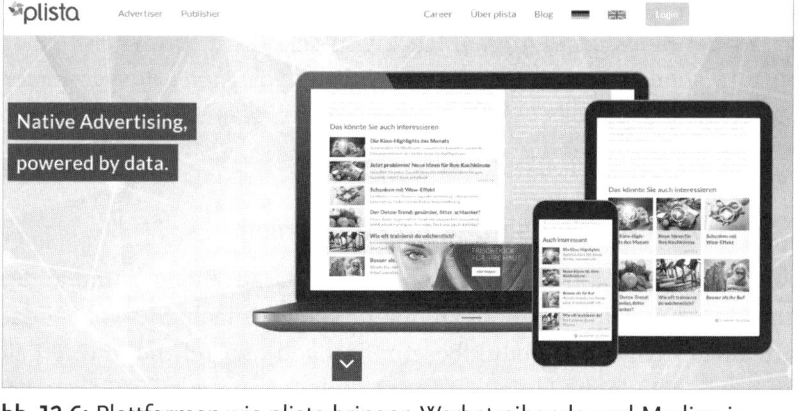

Abb. 12.6: Plattformen wie plista bringen Werbetreibende und Medien in Sachen Native Advertising zusammen. `www.plista.com`

Tipp

Weitere kostenpflichtige Anbieter im Bereich Native Advertising und Content Promotion sind:
`www.outbrain.com` oder `www.ligatus.de`.

12.2 Online-PR

Während die Werbung im Netz Geld kostet, können Sie die Online-PR weitgehend kostenfrei angehen. Ich unterscheide im Folgenden zwischen Öffentlichkeitsarbeit und Pressearbeit. Außerhalb des Internets mag das noch in etwa die gleiche Disziplin sein, im Internet gibt es deutliche Unterschiede. Öffentlichkeitsarbeit bezieht sich online nicht nur auf die klassischen Medien, auch Blogger und YouTuber sind wichtige Multiplikatoren und Meinungsmacher (Influencer). Sie sind für das Seeding, also das Verbreiten der eigenen Inhalte im Internet, und somit auch für den Linkaufbau von großer Bedeutung.

Wichtig

Vielleicht sollte man besser sagen, dass Blogger und Social-Media-Stars im Internet nicht unbedingt als Journalisten auftreten. Sie haben aber sehr wohl häufig eine Ausbildung in diesem Bereich und nutzen ihr Talent, um unabhängig zu berichten. Ihr Unternehmen hat es bei Blogs und Online-Magazinen also nicht immer mit Laien zu tun, sondern unter Umständen mit hervorragend ausgebildeten Medienprofis, die das veröffentlichen wollen, was sie für richtig halten.

12.2.1 Öffentlichkeitsarbeit und Influencer

Was ist in Bezug auf Ihre Texte so wichtig daran, Blogger und andere Einflussnehmer mit ins Boot zu holen? Ganz einfach: Sie wollen, dass Ihre Texte, Ratgeber, Produktbeschreibungen etc. gefunden und gelesen werden. Je mehr Links auf Ihre Inhalte gesetzt werden, desto besser ist Ihre Webseite ins Internet eingebunden. Wenn Sie gleichzeitig Verweise aus den Texten heraus auf andere Blogs setzen, ist das ebenfalls ein Pluspunkt, sofern eine inhaltliche Relevanz besteht. Je besser Ihre Texte und Ihre anderen Inhalte mit eingehenden und ausgehenden Links ins Netz eingebunden sind, desto höher schätzt auch Google die Qualität Ihrer Webseite ein. Sie sehen: Online hängt alles irgendwie miteinander zusammen. Fehlt ein Baustein, wirkt sich das aus. Versuchen Sie also immer, Ihre Artikel, Ratgeber, E-Books, E-Magazine, Videos usw. möglichst bekannt zu machen. Blogger und Influencer sind dabei behilflich. Zudem ist die Erwähnung in einem anderen Blog, in einem Video oder in einem Online-Medium auch immer eine Nachricht auf Ihrer eigenen Seite, in Ihrem Blog oder Ihrem sozialen Netzwerk wert.

Die Öffentlichkeitsarbeit im Internet startet damit, dass Sie sich ein Netzwerk aufbauen, in dem Sie mit wichtigen Influencern in Kontakt bleiben. Das ist übrigens wesentlich schwieriger, als sich einen Presseverteiler aufzubauen. Journalisten stehen Presseinformationen und Themen jeglicher Art offen gegenüber. Sie brauchen diesen Input für ihre Arbeit, denn sie MÜSSEN jeden Tag berichten. Blogger und YouTuber müssen das nicht. Sie machen ihr eigenes Ding, und dazu gehört es nicht unbedingt, Pressemitteilungen zu lesen. Als Unternehmer brauchen Sie gute Gründe, wenn Sie einen Meinungsmacher für sich gewinnen wollen.

Welche Gründe könnten das sein?

- Sie liefern exklusive Infos im relevanten Themenbereich
- Sie versorgen mit kostenlosen Produktmustern
- Sie laden zu exklusiven Veranstaltungen ein
- Sie bringen dem Influencer durch Ihren Namen Reputation und Kontakte
- Sie bereichern den Blog des Influencers mit einzigartigen Artikeln und exklusivem Content

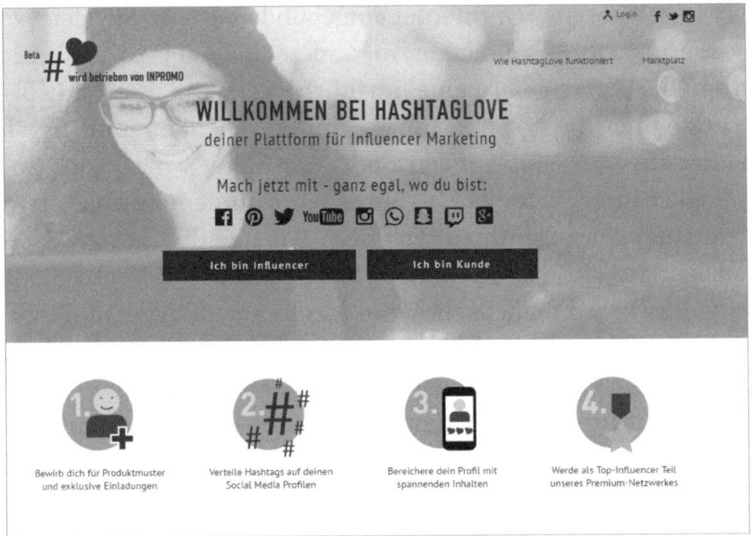

Abb. 12.7: Um die Interessen von Influencern und Unternehmen zusammenzubringen, gibt es mittlerweile eigens Agenturen und Plattformen im Netz wie beispielsweise `www.hashtaglove.de`.

Der sicherste Weg ist jedoch immer noch der persönliche Kontakt. Suchen Sie Blogs, Gruppen, Foren, Webseiten, die zu Ihrem Angebot passen. Lesen Sie sich gut ein und erfassen Sie, was dem Influencer wichtig ist, was seine Eigenarten sind, was seine Themen sind. Erst dann sollten Sie ein Anschreiben formulieren. Es geht darum, ein Angebot für eine Partnerschaft zu machen.

Signalisieren Sie also deutlich, dass Sie Ihren Adressaten sorgfältig ausgewählt haben, weil Ihnen seine Arbeit gefällt und weil Sie dieses Umfeld für hochwertig halten. So hochwertig, dass Ihre Angebote dort platziert werden sollten.

Keine Scheu: Wenn ein Museum beispielsweise einen Modeblogger anschreibt, weil es eine Ausstellung zum Thema »Hosen in den 60ern« zeigt, ist das keine Schleichwerbung und kein gekaufter Content. Es lädt den Blogger zur Ausstellungseröffnung ein, bietet ihm eine persönliche Führung an oder stellt ihm gezielt Material zur Verfügung. Vielleicht sogar für eine Verlosung.

Mehr als »Nein« sagen können die Adressaten ja nicht. Versuchen Sie es mal!

Abb. 12.8: Auch auf YouTube finden Sie Influencer. Den Kanal von Diana zur Löwen haben beispielsweise fast 500.000 Leute abonniert.

Abb. 12.9: Den Video-Blogger LeFloid kennen Sie wahrscheinlich spätestens, seit er die Bundeskanzlerin interviewt hat. Er hat fast 2,9 Mio. Abonnenten.

Es muss bei der Zusammenarbeit mit Influencern übrigens nicht immer um Produkte gehen und es müssen auch nicht die Topstars der Bloggerei sein.

Wichtig

Standardanschreiben und Pressemitteilungen für Influencer können Sie sofort in den virtuellen Papierkorb schmeißen. Auch wenn Sie nur so tun, als ob Sie sich mit dem Influencer beschäftigt hätten, wird das sehr schnell auffallen. Falsche Anrede, oberflächliche Bezüge zum Thema des Blogs/Kanals oder Angebote, die nicht einmal auf den zweiten Blick relevant sind, sind vertane Liebesmüh. Es wird nicht funktionieren!

Tipps für das Anschreiben:

- Sprechen Sie den Influencer unbedingt persönlich an. Ein allgemeines »Hallo« ist ein denkbar schlechter Beginn
- Zeigen Sie, dass Sie sich mit den Inhalten des Influencers auseinandergesetzt haben, indem Sie sich auf einen konkreten Artikel/Beitrag beziehen, der Sie interessiert hat oder auf eine Eigenart, ein wiederkehrendes Element, ein persönliches Merkmal, das Ihnen besonders gut gefällt
- Weisen Sie ihn auf Produkte, Texte, Ratgeber, Videos, Veranstaltungen hin, die für Ihn und sein Thema interessant sein könnten, und begründen Sie Ihre Vermutung, dass der Influencer dieses Angebot interessant finden könnte
- Geben Sie ihm Hinweise darauf, was ER für Vorteile hat, wenn er über Sie berichtet oder auf einen Ihrer Inhalte verweist
- Machen Sie ihm einen konkreten Vorschlag für die Zusammenarbeit. Bieten Sie ihm Produktproben, eine persönliche Führung, eine Bezahlung oder was immer in Ihrem konkreten Fall passend sein könnte

- Machen Sie ihm die Kontaktaufnahme so einfach wie möglich, indem Sie alle Kontaktdaten mitschicken und gegebenenfalls konkrete Termine für einen Anruf oder ein Treffen anbieten

12.2.2 Pressearbeit im Netz

Die Pressearbeit im Internet gestaltet sich wesentlich einfacher als die klassische Öffentlichkeitsarbeit in den Offline-Medien. Es gibt unzählige kostenlose und kostenpflichtige Presseportale im Netz, die Ihre Meldung weit streuen.

Um die Pressemeldung einzustellen, müssen Sie heute nicht einmal mehr auf die Suche nach geeigneten Presseportalen gehen. Wenn Sie sich Zeit und Arbeit sparen wollen, können Sie kostenpflichtige Verteilerdienste nutzen.

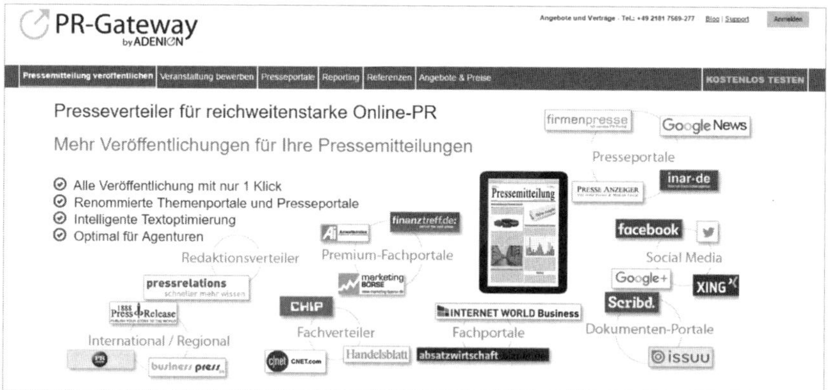

Abb. 12.10: PR Gateway verteilt Pressemitteilungen in Presseportalen, Fach- und Themenportalen, Regionale Portalen und den sozialen Netzwerken. `www.pr-gateway.de`

Unabhängig von den Verteilerdiensten können Sie sich natürlich auch selber einen Presseverteiler aufbauen. Hier sollten Sie zunächst die wichtigsten Presseportale im Netz und die Fachmedien aufnehmen.

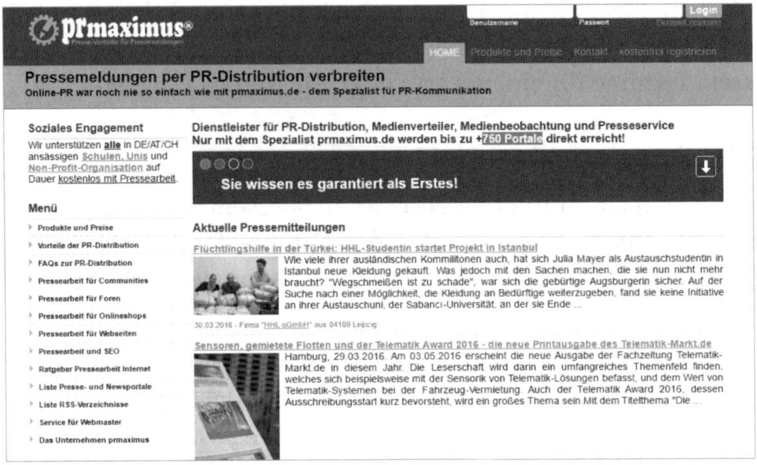

Abb. 12.11: Auch prmaximus verteilt Pressemeldungen an Medienvertreter und Portale. `www.prmaximus.de`

Beinahe jedes Magazin hat heute einen Online-Auftritt und nimmt Pressemitteilungen auch per E-Mail entgegen. Suchen Sie sich einfach die Medien heraus, die thematisch zu Ihrem Angebot passen.

Abb. 12.12: Nutzen Sie Zeitungsportale wie dieses, um passende Magazine zu finden, die auch online veröffentlichen: `www.fachzeitungen.de`

Hinweis

Kennzeichnen Sie Ihre E-Mail an die Presse schon im Betreff als Presseinformation und wählen Sie als Adressat den zuständigen Redakteur. In E-Mails sollten Sie generell keine großen Dateien (Fotos, Videos, Audio) mitschicken. Setzen Sie lieber einen Link zum Downloadbereich auf Ihrer Webseite.

So schreiben Sie eine Pressemitteilung

Damit Ihre Meldung bei den Presseportalen angenommen wird und auch bei Journalisten auf Gegenliebe stößt, muss sie ein ganz wichtiges Merkmal erfüllen: Sie muss eine Neuigkeit transportieren. Reine Werbeschreiben sind hier nicht gerne gesehen. Sie brauchen einen »Aufhänger«, also einen Grund für die Veröffentlichung. Dies können ein neuer Service, ein Gewinnspiel, eine Aktion, ein kostenloses Angebot für die Kunden, eine Veranstaltung, eine Kooperation, eine Auszeichnung, eine Erweiterung des Sortiments oder eine andere Neuerung sein.

Die Tonalität

Bei einer Pressemitteilung steht die Information im Vordergrund, nicht die Werbung! Sie sollte also unbedingt in einem sachlichen, informativen Sprachstil gehalten sein.

Die Überschrift

Bei der Überschrift der Pressemitteilung gibt es zwei wichtige Punkte zu beachten: Sie sollte den Grund für die Veröffentlichung verraten und sie sollte wichtige Keywords enthalten. Das ist deshalb wichtig, weil auch die Pressemitteilungen auf der Ergebnisliste der Suchmaschine und in der speziellen Google-News-Suche angezeigt werden, wenn die User nach den enthaltenen Begriffen suchen. Die Überschrift sollte etwa 60 Zeichen lang sein.

Der Untertitel

Ähnlich wie bei den anderen Webtexten folgt nach dem Titel die Einleitung, die den Inhalt kurz zusammenfasst. Der Untertitel besteht aus maximal zwei Sätzen. Er wird in der Vorschau auf dem Portal und auf anderen Webseiten angezeigt.

Der erste Abschnitt

Der erste Absatz der Pressemitteilung beantwortet die wichtigsten Fragen:

WER macht WAS, WANN, WO und WARUM?

Halten Sie sich an den Spruch: Fakten! Fakten! Fakten! Eine Pressemitteilung braucht keine langatmige Einführung, und auch die Firmendarstellung gehört nicht in den ersten Absatz. Eine Pressemitteilung muss von unten nach oben kürzbar sein. Ganz oben stehen also die wichtigsten Punkte, die Sie mitteilen wollen.

Der zweite Abschnitt

Im zweiten Abschnitt können Sie in die Tiefe gehen und beispielsweise genaue Abläufe einer Aktion beschreiben, Entwicklungen erläutern oder aber besondere Vorteile für die Kunden darstellen. Auch hier gilt: Das Wichtigste gehört nach oben. Halten Sie die Sätze kurz und arbeiten Sie mit Absätzen. Eine Pressemitteilung fürs Internet ist letztlich auch nur ein Webtext. Es gelten also die gleichen Regeln inklusive der Möglichkeit, die wichtigsten Punkte noch einmal stichpunktartig aufzuführen, damit der Text scanbar wird.

Der letzte Abschnitt

Den Abschluss der Pressemitteilung bildet die Kontaktadresse mit Ansprechpartner. Die meisten Onlineportale fragen diese Daten beim Einstellen der Pressemitteilung ohnehin ab. Sie müssen hier also nur dem Formular folgen.

Ganz wichtig ist auch die kurze Firmenbeschreibung, die dem Leser mehr über Ihr Unternehmen und die Branche verrät, in der Sie tätig sind. Tragen Sie hier die wichtigsten Firmendaten zusammen. Ergänzen Sie die klassischen Kontaktmöglichkeiten mit Links zu Ihren Seiten in den sozialen Netzwerken.

Tipp

Insgesamt sollte eine Pressemitteilung inklusive aller Elemente nicht länger als eine Seite sein. Grundlage ist eine gängige 12-Punkt-Schrift mit einfachem Zeilenabstand.

12.3 Do it yourself

- Bauen Sie Werbeanzeigen in drei Schritten auf: Überschrift, Kurztext, Call to Action
- Entwerfen Sie passende Landingpages für Ihre Anzeigen
- Nutzen Sie Native Advertising
- Bauen Sie sich einen Online-Presseverteiler auf
- Stellen Sie Ihre Pressemitteilungen bei den Presseportalen im Netz ein
- Nehmen Sie Kontakt zu Influencern auf und bieten Sie Ihnen individuelle Kooperationen an

Teil IV

Outsourcing

In diesem Teil:

Kapitel 13

Texte kaufen

Wer die Texterstellung auslagern möchte, der findet im Internet mittlerweile zahlreiche Angebote in ganz unterschiedlichen Preisklassen. Der Beruf des Texters ist nicht geschützt, und so verdienen sich von der Studentin bis zum Profi-Werbetexter viele Leute ihren Lebensunterhalt oder ein Zubrot mit dem Verfassen von Webtexten.

Angesichts der Masse an Text-Dienstleistern aller Qualitätsstufen ist es nicht ganz einfach, die richtige Wahl zu treffen. Grundsätzlich kann man sagen, dass der Preis für die Texte einen ganz guten Anhaltspunkt für ihre Qualität liefert. Ein professioneller Texter lebt von seinem Job und wird für ein paar Euro kaum den Stift in die Hand nehmen.

Für einen gut recherchierten, optimierten Webtext von 400 Wörtern braucht auch ein Profi mindestens eine halbe Stunde Einarbeitung ins Thema, Recherche und Abschlusslektorat sind dabei nicht eingerechnet. Bietet also jemand einen solchen Text für 10 Euro an, kommt er auf einen maximalen Bruttostundenlohn von 20 Euro. Abzüglich Steuern bleibt nicht mehr als ein Taschengeld über, bestenfalls das Gehalt eines Nebenjobs.

Ein ausgebildeter Redakteur oder Werbetexter mit Erfahrung wird sich darauf kaum einlassen. Doch Vorsicht! Auch Text-Profis sind nicht unbedingt Webtexter. Wer perfekte Slogans schreibt, weiß noch lange nicht, worauf es beim Webtext ankommt. Nachfolgend einige Textquellen, die Sie im Internet finden.

13.1 Content-Plattformen

Auf den Content-Plattformen im Internet können Sie eine beliebige Anzahl an Texten in Auftrag geben. Die dort angemeldeten Texter lesen sich die Textwünsche durch und übernehmen die Aufträge, die ihnen zusagen. Der Preis für die Texte ist für gewöhnlich vorgegeben und richtet sich nach einem bestimmten Betrag pro Wort. Einige Portale bieten auch bereits vorgefertigte Webtexte zu bestimmten Themen an. Auch hier steht der Preis dabei.

Die bekannteste Text-Plattform im Internet heißt »Textbroker«. Unternehmen und Webmaster können hier Textaufträge in unterschiedlichen Qualitätsstufen einstellen. Sie versehen die Aufträge mit einem kurzen Briefing, und die angemeldeten Autoren können sie anonym übernehmen. Ein direkter Kontakt zwischen anonymem Auftraggeber und anonymem Texter findet nur im Rahmen von Nachfragen zum Textauftrag statt. Texter können darüber hinaus auch direkt angeschrieben und beauftragt werden, doch auch hier werden reale Namen von der Plattform nicht veröffentlicht.

Die Preise für die Texte sind bei Plattformen wie Textbroker sehr gering. Da hier jedoch auch viele Hobbytexter am Werk sind, ist die Qualität der Texte oft Glückssache. Änderungswünsche sind möglich, müssen aber schlüssig begründet werden.

Abb. 13.1: Bei www.`textbroker.de` geben Sie Texte in Auftrag, die anonyme Texter für Sie schreiben. Sie können die Wortanzahl festlegen, die Qualitätsstufe, die Bearbeitungszeit und die Keywords für die Suchmaschinenoptimierung. Die maximalen Kosten für den Text werden Ihnen vorab angezeigt.

Weitere Content-Plattformen:

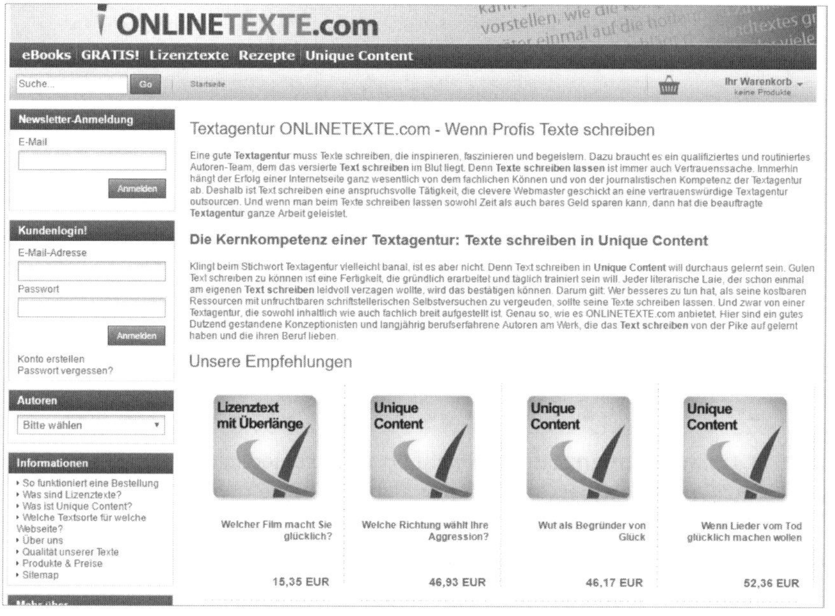

Abb. 13.2: www.onlinetexte.com ist wie ein Online-Shop aufgebaut, in dem der Kunde Texte nach Kategorien suchen und kaufen kann.

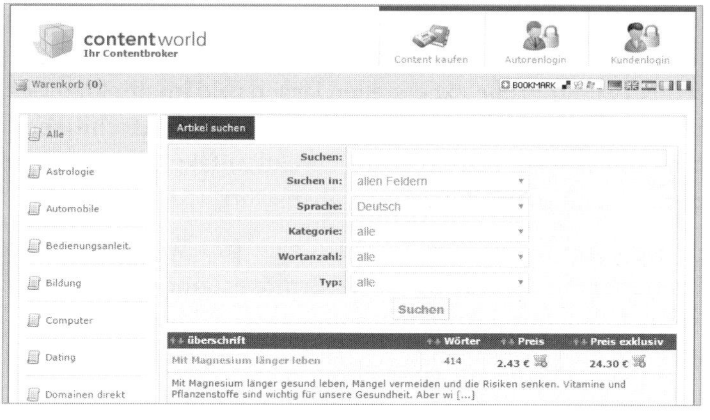

Abb. 13.3: Bei www.contentworld.com können Sie fertige Texte zu bestimmten Themen kaufen oder ein Content-Gesuch aufgeben, das die angemeldeten Texter umsetzen sollen.

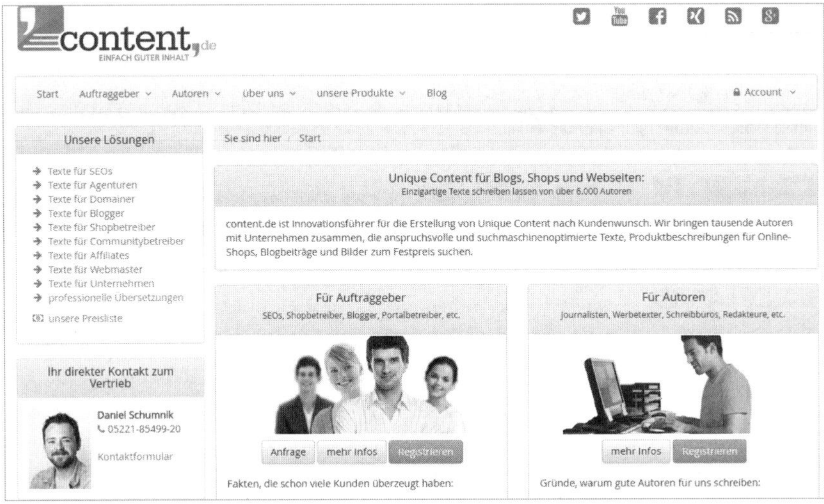

Abb. 13.4: www.`content`.de hat ebenfalls unterschiedliche Text-Qualitätsstufen, nach denen sich die Preise richten.

13.2 Texter und Textbüros

Im Gegensatz zur anonymen Plattform im Internet haben Sie bei der Auftragsvergabe an einen Texter oder ein Textbüro die Möglichkeit, sich von Profis beraten zu lassen, Details am Telefon oder im Meeting zu erläutern und Änderungen und Nachbesserungen zu besprechen. Die Preise sind etwas höher als bei den anonymen Plattformen, dafür können Sie aber einen Probetext erstellen lassen und im direkten Gespräch weitere Fragen bezüglich der Zielgruppe, der Suchmaschinenoptimierung und der Inhalte klären. Beim Direktkontakt ist eine langfristige Zusammenarbeit möglich und erstrebenswert.

Achten Sie darauf, dass das Textbüro sich mit Webtexten auskennt. Ein Texter, der vornehmlich für die Printwerbung arbeitet, hat nicht unbedingt Erfahrung bezüglich optimierter Webtexte. Da der Beruf des Texters nicht geschützt ist, sollten Sie immer auch einen Blick auf den beruflichen Werdegang des Freiberuflers werfen. Entsprechende Informationen werden normalerweise auf der Webseite des Dienstleisters veröffentlicht. Fehlen diese Angaben, sollten Sie unbedingt telefonisch nachfragen, welche Qualifikationen der Texter aufzuweisen hat.

Wer nicht lange im Internet nach Anbietern suchen möchte, kann die professionellen Netzwerke und Foren aufsuchen. Hier stellen sich die Texter meist mit einem Lebenslauf, Referenzen und ihrem Angebot vor.

Abb. 13.5: Bei `www.dasauge.de` finden Sie neben Textern auch Agenturen, Designer, Fotografen und andere Kreative im Netz.

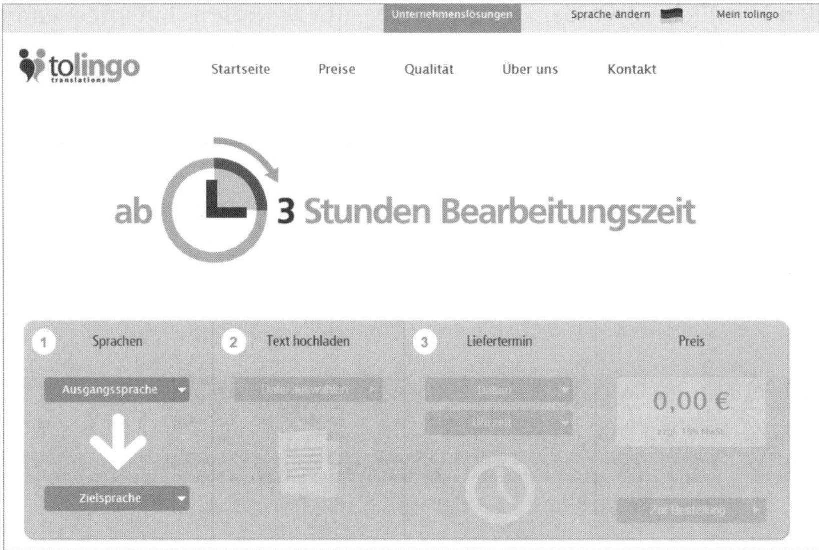

Abb. 13.6: Bei www.`tolingo.de` können Sie Texte in andere Sprachen übersetzen lassen. Die Kosten können Sie vorab online berechnen.

13.3 Das Briefing

Ganz gleich, ob Sie den Textauftrag auf einer Plattform einstellen oder ob Sie einen direkten Kontakt bevorzugen: Das Briefing ist das A und O für ein gutes Ergebnis. Nur wenn der Texter weiß, was Sie machen, welche Zielgruppe angesprochen werden soll, welche Inhalte der Text schwerpunktmäßig haben soll und welche Suchbegriffe für Ihr Angebot wichtig sind, kann er einen optimierten Webtext erstellen. Achten Sie beim Briefing darauf, dass Sie dem Texter folgende Angaben machen:

- Infos über Ihr Unternehmen und Ihr Angebot
- Infos zur Zielgruppe
- Wo soll der Text veröffentlicht werden (Blog, Newsletter, Hauptseite ...)?
- Welche Kernaussage soll der Text transportieren?

- Welche Details sind Ihnen wichtig und sollen erwähnt werden?
- Wie lang soll der Text sein?
- Welche Suchbegriffe sollen eingebaut werden?
- Welche Hintergrundinformationen können Sie zur Verfügung stellen?

Ein guter Texter wird nach den entsprechenden Infos fragen. Dennoch sparen Sie Zeit, wenn Sie sich direkt stichpunktartig die oben genannten Details notieren. Auch bei Preisanfragen sind die Informationen wichtig, damit der Texter den Arbeitsaufwand einschätzen und Ihnen ein Angebot machen kann.

13.4 Urheberrechte und Lizenzen

Das Urheberrecht kann in Deutschland nicht übertragen werden. Das bedeutet, der Texter bleibt immer Urheber des Artikels, ganz gleich, welche Rechte er Ihnen einräumt. Bezüglich der Rechte sollten Sie bei der Auftragsvergabe ganz genau nachfragen. Wenn Sie nämlich beispielsweise einen Webtext bestellen und ihn später für ein Printprodukt verwenden, kann es sein, dass der Texter Ihnen erneut eine Rechnung schickt mit der Begründung, dass Sie bislang nur die »Lizenz« für den Webtext bestellt und bezahlt haben.

Es gibt grundsätzlich vier Details, auf die Sie bei der Rechtevergabe achten sollten:

- Ist das Nutzungsrecht zeitlich eingeschränkt?
- Ist das Nutzungsrecht auf ein bestimmtes Medium begrenzt?
- Haben Sie das Recht, den Text zu verändern?
- Müssen Sie den Namen des Autors nennen?

Klären Sie diese Fragen unbedingt ab, bevor Sie den Text in Auftrag geben oder gar veröffentlichen. In der Praxis sieht es so aus, dass die Webtexter auf die Namensnennung verzichten und ein uneingeschränktes Nutzungsrecht vergeben. Doch sicher ist sicher! Bei Fragen zu Urheberrechten gibt es im Internet ebenfalls einige Anlaufstellen:

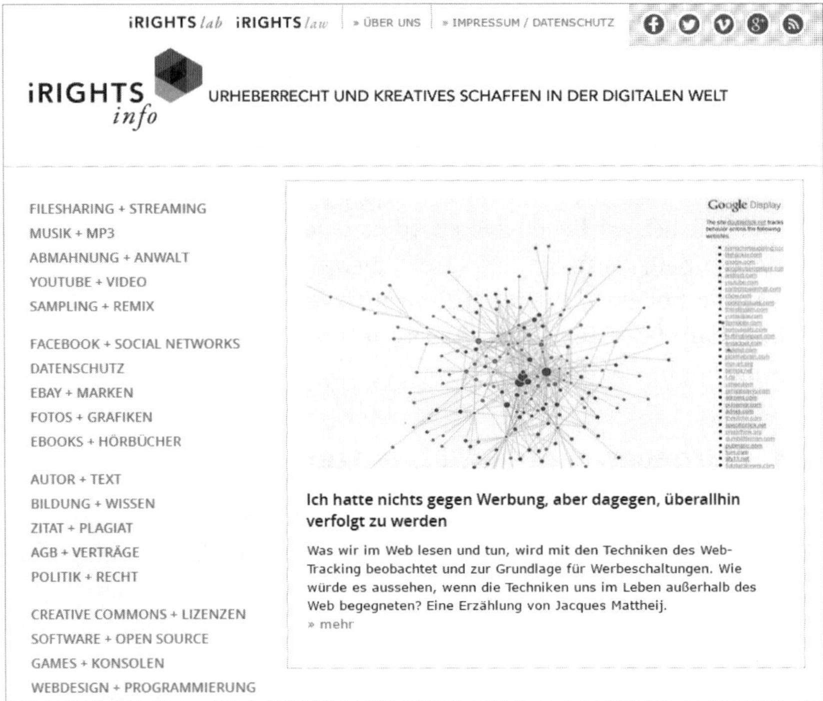

Abb. 13.7: Bei www.`irights.info` können Sie sich über alle Punkte rund ums Urheberrecht im Internet informieren.

13.5 Künstlersozialabgabe

Viele Auftraggeber, die Freiberufler engagieren, versäumen es, dies der Künstlersozialkasse zu melden. Ein Fehler, der teuer werden kann, denn es kann passieren, dass die Prüfer der KSK auf Sie zukommen und nachträglich die fälligen Beiträge für mehrere Jahre einziehen. Darüber hinaus können Strafen von bis zu 50.000 Euro verhängt werden.

Hintergrund: Wer regelmäßig mit Dienstleistern der freien künstlerischen Berufe – beispielsweise mit Textern oder Grafikern – zusammenarbeitet, ist abgabenpflichtig. Das bedeutet, der Unternehmer muss die Aufträge der Künstlersozialkasse melden und einen bestimmten Prozentsatz vom Auftragswert in die Künstlersozialkasse einbezahlen. Hierbei spielt es keine Rolle, ob der beauftragte Freiberufler über die KSK versichert ist oder nicht.

Das Entgelt beruht auf dem Künstlersozialversicherungsgesetz. Der Prozentsatz der Abgabe wird regelmäßig neu festgesetzt. Nähere Informationen hierzu finden Sie auf der Seite der Künstlersozialkasse. Dort steht auch der Vordruck für die Anmeldung zum Download bereit. Darüber hinaus finden Sie Listen mit den relevanten künstlerischen Berufen und zahlreiche Hintergrundinformationen wie die entsprechenden Gesetzestexte und Kontaktinformationen.

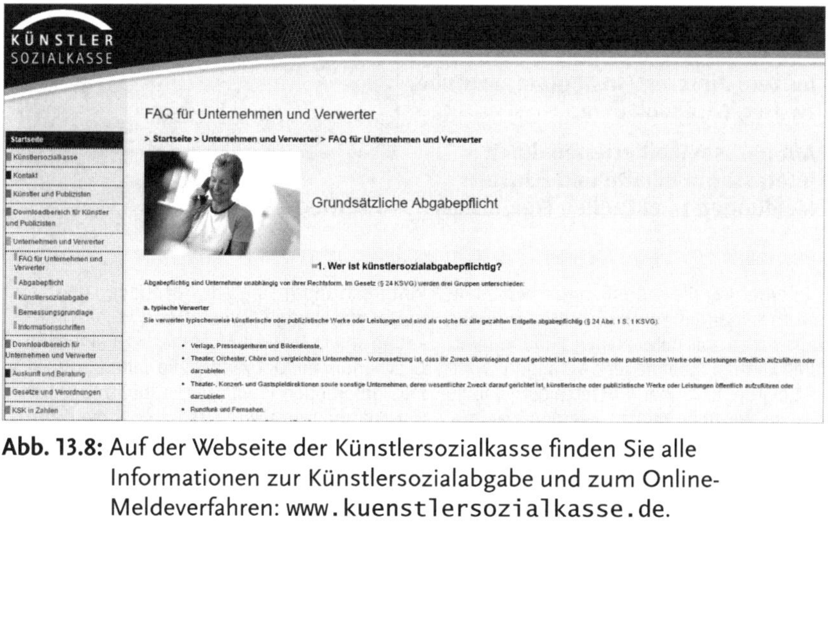

Abb. 13.8: Auf der Webseite der Künstlersozialkasse finden Sie alle Informationen zur Künstlersozialabgabe und zum Online-Meldeverfahren: www.kuenstlersozialkasse.de.

Stichwortverzeichnis

E

F

G

H

I

K

L

M

N

X

Y

Z

Susanne Diehm, Jutta Michaud

Erfolgreiche PR- und Unternehmenstexte

Kreative Schreibideen | authentischer Content | mehr Aufmerksamkeit

- **Authentische Inhalte für PR und Unternehmenskommunikation erarbeiten**
- **Effektive Texte für alle Kanäle: Website, Newsletter, Presse, Social Media**
- **Mit inspirierenden Übungen, die Spaß machen und das Schreiben erleichtern**

In PR und Unternehmenskommunikation zählen vor allem gute und authentische Texte. Seien es Pressemitteilungen, die Unternehmensdarstellung auf der eigenen Website, Interviews für ein Magazin, der monatliche Newsletter oder regelmäßige Tweets – wer sein Unternehmen ins rechte Licht rücken möchte, braucht Texte, die gerne gelesen werden. Ganz gleich, ob für Kunden, Presse oder Mitarbeiter: langweilige Faktenvermittlung war gestern.

Susanne Diehm und Jutta Michaud, beide langjährige PR-Profis und selbstständige Schreib- und Kreativitätstrainerinnen, erläutern in diesem Buch, was für eine gelungene Unternehmensdarstellung wichtig ist. Mit Methoden des Kreativen Schreibens unterstützen sie Sie dabei, Ihre Unternehmensphilosophie, Ihren USP und Ihre Zielgruppe herauszuarbeiten und Ihre PR-Texte darauf aufzubauen. Anhand anschaulicher Beispiele besprechen sie unterschiedliche Textarten für Ihre Website und Produktbeschreibungen sowie Texte für den Pressebereich. Zusätzlich helfen sie Ihnen dabei, typische Texter-Blokkaden zu überwinden – einen Anfang finden, Emotionen ansprechen und die Mehrfachverwertung über Social Media.

Die Autorinnen möchten Ihnen mit diesem Buch aber vor allem zeigen, dass PR-Arbeit Spaß machen kann. Dafür unterstützen sie Sie mit zahlreichen Schreibübungen von einfachen Mindmaps und Clustern bis zu Wortfeldsammlungen und dem Umgang mit Vermeidungsstrategien. So können Sie Ihrer Kreativität freien Lauf lassen und sind bestens für das Schreiben Ihrer eigenen Texte gerüstet.

Probekapitel und Infos erhalten Sie unter:
www.mitp.de/8215

ISBN 978-3-8266-8215-5